卓越工程技术人才培养特色教材

U0683244

# 运筹学

## ——数学规划

## 上册

顾文亚　　孟祥瑞　　陈允杰　编

江苏大学出版社
JIANGSU UNIVERSITY PRESS

镇　江

## 内容简介

全书分上、下册,本册为数学规划部分,系统讨论了运筹学中数学规划问题的模型、原理和方法,内容包括绪论、线性规划、单纯形法、对偶单纯形法、运输问题、整数规划、目标规划、非线性规划、动态规划,各章均附有习题.本书在讨论运筹学原理和方法的基础上,突出了数学建模、算法原理与设计,以及实际应用.全书结构严谨,逻辑清晰、由浅入深.本书可作为高等院校数学、经济管理类和工程类各专业本科生和研究生的课程教材,也可作为管理工作者和工程技术人员的参考书.

### 图书在版编目(CIP)数据

运筹学. 上,数学规划 / 顾文亚,孟祥瑞,陈允杰编. —镇江 :江苏大学出版社,2015.8
ISBN 978-7-81130-992-8

Ⅰ.①运… Ⅱ.①顾… ②孟… ③陈… Ⅲ.①运筹学—高等学校—教材②数学规划—高等学校—教材 Ⅳ.①O22

中国版本图书馆 CIP 数据核字(2015)第 199953 号

**运筹学(上)——数学规划**

编　者/顾文亚　孟祥瑞　陈允杰
责任编辑/张小琴
出版发行/江苏大学出版社
地　　址/江苏省镇江市梦溪园巷 30 号(邮编:212003)
电　　话/0511-84446464(传真)
网　　址/http://press.ujs.edu.cn
排　　版/镇江华翔票证印务有限公司
印　　刷/虎彩印艺股份有限公司
经　　销/江苏省新华书店
开　　本/718 mm×1 000mm　1/16
印　　张/16.75
字　　数/350 千字
版　　次/2015 年 8 月第 1 版　2015 年 8 月第 1 次印刷
书　　号/ISBN 978-7-81130-992-8
定　　价/35.00 元

如有印装质量问题请与本社营销部联系(电话:0511-84440882)

# 江苏省卓越工程技术人才培养特色教材建设
## 指导委员会

主 任 委 员： 丁晓昌 （江苏省教育厅副厅长）

副主任委员： 史国栋 （常州大学党委书记）

　　　　　　 孙玉坤 （南京工程学院院长）

　　　　　　 田立新 （南京师范大学副校长）

　　　　　　 梅　强 （江苏大学副校长）

　　　　　　 徐子敏 （江苏省教育厅高教处处长）

　　　　　　 王　恬 （南京农业大学教务处处长）

委 员 会： (按姓氏笔画为序)

| | | | |
|---|---|---|---|
| 丁晓昌 | 马　铸 | 王　兵 | 王　恬 |
| 方海林 | 田立新 | 史国栋 | 冯年华 |
| 朱开永 | 朱林生 | 孙玉坤 | 孙红军 |
| 孙秀华 | 芮月英 | 李江蛟 | 吴建华 |
| 吴晓琳 | 沐仁旺 | 张仲谋 | 张国昌 |
| 张明燕 | 陆雄华 | 陈小兵 | 陈仁平 |
| 邵　进 | 施盛威 | 耿焕同 | 徐子敏 |
| 徐百友 | 徐薇薇 | 梅　强 | 董梅芳 |
| 傅菊芬 | 舒小平 | 路正南 | |

# 序

深化高等工程教育改革、提高工程技术人才培养质量，是增强自主创新能力、促进经济转型升级、全面提升地区竞争力的迫切要求。近年来，江苏高等工程教育飞速发展，全省 46 所普通本科院校中开设工学专业的学校有 45 所，工学专业在校生约占全省普通本科院校在校生总数的 40%，为"十一五"末江苏成功跻身全国第一工业大省做出了积极贡献。

"十二五"时期是江苏加快经济转型升级、发展创新型经济、全面建设更高水平小康社会的关键阶段。教育部"卓越工程师教育培养计划"启动实施以来，江苏认真贯彻教育部文件精神，结合地方高等教育实际，着力优化高等工程教育体系，深化高等工程教学改革，努力培养造就一大批创新能力强、适应江苏社会经济发展需要的卓越工程技术后备人才。

教材建设是人才培养的基础工作和重要抓手。培养高素质的工程技术人才，需要遵循工程技术教育规律，建设一套理念先进、针对性强、富有特色的优秀教材。随着知识社会和信息时代的到来，知识综合、学科交叉趋势增强，教学的开放性与多样性更加突出，加之图书出版行业体制机制也发生了深刻变化，迫切需要教育行政部门、高等学校、行业企业、出版部门和社会各界通力合作，协同作战，在新一轮高等工程教育改革发展中抢占制高点。

2010年以来，江苏大学出版社积极开展市场分析和行业调研，先后多次组织全省相关高校专家、企业代表就应用型本科人才培养和教材建设工作进行深入研讨。经各方充分协商，拟定了"江苏省卓越工程技术人才培养特色教材"开发建设的实施意见，明确了教材开发总体思路，确立了编写原则：

一是注重定位准确，科学区分。教材应符合相应高等工程教育的办学定位和人才培养目标，恰当地把握研究型工程人才、设计型工程人才及技能型工程人才的区分度，增强教材的针对性。

二是注重理念先进，贴近业界。吸收先进的学术研究与技术开发成果，适应经济转型升级需求，适应社会用人单位管理、技术革新的需要，具有较强的领先性。

三是注重三位一体，能力为重。紧扣人才培养的知识、能力、素质要求，着力培养学生的工程职业道德和人文科学素养、创新意识和工程实践能力、国际视野和沟通协作能力。

四是注重应用为本，强化实践。充分体现用人单位对教学内容、教学实践设计、工艺流程的要求以及对人才综合素质的要求，着力解决以往教材中应用性缺失、实践环节薄弱、与用人单位要求脱节等问题，将学生创新教育、创业实践与社会需求充分衔接起来。

五是注重紧扣主线，整体优化。把培养学生工程技术能力作为主线，系统考虑、整体构建教材体系和特色，包括合理设置课件、习题库、实践课题，以及在教学、实践环节中合理设置基础、拓展、复合应用之间的比例结构等。

　　该套教材组建了阵容强大的编写专家及审稿专家队伍，汇集了国家教学指导委员会委员、学科带头人、教学一线名师、人力资源专家、大型企业高级工程师等。编写和审稿队伍主要由长期从事教育教学改革实践工作的资深教师、对工程技术人才培养研究颇有建树的教育管理专家组成。在编写、审定教材时，他们紧扣指导思想和编写原则，深入探讨、科学创新、严谨细致、字斟句酌，倾注了大量的心血，为教材质量提供了重要保障。

　　该套教材在课程设置上基本涵盖了卓越工程技术人才培养所涉及的有关专业的公共基础课、专业基础课、专业课、专业特色课等；在编写出版上采取突出重点、以点带面、有序推进的策略，成熟一本出版一本。希望大家在教材的编写和使用过程中，积极提出意见和建议，集思广益，不断改进，以期经过不懈努力，形成一套参与度与认可度高、覆盖面广、特色鲜明、有强大生命力的优秀教材。

江苏省教育厅副厅长　丁晓昌

2012 年 8 月

# ◎ 前　言 ◎

　　运筹学是高等院校数学、经济管理类和工程类专业的一门核心课程. 本教材是按照教育部提出的高等教育面向 21 世纪教学内容和课程体系改革计划的精神,参照教育部高教司 2004 年制定的全国普通高等学校数学类、经济管理类和工程管理类本科生教学基本要求,结合教育部数学类、经济管理类和工程管理类运筹学课程教学大纲要求和编者多年的教学实践和教改经验编写而成的.

　　运筹学是 20 世纪 40 年代以来发展起来的一门新兴科学,是实现科学管理和决策的有力工具,在军事、经济、管理、工程技术、交通运输和社会科学中都有广泛的应用."运筹帷幄,决胜千里""多、快、好、省",追求最优目标是人类的理想. 在社会经济发展过程中,人们常常提出"有限资源的合理利用"及"资源的可持续发展"等问题,这些经济问题的根源在于资源有限性,而如何合理地配置和利用有限的资源是人类社会永恒的问题. 运筹学就是应用现有科学技术知识和数学方法,通过建立、求解数学模型,规划、优化有限资源的合理利用,为决策者选择最优决策提供量化依据的系统知识体系.

　　运筹学是一门交叉学科,它既是应用数学的重要组成部分,又是经济学、管理科学、系统工程学科的重要基础. 运筹学有许多分支,如数学规划(包括线性规划、运输问题、整数规划、非线性规划、目标规划等)、图论与网络分析、存贮论、排队论、决策论、对策论、搜索论、预测技术、综合评价等. 本书系统地讨论了运筹学的基本概念、原理、方法和应用,突出了数学模型与算法分析的思想,各章均附有一定数量的习题. 本书力求深入浅出,通俗易懂,凡是掌握高等数学和线性代数的读者均可使用. 本书兼顾了数学、经济管理、系统工程等各类专业的教学要求,可作为这些专业本科生运筹学课程的教材,也可作为相关专业研究生的教材,在使用时可根据各类专业的需要选用教学内容. 本书还可作为从事运筹学、管理科学的工作者和工程技术人员的参考书.

　　本书由顾文亚、孟祥瑞、陈允杰等老师集体编写,由孟祥瑞老师统稿. 东南大学博士生导师潘平奇教授仔细审阅了全部书稿，并提出了宝贵的修改意见．江苏大学出版社为这套教材的编写和出版付出了极大的辛劳．在此对他们一并表示衷心的感谢．

由于编者的水平所限，书中缺点和错误在所难免，敬请广大读者、各位专家和同行批评指正．

编　者

2015 年 7 月

# ⊚ 目　　录 ⊚

**第八章　动态规划**

## §1　运筹学发展简史

运筹学这门学科和其他学科理论一样,都是为解决一些客观实际问题而出现并得以发展成为一门科学的.为了更好地理解和学习运筹学,首先应了解运筹学的发展简史.

古朴的运筹学思想和方法在中国源远流长.公元前 6 世纪的著作《孙子兵法》是我国古代军事运筹思想中最早出现的典籍,研究了如何筹划兵力以争取全局胜利.同一时期,我国创造的轮作制、间作制与绿肥制等先进的耕作技术暗含了现代运筹学中二阶段决策问题的雏形.其中,最典型的是田忌赛马和丁渭主持修复皇宫等故事.田忌赛马出自《史记》六十五卷:《孙子吴起列传第五》,是说齐王和田忌赛马,规定双方各出上、中、下三个等级的马一匹.如果按同等级的马比赛,齐王可获全胜,但是田忌在好友、著名的军事谋略家孙膑的指导下采取的策略是以下马对齐王的上马,以上马对齐王的中马,以中马对齐王的下马,结果田忌反以二比一获胜.据《梦溪笔谈》记载,北宋真宗年间,汴梁皇宫引火焚毁,大臣丁晋公(丁渭)受命修复宫殿.丁渭修宫,需要原材料、运输、废弃物处理,丁渭让人在宫前大街取土烧砖,挖成大沟后灌水成渠,又以水渠运输材料,工程完毕后再以建筑垃圾填充水渠修复大街,做到减少和方便运输,加快了工程进度.丁渭将取材、运输及清废三个问题用"一沟三用"巧妙地解决了,体现了系统规划的思想.历代先驱所做的一些工作在今天看来具有一定的运筹学性质,但这些零散的活动还不足以标志着作为系统知识体系的一门新学科的诞生.

运筹学的兴起和发展大致分为四个阶段:起源时期、创建时期、成长时期和稳定发展时期。

### 一、起源时期

目前国际上比较公认的观点是现代运筹学起源于 20 世纪 30 年代第二次世界大战前后,并因其在军事作战方面的大量成功运用而得到蓬勃发展.当时英国为解决空袭的早期预警,积极进行雷达的研究.随着雷达性能的改善和配置数量的增多,出现了来自不同雷达站的信息和雷达站同整个防空作战系统的协调配合问题.1937 年英国部分科学家被邀请去帮助皇家空军研究雷达的部署和运作问题,目的在于最大限度地发挥有限雷达的效用,以应对德军的空袭.1938 年波德塞(Bawdsey)雷达站的负责人罗伊(A. P. Rowe)提出了优化防空作战系统运行的问题,并用"Operational Research"一词作为对这一方面研究的描述,这就是直至今日我们仍然将运筹学称为 O. R. 的历史由来.1939 年,从事此方面问题研究的科学家被召集到英国皇家空军指挥总部,成立了一个由布莱开特(P. M. S. Blacket)领导的军事科技攻关小组;由于其成员学科性质的多样性,这一最早成立的军事科技攻关小组被戏称为"布莱开特马戏团". 由于"布莱开特马戏团"的活动是第一次有组织的系统的运筹学活动,所以后人将该小组的成立作为运筹学产生的标志.此后,O. R. 小组的活动范围不断扩大,从最初的仅限于空军,逐步扩展到了海军和陆军,研究内容也从军事战术性问题逐步扩展到军事战略性问题. 由于科学家的天赋、战争的需要及不同学科的交互作用,这一军事科技攻关小组在提高军事运筹水平方面取得了惊人的成功,这使得运筹学在整个军事领域迅速传播,到1941 年英国皇家陆、海、空三军都成立了这样的科学小组. 比较典型的论题包括雷达布置策略、反空袭系统控制、海军舰队的编制和对敌潜艇的探测等.O. R. 小组取得的巨大成就所显示出的神奇力量,促使其他盟军也纷纷效仿,建立了自己的研究小组.1942 年,美国和加拿大相继成立运筹学小组,以美国为代表的一些英语国家称这类研究小组的工作为"Operations Research".1939 年,苏联学者康托洛维奇(Л. В. Канторович)出版了《生产组织与计划中的数学方法》,书中对列宁格勒胶合板厂的计划任务开创性地建立了线性规划模型,并提出了"解乘数法"的求解方法,研究了工业生产的资源合理利用和计划等问题,因而在 1975 年获得了诺贝尔经济学奖.

**二、创建时期**

1945 年到 20 世纪 50 年代初期为运筹学的创建时期. 二战后许多从事运筹小组活动的科学家将精力转向对早期仓促建立起来的运筹优化技术加工整理,及应用运筹学思想和方法解决社会经济问题的可能性的探索.首先接纳运筹学的非军事组织是一些效益较好的大公司,如石油公司和汽车公司."大商业"领导运筹学应用的新潮流是很自然的事,因为虽然当时运筹学可以为任何一个经济组织提供获得竞争优势的方案,但是由于运筹学还处于基础研究时期,只有大公司才能负担起运筹学研究的巨大费用. 后来,随着运筹学思想和方法的积累与程序化,不用太大的投入就能从沉淀的知识中受益,运筹学才得到了广泛的应用.计算机的普及与发展是推动运筹学迅速发展的巨大动力. 没有现代计算机技术,求解复杂的运筹学模型是不可设想的,也是符合不实际的.运筹学实践反过来又促进了计算机技术的发展,它不断地对计算机提出内存更大、运行速度更快的要求.可以说运筹学在过去的半个多世纪里,既得益于计算机技术的应用与发展,同时也极大地促进了计算机技术的发展.运筹学已经发展成为近代应用数学的一个重要分支,运筹学的活动扩展到诸如服务、库存、搜索、人口、对抗、控制、时间表、资源分配、厂址定位、能源、设计、生产、可靠性、设备维修和更换、检验、决策、规划、管理、行政、组织、信息处理及恢复、投资、交通市场分析、区域规划、预测、教育、医疗卫生等各个方面.

最早的工业运筹学队伍是英国煤炭部门于 1948 年成立"运筹学俱乐部",随后电力、交通两个国有部门先后在很短的时间内分别组建了自己的运筹学小组. 1948 年,美国麻省理工学院把运筹学作为一门课程进行教授;1950 年,英国伯明翰大学正式开设运筹学课程;1952 年,美国卡斯工业大学设立了运筹学的硕士和博士学位.1950 年,第一本运筹学期刊《运筹学季刊》(O. R. Quarterly)在英国创刊;1952 年美国运筹学学会成立,这是世界第一个运筹学学会,同时创立了《运筹学会刊》(Journal of ORSA).1947 年,美国斯坦福大学教授丹捷格(G. B. Dantzig)在研究美国空军资源的优化配置时提出了线性规划及其通用解法——单纯形法. 1949 年,美国成立了著名的兰德公司.1951 年莫尔斯(P. M. Morse)和金博尔(G. E. Kimball)合著的《运筹学方法》一书正式出版.这个时期,许多运筹学工作者逐步从军方转移到政府及产业部门进行研究.在新的、更广阔的环境中,运筹学的理论和应用研究得到蓬勃发展.这些都标志着运筹学这门学科的基本建立.

### 三、成长时期

20 世纪五六十年代是运筹学的成长时期.这一时期出现了广泛的系统问题,同时电子计算机技术迅猛发展,使得运筹学中的一些方法如单纯形法、动态规划方法等,得以用来解决实际管理系统中的优化问题,促进了运筹学的推广应用.在20 世纪整个 50 年代里,美国约一半大公司在自己的经营管理中运用了运筹学,如用于制订生产计划、资源分配、设备更新等方面的决策.此外,运筹学组织更加规范化,许多国家级运筹学学术团体纷纷出现,运筹学学术期刊竞相创刊.1957 年 9月,21 个国家的 250 名代表参加了在牛津大学召开的第一届国际运筹学会议;1959 年,英、美、法三国运筹学学会倡导并成立了国际运筹学会联合会(IFORS).1954 年,美国分别出版《海军后勤研究季刊》和《管理科学》;1961 年,国际运筹学会联合会出版了《国际运筹学文摘》.美国约有 30 所大学介绍运筹学课程;英国有十几所大学为研究生和本科生开设了运筹学课程,其中大约一半院校设有运筹学科系.运筹学教育呈现多种形式,包含自概论课到博士课程的不同层次的正规教育、以大学与咨询公司的运筹学短训班为主要形式的半正规教育、以个人工作实践和学会举办的学术活动为主的非正规教育.这一阶段产生了许多实用的运筹学理论,如计算机模拟、成本-收益分析、系统分析等.搜索论、对策论和对策模拟、随机过程、排队论、价值论、决策分析、动态规划等理论也取得了长足的进步.

### 四、稳定发展时期

20 世纪 70 年代以来,运筹学进入普及和稳定发展的时期.此阶段的特点是运筹学进一步细分为多个分支,专业学术团体迅速增多,更多的期刊创刊,运筹学书籍大量出版,更多高等院校开办运筹学课程.研究优化模型的规划论、研究排队(或服务)模型的排队论(或随机服务系统),以及研究对策模型的对策论(或博弈论)是运筹学最早的 3 个重要分支,通常称为运筹学早期的 3 大支柱.随着学科的发展和计算机的出现,现在运筹学的分支更细、名目更多,例如线性与整数规划、图与网络、组合优化、非线性规划、多目标规划、动态规划、随机规划、对策论、随机服务系统(排队论)、库存论、可靠性理论、决策分析、马尔可夫决策过程(或马尔可夫决策规划)、搜索论、随机模拟、管理信息系统等基础学科分支,工程技术运筹学、管理运筹学、工业运筹学、农业运筹学、军事运筹学等交叉与应用学科分支也先后形成.70 多年以来,运筹学在研究与解决复杂的实际问题中不断地发展和创新,各种各样的新模型、新理论和新算法不断涌现,有线性的和非线性的、连续的和离散的、确定性的和不确定性的.至今它已成为一个庞大的、包含多个分支的学科,其中一些已经发展得比较成熟,另外一些还有待完善,还有一些才刚刚形成.

现代运筹学被引入中国是在 20 世纪 50 年代后期.中国第一个运筹学小组是在钱学森、许国志先生的推动下,于 1956 年在中国科学院力学研究所成立的.最初根据英文"Operational Research"和"Operations Research"将其直译为"运用学".1957 年从"运筹帷幄之中,决胜千里之外"这句古语中摘取"运筹"二字,将 O. R. 正式命名为"运筹学",包含运用筹划、以策略取胜等意义,比较恰当地反映了这门学科的性质和内涵,1958 年成立了运筹学研究室.1960 年在济南召开了全国应用运筹学的经验交流和推广会议,1962 年在北京召开了全国运筹学专业学术会议.1963 年,中国科技大学为应用数学系的第一届学生开设了较为系统的运筹学专业课,这是中国第一次在大学里开设运筹学专业课程.1980 年中国运筹学学会正式成立.除此之外,中国系统工程学学会及经济管理各部门有关的专业学会,也都把运筹学作为基本的研究领域.国内各高等院校,特别是经济管理类专业已普遍把运筹学作为一门专业主干课程列入教学计划.运筹学在中国虽然起步较晚,但发展却非常迅速,一大批中国学者在推广和应用运筹学方面做了大量工作,并取得了很大成绩.例如,1958 年中国科学院数学研究所的专家们,用线性规划解决了某些物资的调运问题,在线性规划的运输问题上还创造了我国独有的图上作业法.在此期间,以华罗庚教授为首的一大批数学家加入运筹学的研究队伍,使运筹学的很多分支跟上了当时的国际水平,在世界上也产生了一定影响.自 20 世纪 80 年代以来,中国运筹学快速发展,取得了一批有国际影响的理论和应用成果,如因在组合优化、生产系统优化、图论和非线性规划领域的突出贡献曾先后获得国家自然科学奖二等奖 4 项,因在经济信息系统评估和粮食产量预测方面取得突出成绩曾先后获得国际运筹学会联合会运筹学进展奖一等奖 2 项.目前中国运筹学的研究和应用已跟上了世界的步伐.

## §2　运筹学的定义与特点

运筹学是一门具有多学科交叉特点的边缘科学,至今还没有一个统一确切的定义.下面提出几种有代表性的解释,以说明运筹学的性质和特点.

美国运筹学会提出的定义:"在需要对紧缺资源进行分配的前提下决定如何最好地设计和运作人-机系统的决策科学."

莫尔斯(P. M. Morse)和金博尔(G. E. Kimball)提出的定义:"运筹学是一种为决策机构在对其控制下的业务活动进行决策时,提供以数量化为基础的科学方法."

《大英百科全书》:"运筹学是一门应用于管理有组织系统的科学,运筹学为掌管这类系统的人提供决策目标和数量分析的工具."

《中国大百科全书》(自动控制与系统工程):"用数学的方法研究经济、民政和国防等部门在内外环境的约束条件下合理调配人力、物力、财力等资源,使实际系统有效运行的技术科学.它可以用来预测发展趋势、制定行动规划或优选可行方案."

我国《辞海》(1979 年版)中有关运筹学条目的释义为:"运筹学主要研究经济活动与军事活动中能用数量来表达的有关运用、筹划与管理方面的问题,它根据问题的要求,通过数学的分析与运算,做出综合性合理安排,以达到较经济有效地使用人力、物力."

《中国企业管理百科全书》(1984 年版)中的释义为:"应用分析、试验、量化的方法,对经济管理系统中人、财、物等有限资源统筹安排,为决策者提供有依据的最优方案,以实现最有效的管理."

综合以上种种定义,运筹学是"应用现有科学技术知识和数学方法通过建立、求解数学模型,规划、优化有限资源的合理利用,为决策者选择最优决策提供量化依据的系统知识体系".这里强调运筹学的多学科交叉和最优决策.最优的含义是指在多种可行方案中选取最能满足我们目标要求的方案.但在实际生活中,由于人们决策的目标是多样的,要使每个目标都达到最优往往是不可能做到的,如"多、快、好、省"4 个目标都得到满足是不大现实的,因此,一般用"满意"来替代"最优".

从发展历史来看,运筹学具有如下特点:

(1) 运筹学是一门应用数学,是为决策、管理服务的数学.运筹学是决策的科学,是以定量化为基础的.西方现代管理科学的主要内容是运筹学,由于一般的决策过程往往涉及事物的定性和定量两个方面的影响,随着生产和管理的规模日益庞大,数量关系也越来越复杂,从其间的数量关系来研究问题是运筹学的一大特点.

(2) 强调实际应用,理论与应用的发展相互促进.运筹学中的理论和模型都是从实际问题中得出的,有明显的实际背景.著名数学家韦尔曾经说过:"当一个数学分支不再引起除去其专家以外的任何人的兴趣时,这分支就快要僵死了,只有把它重新栽入生气勃勃的科学土壤之中才能挽救它."这实际上也指出了运筹学研究一旦脱离现实世界将给其发展带来的后果.如何才能使得运筹学保持活力,并健康发展呢? 美国的运筹学发展一直处于世界领先地位,其在运筹学研究和应用中所积累的丰富经验值得借鉴.库珀(美国管理科学学会首任主席)回忆他与查尼斯等人开展线性规划在工业领域的应用时提到,他们两位冯·诺伊曼理论奖获得者在长期合作中形成了"应用驱动理论"的运筹学研究方法:"首先解决提出的问题并得到成功的应用.然后为了完善、扩展与推广这一应用去研究文献.最后将这些进一步描述,获得结果写成文章发表,并且报告应用的结果;此外转向更进一步的应用,等等."

(3) 跨学科性,与其他学科交叉发展.运筹学就是由不同领域科学工作者为解决实际问题而逐步发展起来的一门科学,由于任何存在决策的问题都是优化问题,任何有参数需要选取的问题都是运筹问题,所以运筹学的应用到处可见.运筹学的广泛应用使得它和其他科学领域的交叉日益加强.这些交叉不仅为运筹学的应用提供了很好的舞台,同时也为运筹学的新兴分支的产生和发展提供了土壤.运筹学经过70多年的发展,其理论越来越深奥,应用越来越广泛,目前已经没有任何一个人可以是运筹学所有方向的专家.因而对未来运筹学的任何一个具有挑战性的课题的研究,尤其是对出现在新的学科交叉领域的重大问题的探索,就更需要一组具有运筹学的不同专长的人才组成类似于运筹学发展初期时的研究团队,其中还应该包含概率论、统计学、经济学、工商管理、计算机科学、行为科学等学科背景的人才,才能做出重要的科学发现和贡献.

## §3 运筹学模型及运筹学的研究步骤

运筹学的实质在于建立和使用模型.尽管模型的具体结构和形式总是与其要解决的问题相联系,但这里我们抛弃模型外在的差别,从最广泛的角度抽象出它们的共性.模型在某种意义上说是客观事物的简化与抽象,是研究者经过思维抽象后用文字、图表、符号、关系式及实体模样对客观事物的描述.

模型有 3 种基本类型,即形象模型、模拟模型和数学模型.运筹学模型主要是指数学模型.所谓数学模型,即用字母、数字和运算符精确地反映变量之间相互关系的式子或式子组.数学模型由决策变量、约束条件和目标函数 3 个要素构成.决策变量即问题中所求的未知的量,约束条件是决策所面临的限制条件,目标函数则是衡量决策效益的数量指标.

构造模型的过程是一系列的简化、假设和抽象.在模型中实际问题的哪些方面可以忽略、哪些方面应该合并、可以做哪些假设,以及模型应构造成什么形式等都是该阶段需要回答的问题.在构造模型中常用的假设包括两方面的内容,一方面是离散变量的连续性假设,另一方面是非线性函数关系的线性假设.很显然,构造模型阶段具有一定的主观性,在某种意义上说,面对同样的实际问题,不同的人能构造出完全不同的模型,而它们之间可能并无优劣之别.当然这并非意味着根本不存在区分好坏模型的客观标准,也并非说明模型的效用与模型的建立过程无关.虽然对具体的模型可能会有许多特殊的标准,但是总的来说模型的好坏取决于其对实现系统目标的实用性.

运筹学模型一般具有以下两个特征:

(1)都有一个明确的目标,根据这个目标从众多的可行方案中挑选出一个最优方案.

(2)用来表示目标的变量都要受到一组条件的约束,这些约束反映了问题自身所受到的客观条件的限制.

因此,运筹学模型大都可以表示为求一组变量,使得在一定约束条件下,某个(或某些)目标达到最优.

任何一门科学从研究范畴上大致可分为 4 个方面:分析问题及问题所需要的方法;建立模型或理论;利用模型得到预测;将预测与问题比较,并得到证实或对模型进行修正.运筹学也是一样,围绕模型的建立、修正与实施,对上述 4 个方面的研究可划分为以下步骤.

**一、分析情况,确认问题**

首先,必须对系统的整个状况、目标等进行认真的分析,对问题进行定性分析.确认问题是什么,确定决策目标及决策中的关键因素、各种限制条件、问题的可控变量及有关参数,并明确评价的标准等.分析时往往先提出一个初步的目标,通过对系统中各种因素和相互关系的研究,使得这个目标进一步明确化.此外,还需要同有关人员,特别是决策的关键人员深入讨论,明确问题的过去和未来,问题的边界、环境和包含该问题的各大系统的有关情况,以便在对问题的表述中明确是否需要把问题分成若干子问题.

## 二、抓住本质，建立模型

模型是对实际问题的抽象概括和严格的逻辑表达，是对各变量关系的描述，是正确研制、成功解决问题的关键。而运筹学面对的问题和现象常常是非常复杂的，难以用一个数学模型或模拟模型原原本本地表示出来，这时就需要抓住问题的本质或起决定性作用的主要因素，进行大胆的假设，用一个简单的模型去刻画系统和过程。这个模型一定要反映系统和过程的主要特征，要尽可能包含系统的各种信息资料、各种要素及它们之间的关系。所以，建立起模型后，还需要用实际数据进行反复的检验和修正，直到确信它是实际系统和过程的一个有效代表为止。

## 三、求解模型，优化方案

应用各种数学手段和电子计算机对模型求解。根据问题的要求，解可以是最优解、次优解、满意解，解的精度要求可由决策者提出。依据对解的精度要求及算法上实现的可能性，又可将解区分为精确解和近似解等。

## 四、测试并修正模型

将实际问题的数据资料代入模型求得模型精确或近似的解，然后检查解是否反映现实问题，研究得到的解与实际情况的符合程度，以判断模型是否正确、模型的解是否有效。按一定标准做出评价并进行灵敏度分析，通过灵敏度分析，及时对模型和导出的解进行修正。

## 五、决策实施，反馈控制

方案的实施是很关键的一步，也是困难的一步。但是根据模型求得的"最优解"并不是决策，而只是为决策者提供方案，最后的决策应由管理者自己做出。在做出决策并付诸实施后，要保持良好的反馈控制，以便对是否继续实施还是要修改模型做出迅速的反应。

整个过程可用框图表示，如图 0-1 所示。

上述步骤往往需要交叉反复进行。因此在运筹学研究中，除对系统进行定性分析和收集必要的资料外，主要的工作是建立一个用以描述现实世界复杂问题的数学模型。这个模型是近似的，既精确到足以反映问题的实质，又粗略到能够求出数量上的解。本书介绍的各类模型都是经过极度简化的，仅用来帮助对各类模型的理解。只有通过对实际问题的研究分析和对运筹学应用的成功案例深刻领悟，才能掌握运筹学研究和解决实际问题的科学方法。

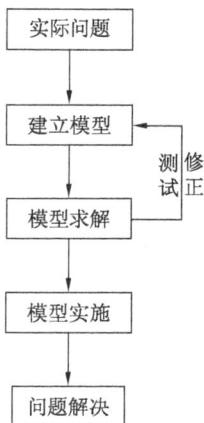

图 0-1　运筹学解决问题的步骤

## §4　运筹学主要分支

运筹学研究的内容丰富、涉及面广、应用范围大,已形成了一个相当庞大的学科. 运筹学按所解决问题性质的差别,将实际的问题归结为不同类型的数学模型. 这些不同类型的数学模型构成了运筹学的各个分支. 下面就本书涉及的一些分支做简单介绍.

### 一、线性规划(Linear Programming)

经营管理中有两方面的问题需要解决,一是对于给定的资源(如人力、物力),如何统筹安排,才能发挥其最大的效益、达到更好的目标、完成更多的任务;二是对于给定的任务目标,如何以最少的资源(如耗费最少的人力、物力)来完成. 这类统筹规划的问题要用数学语言表达,需先根据问题要达到的目标选取适当的变量,问题的目标用变量的线性函数表示(称为目标函数),而对问题的限制条件用变量的线性等式或不等式表示(称为约束条件),这类数学模型称为线性规划模型. 运筹学中的线性规划分支就是对线性规划问题建模、求解和应用的研究. 线性规划是运筹学的一个重要分支,它是运筹学中发展最早、理论与计算方法最成熟、应用最广泛的一个分支. 用线性规划求解的典型问题有生产计划问题、下料问题、混合配比问题、运输问题等. 还有些规划问题的目标函数是非线性的,也可以采用线性化的方法,将其转化为线性规划问题.

## 二、整数规划(Integer Programming)

整数规划也称为整数线性规划,是一种特殊的线性规划问题,它要求某些决策变量的解为整数.它实质上是在线性规划的基础上,给一些或全部决策变量附加取整约束得到的.在许多情况下,我们都把规划问题的决策变量看成连续的变量;但在某些情况下,规划问题的决策变量被要求一定是整数.在线性规划的基础上,要求所有变量都取整的规划问题称为纯整数规划问题;仅仅要求一部分变量取整,则称为混合整数规划问题.对于整数规划,按线性规划求解得到的非整数解做四舍五入处理得到整数解一般不是整数规划的最优解.因此,有必要另行研究整数规划的求解问题.

## 三、多目标规划(Multiple Objectives Programming)

在实际的管理决策中,决策者往往要遇到很多相互矛盾的目标,多目标规划就是研究具有多个目标的规划问题.多目标规划在处理实际决策问题时,充分考虑每一个决策目标(即使是冲突的),在做最终决策时,不强调其绝对意义上的最优性,从而在一定程度上弥补了线性规划的局限性.

## 四、非线性规划(Nonlinear Programming)

非线性规划是线性规划的进一步发展和继续.如果规划模型中目标函数或约束条件不全是线性的,则称这样的规划问题为非线性规划问题.由于大部分工程物理量的表达式是非线性的,因此非线性规划在各类工程的优化设计中应用最广泛.非线性规划是优化设计的有力工具.

## 五、动态规划(Dynamic Programming)

动态规划是解决多阶段决策过程最优化问题的运筹学分支.有些管理活动可以分为若干个相互联系的阶段,在每个阶段依次做出决策.在一个阶段做出的决策不仅决定这一阶段的效益,而且决定下一阶段的初始状态,各阶段决策之间相互关联,因而构成一个多阶段的决策过程.每个阶段的决策确定以后,就得到一个决策序列,称为策略.多阶段决策问题就是从系统总体出发,求一个策略,使各阶段的效益的总和达到最优.近年来在工程控制、技术物理和通信领域的最佳控制问题中,动态规划已经成为经常使用的重要工具.

## 六、图论与网络分析(Graph Theory and Network Analysis)

在生产、计划管理中经常碰到各活动间合理衔接搭配的问题,特别是在计划和安排大型的复杂工程中,如各种管道、线路的通过能力,以及仓库、附属设施的布局等问题,各活动间逻辑关系非常复杂.运筹学中把这些研究对象用点表示,把对象间的关系用边表示,点和边的集合就构成了图.图论是研究由节点和边所组成图形的数学理论和方法.图是网络分析的基础,通过网络分析来研究事物之间的逻辑关系,这比单用数学模型更直观、更容易为人们所理解,因此,其应用领域也在不断扩大.网络分析中的网络计划是利用网络图形来描述一项工程中各活动的进度和结构关系,以便对工程进度进行优化控制,使得完成全部工程所需的总时间最少或费用最少.

### 七、存贮论(Inventory Theory)

存贮论又称库存论,是一种研究最优存贮策略的理论和方法.如为了保证企业生产的正常进行,需要有一定的原材料和零部件的储备,以调节供需之间的平衡.存贮是缓解供应与需求之间出现供不应求或供过于求等不协调情况的必要和有效的方法及措施,但是要存贮就需要资金和维护,就要支付相应的费用,因此如何最合理、最经济地解决好存贮问题是经营管理中一个重要问题.存贮论就是研究经营管理中各种物资应当在什么时间、以多少数量来补充库存,才能使库存和采购的总费用最小的一门学科.

### 八、排队论(Queuing Theory, or Waiting Line)

排队论也称随机服务系统理论,它的研究目的是要回答如何改进服务机构或组织被服务的对象,使得某种指标达到最优的问题.生产和生活中存在大量有形及无形的拥挤和排队现象,排队论是专门研究由随机因素的影响产生的拥挤现象的科学.如果在某些时刻,要求服务的对象的数目超过了服务机构所能提供服务的数量时,就必须等待,因而出现了排队现象.随着服务事业的社会化,这种排队(拥挤)现象会变得越来越普遍,增加服务设施能减少排队现象,但这样势必增加投资并且有时还会造成设施空闲的浪费.因此,顾客排队时间的长短与服务设施规模的大小,就构成了设计随机服务系统所要解决的问题.排队论通过对随机服务现象的统计研究,找出反映这些随机现象的平均特性,从而提高服务系统水平和工作效率,使其对顾客来说达到满意的服务效果,对服务机构来说也能取得最大的经济效益.

排队论最初是在 20 世纪初由丹麦工程师艾尔郎关于电话交换机的效率研究开始的,在第二次世界大战中对飞机场跑道容纳量的估算中得到了进一步的发展,其相应的学科更新论、可靠性理论等也都发展起来.排队论在日常生活中的应用是相当广泛的,如水库水量的调节、生产流水线的安排、铁路站场的调度、电网的设计等.

## 九、决策论(Decision Theory)

决策是对目标和为实现目标的各种可行方案进行抉择的过程.随着科学技术的发展,生产规模和人类社会活动的扩大,要求用科学的决策来替代经验决策.决策问题按决策环境分类可以分为确定型决策、风险型决策和不确定型决策 3 类,决策论就是为了科学地解决带有不确定型和风险型决策问题所发展的一套系统分析方法.其目的是为了提高科学决策的水平,减少决策失误的风险.它广泛地应用在管理工作的高中层决策中.

## 十、对策论(Game Theory)

对策论也称博弈论,田忌赛马就是典型的博弈论问题.作为运筹学的一个分支,博弈论的发展也只有几十年的历史.系统地创建这门学科的数学家,现在一般公认为是美籍匈牙利数学家、计算机之父——冯·诺依曼(John von Neumann).对策论是用于解决具有对抗性局势的模型,在社会政治、经济、军事活动及日常生活中充满着各种矛盾和竞争,参与竞争的各方(称为局中人)为了达到自己的利益和目标,都必须考虑对方可能采取的各种可能的行动方案,然后选取一种对自己最有利的方案来对付竞争对手,使自己在竞争中取得最好的结果.对策论为局中人在竞争的环境中提供一套完整的、定量化的和程序化的选择策略的理论和方法.由于是研究双方冲突、制胜对策的问题,所以这门学科在军事领域有着十分重要的应用.近年来,随着人工智能研究的进一步发展,对博弈论提出了更多新的要求.

## 十一、搜索论(Search Theory)

搜索论是研究寻找目标的计划与实施过程的理论与方法的学科,目的是以最大的可能或最短的时间找到特定的目标,它是运筹学初期的重要研究对象之一.第二次世界大战期间,盟军为了克服敌方潜艇对海上交通的严重威胁,建立了反潜战运筹小组从事搜索水下潜艇的数学分析,这个成果发表于 1951 年由莫尔斯(P. M. Morse)和金博尔(G. E. Kimball)合著的《运筹学方法》一书中.1953—1957年,库普曼(B. C. Koopmans)在美国《运筹学》杂志上撰文"搜索论",对之做了系统的理论综合.至今,搜索论的发展已超出了传统的军事领域,在地下或海域的资源勘探、海上捕鱼、边防巡逻、搜捕逃犯、检索书籍、寻找故障等非军事领域中也得到了广泛应用.

## 十二、预测技术(Forecasting Techniques)

预测是为了认识自然和社会的发展规律,揭示各种规律之间的相关性,为规划、决策、创造未来提供科学依据,分为定性和定量两种技术.定量的预测方法是基于对历史数据及其他相关的数据的分析而对将来做出预测的方法,定性预测方法主要是利用专家的判断来预测未来.本书只介绍定量预测方法.

### 十三、综合评价(Synthetic Evaluation)

综合评价就是对客观事物从不同侧面所得的数据做出总的评价.综合评价的研究对象通常是自然、社会、经济等领域中的同类事物(横向)或同一事物在不同时期的表现(纵向).具体的综合评价一般表现为以下几类问题:第一类综合评价问题是对所研究事物进行分类;第二类综合评价问题表现为对上述分类的序化,即在第一类问题基础上对各小类按优劣排出顺序;第三类综合评价问题表现为对某一事物做出整体评价.

运筹学有广阔的应用领域,它已渗透到诸如服务、库存、搜索、人口、对抗、控制、时间表、资源分配、厂址定位、能源、设计、生产、可靠性等各个方面.

# 第一章　线性规划

　　线性规划（Linear Programming，简称 LP）是运筹学的一个重要分支，它是运筹学中发展最早、理论与计算方法最成熟的分支，应用十分广泛. 线性规划研究的是：在一定条件下，合理安排人力、物力等资源，使经济效益达到最好（如产量最高、利润最大、成本最小），简单地讲，也就是资源的最优利用问题. 这类问题是在生产管理和经营活动中经常会遇到的.

　　早在 1823 年，法国数学家傅里叶（Fourier）就提出了与线性规划有关的问题. 1939 年，苏联经济学家康托洛维奇（Л. В. Канторович）出版了重要著作《生产组织与计划中的数学方法》，书中针对生产的组织、分配、上料等一系列问题，提出了线性规划的模型，并给出了"解乘数法"的求解方法. 然而，这一工作在当时并未引起足够的重视. 1947 年，丹捷格（G. B. Dantzig）提出了线性规划一般数学模型和线性规划问题求解的一般方法——单纯形法（Simplex Method）. 单纯形法被认为是 20 世纪十大算法之一，这标志着线性规划这一运筹学的重要分支的诞生. 线性规划在理论上日趋成熟，在实践上日益广泛和深入，特别是在电子计算机能处理成千上万个约束条件和决策变量的线性规划问题之后，线性规划的适用领域更是迅速扩大. 1960 年，康托洛维奇出版了《最佳资源利用的经济计算》一书，受到国内外的重视，为此他获得了诺贝尔经济学奖. 此外，阿罗、萨缪尔逊、西蒙、多夫曼和胡尔威茨等一批经济学家也因在线性规划研究中的贡献而获得了诺贝尔奖. 在这批经济学家的努力下，线性规划的理论得到了不断完善，并且发展成为一门成熟的理论.

　　今天，线性规划已成为一个标准的工具，在工业、农业、商业、交通运输、军事、经济计划和管理决策等领域都发挥着重要的作用，是现代科学管理的重要手段之一.

## §1　线性规划的数学模型

### 一、问题的提出

　　规划问题总是与有限资源的合理利用分不开的，在生产管理和经营活动中，通常需要为"有限的资源"寻求"最佳"的利用或分配方案. 这里所说的"资源"，一般包括劳动力、原材料、设备、资金等,它们都是有限的. 通常,"最佳"一般有两种含义,即利润最大化或成本最小化. 下面通过生产计划问题的两个案例来反映线性规划的数学模型.

**例 1-1** 某工厂计划生产甲、乙两种产品,需要消耗 $A$、$B$、$C$ 3 种资源. 生产每件产品对各种资源的消耗量、工厂拥有各种资源的数量及每件产品所能获得的利润如表 1-1 所示. 试建立该问题的数学模型,以使计划期内的生产获利最大.

表 1-1

| 资　　源 | 单位产品资源消耗量 | | 资源拥有量 |
| --- | --- | --- | --- |
| | 甲 | 乙 | |
| $A$ | 1 | 2 | 8 |
| $B$ | 4 | 0 | 16 |
| $C$ | 0 | 4 | 12 |
| 单位产品利润 | 2 | 3 | |

分析问题:

该问题要求的是利润最大,而利润仅取决于单位产品的利润和生产产品的量. 单位产品的利润是已知的,故把生产物资的量作为决策变量来处理,用数学语言进行描述.

设决策变量 $x_1$ 和 $x_2$ 分别表示在计划期内产品甲、乙的产量,此模型的约束条件为 3 种资源对生产的限制,即在确定甲、乙两种产品产量时,要考虑对 3 资源的消耗不超过其拥有量. 资源 $A$ 的拥有量是 8 个单位,生产一件甲、乙产品分别需要资源 $A$ 1 个单位和 2 个单位,那么生产 $x_1$ 件甲产品和 $x_2$ 件乙产品消耗资源 $A$ 的总数为 $x_1 + 2x_2$,因此资源 $A$ 的约束可用下述不等式加以表示:

$$x_1 + 2x_2 \leqslant 8$$

同理,资源 $B$ 和资源 $C$ 的约束可用下述两个不等式加以表示:

$$4x_1 \leqslant 16$$
$$4x_2 \leqslant 12$$

该工厂的目标是在不超过所有资源限量的条件下,确定甲、乙两种产品的产量,以获得最大的利润. 因此,该问题的目标函数可表示为 $\max z = 2x_1 + 3x_2$.

综合数学模型的三要素,该问题的数学模型可表示为

$$\text{目标函数} \quad \max z = 2x_1 + 3x_2$$

$$\text{约束条件} \quad \text{s.t.} \begin{cases} x_1 + 2x_2 \leqslant 8 \\ 4x_1 \quad\quad \leqslant 16 \\ \quad\quad 4x_2 \leqslant 12 \\ x_1, x_2 \geqslant 0 \end{cases}$$

**例 1-2** 某公司生产两种产品 $A$ 和 $B$，基于对现有存储水平和下个月的市场潜力的分析，公司管理层决定 $A$ 和 $B$ 的总产量至少要达到 350 千克，此外，公司一个客户所订 125 千克的 $A$ 产品必须首先满足．每千克 $A$、$B$ 产品的制造时间分别为 2 小时和 1 小时，总工作时间为 600 小时．每千克 $A$、$B$ 产品的原材料成本分别为 200 元和 300 元．确定在满足客户要求的前提下，原材料成本最小的生产计划．

分析问题：

该问题要求的是成本最小，成本取决于 $A$、$B$ 产品的原材料成本，而 $A$、$B$ 产品的原材料单位成本是已知的．故把 $A$、$B$ 产品的产量作为决策变量来处理，用数学语言描述．

设决策变量 $x_1$ 和 $x_2$ 分别表示 $A$、$B$ 产品的产量，此模型的约束条件为 $A$ 产品产量、$A$ 和 $B$ 产品的总产量的限制，以及总工时的限制．于是约束条件可用下述不等式表示：

$$x_1 \geqslant 125$$
$$x_1 + x_2 \geqslant 350$$
$$2x_1 + x_2 \leqslant 600$$

该公司的目标是使原材料成本最小，而 $A$、$B$ 产品的原材料的单价分别为每千克 200 元和 300 元．因此，问题的目标函数可表示为 $\min z = 200x_1 + 300x_2$．综合数学模型的三要素，该问题的数学模型可表示为

目标函数　　　$\min z = 200x_1 + 300x_2$

约束条件　　　s. t. $\begin{cases} x_1 \geqslant 125 \\ x_1 + x_2 \geqslant 350 \\ 2x_1 + x_2 \leqslant 600 \\ x_1, x_2 \geqslant 0 \end{cases}$

## 二、线性规划问题的数学模型

数学模型是实际问题的一种数学简化表示．

从以上两例可以看出，它们属于同一类优化问题——线性规划．线性规划问题一般有 3 个基本要素：

（1）决策变量（Decision Variables）：每一个问题都有一组决策变量 $x_1, x_2, \cdots$，$x_n$ 表示某一方案，这组决策变量的值就代表一个具体方案．一般这些变量的取值是非负的．

（2）目标函数（Objective Function）：数学规划问题都有一个要求达到的目标，它可用决策变量的函数来表示，决策变量的函数称为数学规划的目标函数．线性规划的目标函数要求是线性的．按问题的不同，要求目标函数实现最大化或最小化．

（3）约束条件（Constraints）：由于资源有限，为实现目标都有一些资源限制，这些资源限制用决策变量的等式或不等式表示，称为数学规划的约束条件.线性规划的约束条件要求是线性的.

满足以上 3 个条件的数学模型称为线性规划模型（the Linear Programming Model）.其一般形式为

$$\max(\min) \ z = c_1 x_1 + c_2 x_2 + \cdots + c_n x_n \tag{1-1a}$$

$$\text{s. t.} \begin{cases} a_{11} x_1 + a_{12} x_2 + \cdots + a_{1n} x_n \leqslant (\geqslant, =) b_1 \\ a_{21} x_1 + a_{22} x_2 + \cdots + a_{2n} x_n \leqslant (\geqslant, =) b_2 \\ \qquad\qquad \cdots\cdots \\ a_{m1} x_1 + a_{m2} x_2 + \cdots + a_{mn} x_n \leqslant (\geqslant, =) b_m \\ x_j \geqslant 0, j = 1, 2, \cdots, n \end{cases} \tag{1-1b}$$

式（1-1a）称为目标函数，式（1-1b）称为约束条件.其中，$x_j$ 表示决策变量，共有 $n$ 个；约束条件共有 $m+n$ 个，后 $n$ 个约束条件一般称为决策变量的非负约束；$c_j$ 为价值系数，$a_{ij}$ 称为技术系数，$b_i$ 称为限额系数.在例 1-1 的生产计划问题中，$c_j$ 表示第 $j$ 种产品的单位利润，$a_{ij}$ 表示生产单位第 $j$ 种产品对第 $i$ 种资源的消耗量，$b_i$ 表示第 $i$ 种资源的拥有量.

以上模型可用和式简写为

$$\max(\min) \ z = \sum_{j=1}^{n} c_j x_j \tag{1-1a'}$$

$$\text{s. t.} \begin{cases} \sum_{j=1}^{n} a_{ij} x_j \leqslant (=, \geqslant) b_i \quad (i = 1, 2, \cdots, m) \\ x_j \geqslant 0 \qquad\qquad\qquad (j = 1, 2, \cdots, n) \end{cases} \tag{1-1b'}$$

用向量形式表示为

$$\max(\min) \ z = \boldsymbol{cx}$$
$$\text{s. t.} \begin{cases} \boldsymbol{p}_1 x_1 + \boldsymbol{p}_2 x_2 + \cdots + \boldsymbol{p}_n x_n \leqslant (=, \geqslant) \boldsymbol{b} \\ \boldsymbol{x} \geqslant \boldsymbol{0} \end{cases} \tag{1-2}$$

或简写为

$$\max(\min) \ z = \boldsymbol{cx}$$
$$\text{s. t.} \begin{cases} \sum_{j=1}^{n} \boldsymbol{p}_j x_j \leqslant (=, \geqslant) \boldsymbol{b} \\ \boldsymbol{x} \geqslant \boldsymbol{0} \end{cases} \tag{1-2'}$$

用矩阵的形式来表示可写为

$$\max(\min) \ z = \boldsymbol{cx}$$
$$\text{s. t.} \begin{cases} \boldsymbol{Ax} \leqslant (=, \geqslant) \boldsymbol{b} \\ \boldsymbol{x} \geqslant \boldsymbol{0} \end{cases} \tag{1-3}$$

其中 $A = \begin{pmatrix} a_{11} & a_{12} & \cdots & a_{1n} \\ a_{21} & a_{22} & \cdots & a_{2n} \\ \vdots & \vdots & & \vdots \\ a_{m1} & a_{m2} & \cdots & a_{mn} \end{pmatrix}$ 为约束方程组的系数矩阵,称为技术系数矩阵,$x =$

$(x_1, x_2, \cdots, x_n)^{\mathrm{T}}$ 称为决策变量列向量,$b = (b_1, b_2, \cdots, b_m)^{\mathrm{T}}$ 称为资源系数列向量,$c = (c_1, c_2, \cdots, c_n)$ 称为价值系数行向量,$A = (p_1, p_2, \cdots, p_n)$,$p_j = (a_{1j}, a_{2j}, \cdots, a_{mj})^{\mathrm{T}}$ $(j = 1, 2, \cdots, n)$.

### 三、线性规划问题的标准形式

由例 1-1 和例 1-2 可以看出,线性规划模型有各种不同的形式.即目标函数可以求极大值,也可以求极小值;约束条件可以是等式,也可以是不等式,不等式可以是"≤",也可以是"≥";决策变量可以是正的,也可以是非正的.为适应通用的代数求解方法,将不同形式的线性规划模型转化为统一的标准形式是十分必要的.

线性规划问题的标准形式应符合以下条件:

(1) 所有的决策变量都是非负的;

(2) 所有的约束条件都用等式来表示;

(3) 目标函数为最大化(max)或最小化(min),本书限定为最大化;

(4) 所有约束条件的右端项非负.

满足以上 4 个条件的线性规划模型称为标准形(a Standard Form of the Model),其形式为

$$\max z = c_1 x_1 + c_2 x_2 + \cdots + c_n x_n$$

$$\text{s. t.} \begin{cases} a_{11} x_1 + a_{12} x_2 + \cdots + a_{1n} x_n = b_1 \\ a_{21} x_1 + a_{22} x_2 + \cdots + a_{2n} x_n = b_2 \\ \qquad \cdots \cdots \\ a_{m1} x_1 + a_{m2} x_2 + \cdots + a_{mn} x_n = b_m \\ x_j \geqslant 0 \ (j = 1, 2, \cdots, n) \end{cases} \qquad (1\text{-}4)$$

简写为

$$\max z = \sum_{j=1}^{n} c_j x_j$$

$$\text{s. t.} \begin{cases} \sum_{j=1}^{n} a_{ij} x_j = b_i \ (i = 1, 2, \cdots, m) \\ x_j \geqslant 0 \ (j = 1, 2, \cdots, n) \end{cases} \qquad (1\text{-}4')$$

用向量形式表示为

$$\max(\min) \, z = \boldsymbol{cx}$$

$$\text{s. t.} \begin{cases} \boldsymbol{p}_1 \boldsymbol{x}_1 + \boldsymbol{p}_2 \boldsymbol{x}_2 + \cdots + \boldsymbol{p}_n \boldsymbol{x}_n = \boldsymbol{b} \\ \boldsymbol{x} \geqslant \boldsymbol{0} \end{cases} \qquad (1\text{-}5)$$

或简写为

$$\max(\min) \, z = \boldsymbol{cx}$$

$$\text{s. t.} \begin{cases} \displaystyle\sum_{j=1}^{n} \boldsymbol{p}_j \boldsymbol{x}_j = \boldsymbol{b} \\ \boldsymbol{x} \geqslant \boldsymbol{0} \end{cases} \qquad (1\text{-}5')$$

用矩阵形式表示为

$$\max(\min) \, z = \boldsymbol{cx}$$

$$\text{s. t.} \begin{cases} \boldsymbol{Ax} = \boldsymbol{b} \\ \boldsymbol{x} \geqslant \boldsymbol{0} \end{cases} \qquad (1\text{-}6)$$

其中 $\boldsymbol{b} = (b_1, b_2, \cdots, b_m)^{\mathrm{T}} \geqslant \boldsymbol{0}$.

由前述例题可知,并非所有的线性规划问题都是标准形式. 对于各种非标准形式的线性规划问题,我们总可以通过以下几种变换,将其转化为标准形式.

1. 变量的处理

变量的非标准形式可能有两种:

(1) 无约束变量

在某些情况下,变量的取值并无正、负的限制,称为无约束变量. 一般地,若变量 $x_j$ 无约束时,可令 $x_j = x_j' - x_j''$,其中 $x_j' \geqslant 0, x_j'' \geqslant 0$. 如变量 $x_j$ 表示某产品当年计划与上一年计划之差,显然 $x_j$ 的取值可能为正也可能为负,这时可令 $x_j = x_j' - x_j''$,其中 $x_j' \geqslant 0, x_j'' \geqslant 0$,将其代入线性规划模型即可.

(2) 变量为负

若变量 $x_j \leqslant 0$,可令 $x_j = -x_j'$,显然 $x_j' \geqslant 0$,将其代入线性规划模型即可.

2. 目标函数最大化的处理

有时线性规划模型的目标函数为求极小值,即

$$\min z = c_1 x_1 + c_2 x_2 + \cdots + c_n x_n = \sum_{j=1}^{n} c_j x_j$$

因为求 $\min z$ 等价于求 $\max(-z)$,所以令 $z' = -z$(或 $w = -z$),目标函数即化为

$$\min z' = -c_1 x_1 - c_2 x_2 - \cdots - c_n x_n = \sum_{j=1}^{n} (-c_j) x_j$$

或

$$\min w = -c_1 x_1 - c_2 x_2 - \cdots - c_n x_n = \sum_{j=1}^{n} (-c_j) x_j$$

**3. 负约束条件右端项的处理**

当约束条件的右端项"$b_i < 0$"时，只需在方程（或不等式）两端同时乘以"$-1$"，这样即可将约束条件右端项转换为非负. 例如，$x_1 - 2x_2 \leqslant -8$ 可转换为 $-x_1 + 2x_2 \geqslant 8$，$x_1 - 2x_2 \geqslant -8$ 可转换为 $-x_1 + 2x_2 \leqslant 8$，$x_1 - 2x_2 - x_3 = -8$ 可转换为 $-x_1 + 2x_2 + x_3 = 8$.

**4. 不等式约束条件的处理**

非标准形式的约束条件即约束条件是不等式，通常有两种形式：含"$\leqslant$"的不等式和含"$\geqslant$"的不等式. 通过引入松弛变量（Slack Variables），把不等式化为等式. 当约束条件是含"$\leqslant$"的不等式时，可以在含"$\leqslant$"的不等式的左端加上一个非负的松弛变量，把不等式变为等式；当约束条件是含"$\geqslant$"的不等式时，可以在含"$\geqslant$"的不等式的左端减去一个非负的松弛变量（也称剩余变量（Surplus Variables）），把不等式变为等式. 松弛变量或剩余变量在实际问题中表示为被充分利用的资源和超出的资源数，均未转化为价值和利润，所以引入模型后它们在目标函数中的系数均为 0. 例如：$x_1 + 2x_2 \leqslant 8$ 可转换为 $x_1 + 2x_2 + x_3 = 8$，这里加入的 $x_3$ 就是上述松弛变量；而 $5x_1 + 3x_2 \geqslant 45$ 可转换为 $5x_1 + 3x_2 - x_4 = 45$，这里减去的 $x_4$ 就是上述剩余变量.

**例 1-3**　将下列线性规划模型转换成标准形式

$$\min z = x_1 - 2x_2 + 3x_3$$

$$\text{s.t.} \begin{cases} x_1 + x_2 + x_3 \leqslant 7 \\ x_1 - x_2 + x_3 \geqslant 2 \\ 3x_1 - x_2 - 2x_3 = -5 \\ x_1 \geqslant 0, x_2 \leqslant 0, x_3 \text{ 无约束} \end{cases}$$

**解**　（1）令 $x_2 = -x_2'$，$x_3 = x_3' - x_3''$ 并代入模型，这里 $x_2', x_3', x_3'' \geqslant 0$.

（2）目标函数乘以"$-1$"，从而实现目标函数极大化.

（3）第三个约束条件方程两侧同乘以"$-1$".

（4）第一个约束条件引入一个松弛变量 $x_4$，第二个约束条件引入一个剩余变量 $x_5$，它们不在目标函数中出现（或者说它们在目标函数中的的系数是"0"）.

所以该线性规划问题的标准形式为

$$\max z = -x_1 - 2x_2' - 3x_3' + 3x_3''$$

$$\text{s.t.} \begin{cases} x_1 - x_2' + x_3' - x_3'' + x_4 = 7 \\ x_1 + x_2' + x_3' - x_3'' - x_5 = 2 \\ -3x_1 - x_2' + 2x_3' - 2x_3'' = 5 \\ x_1, x_2', x_3', x_3'', x_4, x_5 \geqslant 0 \end{cases}$$

## §2  线性规划的图解法

上一节列举了两个把实际问题构造成线性规划数学模型的例子,初步解决了模型构造问题.如何求解数学模型以获得问题的最优解,自然成为本节关心的焦点.

线性规划问题采用在平面上作图的方法求解,这种方法称为图解法.图解法适用于求解只有 2 个或 3 个变量的线性规划问题.虽然在实际问题中,只有 2 个或 3 个决策变量的小问题是很少见的,但图解法具有简单、直观、容易理解的特点,而且从几何角度说明了线性规划方法的思路.因此,图解法有助于了解一般线性规划问题的实质和求解的原理,并为解决大规模线性规划问题提供原则性的指导.

对于包含 3 个变量的线性规划问题,需要在平面上画三维空间图,比较复杂,所以本节仅讨论用图解法解决包含两个变量的线性规划问题.求解的具体步骤为:

(1)以变量 $x_1$ 为横轴,变量 $x_2$ 为纵轴,在平面上建立平面直角坐标系.

(2)图示约束条件,找出满足约束条件的区域(称为可行域).具体做法是画出所有约束方程(约束条件取等式)对应的直线,用原点判定直线的哪一边符合约束条件,从而找出所有约束条件都同时满足的公共平面区域,即得可行域.求出约束直线之间,以及约束直线与坐标轴的所有交点,即可行域的所有顶点.

(3)图示目标函数直线.给定目标函数 $z$ 一个特定值 $z_0$,画出相应的目标函数等值线.

(4)将目标函数沿其法线方向向可行域边界平移,直至与可行域边界相切为止,这个切点就是最优点.具体地,当 $z_0$ 值发生变化时,等值线平行移动.对于目标函数最大化问题,目标函数沿其法线方向向目标函数值增大的方向平移;对于目标函数最小化问题,目标函数沿其法线方向向目标函数值减小的方向平移.目标函数等值线平移到可行域的临界点,最终交点就是取得目标函数最优值的最优解.

**例 1-4**  用图解法求解例 1-1.

$$\max z = 2x_1 + 3x_2$$

$$\text{s. t.} \begin{cases} x_1 + 2x_2 \leqslant 8 \\ 4x_1 \quad\quad \leqslant 16 \\ \quad\quad 4x_2 \leqslant 12 \\ x_1, x_2 \geqslant 0 \end{cases}$$

**解**  (1)构造平面直角坐标系(由于决策变量非负,所以只取第一象限).

（2）在图上表示可行域.

方法：按自然顺序将各个约束条件都绘制出来（不等式约束先绘制其对应的等式直线，然后判断其不等号方向并用箭头方向代表所选定的半平面）.

过程：约束条件 $x_1+2x_2\leqslant8$ 要求问题的可行解位于直线 $x_1+2x_2=8$ 的左下方.直线 $x_1+2x_2=8$ 可先通过两个特殊点绘制出来，如 $(8,0)$ 和 $(0,4)$.直线上的箭头表明了满足条件的区域.同理，约束条件 $4x_1\leqslant16$ 和 $4x_2\leqslant12$ 也可以用直线表示出来.图 1-1 中的阴影部分五边形 $OABCD$ 所围区域即为例 1-1 的可行域.显然，在这个区域内的每一个点（有无数多个）都满足约束条件，称为一个可行解.

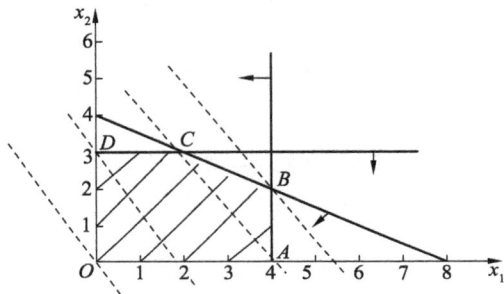

图 1-1

（3）在图中表示目标函数的等值线，并确定目标函数优化的方向.

方法：选取两个特殊的 $z$ 值，使得此 $z$ 值所对应的目标函数的直线通过可行域的某一点或某一些点，比较 $z$ 的大小以确定目标函数增大的方向.

过程：目标函数 $z=2x_1+3x_2$ 可以表示为斜截式 $x_2=-\dfrac{2}{3}x_1+\dfrac{z}{3}$.取 $z=0$，于是有 $x_2=-\dfrac{2}{3}x_1$，它是一条通过坐标原点的直线；取 $z=3$，于是有 $x_2=-\dfrac{2}{3}x_1+1$，它是一条通过点 $(0,1)$ 的直线.向右上方平行移动目标函数直线 $x_2=-\dfrac{2}{3}x_1+\dfrac{z}{3}$，得到一族使 $z$ 值（截距）不断增加的平行线（如图 1-1 虚线所示）.

（4）寻找最优解.

方法：目标函数沿优化的方向平行移动，当目标函数等值线平移即将离开可行域时，其与可行域的交点即为最优解点.

目标函数等值线向右上方移动使目标函数值增加，而这样的移动是受到一定限制的，那就是必须保持直线与可行域至少有一个公共点.显然可行域的顶点 $B$ 就是目标函数直线脱离可行域前经过的最后一点，即 $B(4,2)$ 就是最优解点，其最优值 $z=2\times4+3\times2=14$.这说明该厂在计划期内的最优生产计划方案：生产甲产品 4 个单位、乙产品 2 个单位，可得最大利润 14 个单位.

**例 1-5** 用图解法求解 LP：

$$\max z = 3x_1 + x_2$$

$$\text{s. t.} \begin{cases} x_1 + x_2 \leqslant 5 \\ -x_1 + x_2 \leqslant 0 \\ 6x_1 + 2x_2 \leqslant 21 \\ x_1 \geqslant 0, \ x_2 \geqslant 0 \end{cases}$$

**解** 如图 1-2，该问题的可行域是平面凸多边形 $OABC$，其中 $O(0,0)$，$A\left(\dfrac{7}{2}, 0\right)$，$B\left(\dfrac{11}{4}, \dfrac{9}{4}\right)$，$C\left(\dfrac{5}{2}, \dfrac{5}{2}\right)$. 令目标函数等值线 $3x_1 + x_2 = z$ 沿法线方向 $\boldsymbol{n} = \left(\dfrac{3}{\sqrt{10}}, \dfrac{1}{\sqrt{10}}\right)$ 向右上方移动，到达线段 $AB$ 时，目标函数 $z$ 达到最大. 所以线段 $AB$ 上的每一点都可使目标函数 $z$ 取得最优值，即 $z_{\max} = z\Big|_{\left(\frac{7}{2}, 0\right)} = z\Big|_{\left(\frac{11}{4}, \frac{9}{4}\right)} = \dfrac{21}{2}$.

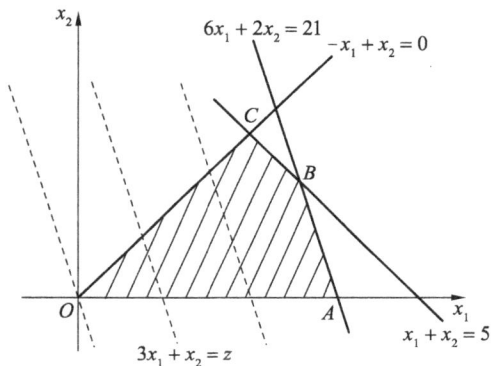

**图 1-2**

**例 1-6** 用图解法求解 LP：

$$\min z = -2x_1 + x_2$$

$$\text{s. t.} \begin{cases} x_1 + x_2 \geqslant 1 \\ x_1 - 3x_2 \geqslant -3 \\ x_1 \geqslant 0, x_2 \geqslant 0 \end{cases}$$

**解** 如图 1-3，该问题的可行域是一个无界区域（阴影部分）. 令目标函数等值线 $-2x_1 + x_2 = z$ 沿负法线方向 $\boldsymbol{n} = \left(\dfrac{2}{\sqrt{5}}, -\dfrac{1}{\sqrt{5}}\right)$ 向右移动，可以无限制地移动下去，一直与可行域相交，所以其最小值为 $-\infty$，或者说目标函数 $-2x_1 + x_2 = z$ 在可行域上无下界.

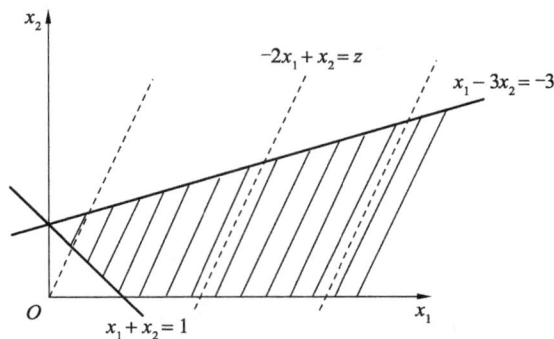

图 1-3

**例 1-7** 用图解法求解 LP：

$$\max z = 3x_1 + x_2$$

$$\text{s. t.} \begin{cases} x_1 - x_2 \leqslant -1 \\ x_1 + x_2 \leqslant -1 \\ x_1 \geqslant 0, x_2 \geqslant 0 \end{cases}$$

**解** 如图 1-4，该问题的可行域是空集，即无可行解.

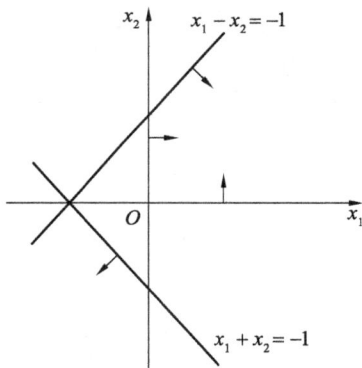

图 1-4

通过上面 4 个例子可知，图解法所揭示的**第一个重要结论**是：对一般线性规划模型而言，求解结果可能出现唯一最优解、无穷多最优解、无界解和无可行解 4 种情况.

（1）有唯一最优解. 此时，最优解一定是可行域的一个顶点，如例 1-4.

（2）有无穷多最优解（或称为具有多重解）. 此时，最优解一定是可行域的一个边界，如例 1-5.

（3）无界解. 有些线性规划模型有可行解，但可能没有最优解. 也就是说，能不断地找到更好的可行解使目标函数值增大,此时线性规划问题有无界解,如例 1-6.

（4）无可行解.有些线性规划模型可能根本没有可行解,即可行域为空集,当然也就不存在最优解,如例 1-7.

对于一般的线性规划问题也有类似的结论.当实际问题的数学模型求解结果出现（3）、（4）两种情况时,一般说明线性规划问题数学模型的构建出现了错误.前者缺乏必要的约束条件,后者则是存在相互矛盾的约束条件.

图解法所揭示的**第二个重要结论**是:当线性规划问题的可行域非空时,它是有界或无界的凸多边形（称为凸集）.

图解法所揭示的**第三个重要结论**是:若线性规划问题存在最优解,其最优解一定在可行域的某个顶点（唯一最优解）或某两个顶点及其连线上（无穷多最优解）得到,即一定能在顶点上得到.

图解法虽然直观、简便,但当存在 3 个变量时,需要在平面上画三维空间图;而变量数多于 3 个时,就无能为力了.

## §3　线性规划的基本概念和基本定理

对于具有 $n$ 个变量的一般线性规划问题,首先引入一些基本概念及基本定理.

不失一般性,考虑标准形式的 LP 问题:

$$\max z = c_1 x_1 + c_2 x_2 + \cdots + c_n x_n \tag{1-4a}$$

$$\text{s. t.} \begin{cases} a_{11} x_1 + a_{12} x_2 + \cdots + a_{1n} x_n = b_1 \\ a_{21} x_1 + a_{22} x_2 + \cdots + a_{2n} x_n = b_2 \\ \qquad\qquad \cdots\cdots \\ a_{m1} x_1 + a_{m2} x_2 + \cdots + a_{mn} x_n = b_m \end{cases} \tag{1-4b}$$

$$x_j \geqslant 0 \ (j = 1, 2, \cdots, n) \tag{1-4c}$$

用向量形式表示为

$$\max z = \boldsymbol{cx} \tag{1-5a}$$

$$\text{s. t.} \begin{cases} \boldsymbol{p}_1 x_1 + \boldsymbol{p}_2 x_2 + \cdots + \boldsymbol{p}_n x_n = \boldsymbol{b} \tag{1-5b} \\ \boldsymbol{x} \geqslant \boldsymbol{0} \tag{1-5c} \end{cases}$$

用矩阵形式表示为

$$\max z = \boldsymbol{cx} \tag{1-6a}$$

$$\text{s. t.} \begin{cases} \boldsymbol{Ax} = \boldsymbol{b} \tag{1-6b} \\ \boldsymbol{x} \geqslant \boldsymbol{0} \tag{1-6c} \end{cases}$$

其中，$A=(a_{ij})_{m\times n}=(p_1,p_2,\cdots,p_n)$，$x=(x_1,x_2,\cdots,x_n)^{\mathrm{T}}$，$b=(b_1,b_2,\cdots,b_m)^{\mathrm{T}}\geqslant 0$，$c=(c_1,c_2,\cdots,c_n)$，不妨设 $X=\{x\in \mathbf{R}^n\,|\,Ax=b,x\geqslant 0\}\neq\varnothing$，即线性方程组 $Ax=b$ 相容. 由于总可以把多余方程去掉，使剩下的约束方程的系数向量线性无关，故可设 $r(A)=m$.

由于对每一个约束条件都可以加入一个松弛变量、剩余变量或人工变量，所以总可以使变量个数多于方程个数，即 $n>m$，从而 $r(A)=m<n$.

**一、线性规划问题的基本概念**

**可行解（Feasible Solution）** 满足所有约束条件(1-4b)和(1-4c)的决策变量的一组取值 $x=(x_1,x_2,\cdots,x_n)^{\mathrm{T}}$ 称为线性规划问题的可行解.

**可行域（Feasible Region）** 线性规划问题所有可行解构成的集合称为线性规划的可行域，记作 $X$，即 $X=\{x\in \mathbf{R}^n\,|\,Ax=b,x\geqslant 0\}$.

**最优解（Optimal Solution）** 使目标函数(1-4a)达到最大值（最优）的可行解称为线性规划问题的最优解.

**最优值（Optimal Value）** 最优解所对应的目标函数值称为线性规划问题的最优值.

**基（Basic）** 设 $A=(a_{ij})_{m\times n}$ 是约束方程 $Ax=b$ 的系数矩阵，$r(A)=m<n$. $A=(p_1,p_2,\cdots,p_n)$，即向量组 $A$：$p_1,p_2,\cdots,p_n$ 是矩阵 $A$ 的列向量组. 若向量组 $A$ 的含 $m$ 个向量的部分组 $B$：$p_{j_1},p_{j_2},\cdots,p_{j_m}$ 线性无关，则称 $p_{j_1},p_{j_2},\cdots,p_{j_m}$ 构成线性规划问题的一个基，所对应的变量 $x_{j_1},x_{j_2},\cdots,x_{j_m}$ 称为线性规划问题的一组基变量（Basic Variables），其余变量称为非基变量（Non-basic-variables）；称矩阵 $B=(p_{j_1},p_{j_2},\cdots,p_{j_m})$ 为线性规划问题的一个基阵（Basic Matrix），显然 $|B|\neq 0$.

**基解（Basic Solution）** 设 $B=(p_{j_1},p_{j_2},\cdots,p_{j_m})$ 是线性规划问题的一个基阵，记 $x_B=(x_{j_1},x_{j_2},\cdots,x_{j_m})^{\mathrm{T}}$ 表示基变量向量，$x_N$ 表示非基变量向量. 不妨设 $x=\begin{bmatrix}x_B\\x_N\end{bmatrix}$，令所有的非基变量都取值为 0，即 $x_N=0$，则约束方程(1-5b)和(1-6b)可化为

$$p_{j_1}x_{j_1}+p_{j_2}x_{j_2}+\cdots+p_{j_m}x_{j_m}=b\Leftrightarrow Bx_B=b \tag{1-7}$$

式(1-7)表示一个含有 $m$ 个变量 $m$ 个方程的线性方程组，由于 $|B|\neq 0$，所以有唯一解 $x_B=B^{-1}b$. 于是得到约束方程(1-4b)或(1-5b)或(1-6b)的至少含有 $n-m$ 个零元的解 $x=\begin{bmatrix}x_B\\x_N\end{bmatrix}=\begin{pmatrix}B^{-1}b\\0\end{pmatrix}$，称为对应于线性规划问题的基 $B$：$p_{j_1},p_{j_2},\cdots,p_{j_m}$ 的一个基解. 显然，在基解中非零分量的数目不大于方程的个数 $m$；若基解中的非零分量的个数小于 $m$，即有基变量取值为 0，则这样的基解称为退化解.

**基可行解(Basic Feasible Solution)** 设 $x = \begin{pmatrix} x_B \\ x_N \end{pmatrix} = \begin{pmatrix} B^{-1}b \\ 0 \end{pmatrix}$ 是对应于线性规划问题的基 $B: p_{j_1}, p_{j_2}, \cdots, p_{j_m}$ 的一个基解,且 $\begin{pmatrix} B^{-1}b \\ 0 \end{pmatrix} \geqslant 0$,即满足约束条件(1-4c)或 (1-5c)或(1-6c),则称 $x = \begin{pmatrix} x_B \\ x_N \end{pmatrix} = \begin{pmatrix} B^{-1}b \\ 0 \end{pmatrix}$ 为一个基可行解,相应地,$B: p_{j_1}, p_{j_2}, \cdots,$ $p_{j_m}$ 称为线性规划问题的一个可行基(Feasible Basic). 有基变量取 0 值的基本可行解,称为退化的基本可行解,它对应的基 $B$ 称为退化的可行基.

以上分析的几种解的概念之间的关系可用图 1-5 表示.

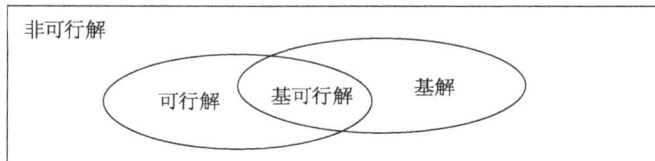

**图 1-5**

**例 1-8** 求出下述线性规划问题的标准形式的全部基和基解,指出其中的基可行解,并确定最优解.

$$\max z = 3x_1 + 5x_2$$

$$\text{s. t.} \begin{cases} 3x_1 + 2x_2 \leqslant 18 \\ x_1 \leqslant 4 \\ 2x_2 \leqslant 12 \\ x_1 \geqslant 0, \ x_2 \geqslant 0 \end{cases}$$

**解** 化为标准型:

$$\max z = 3x_1 + 5x_2$$

$$\text{s. t.} \begin{cases} 3x_1 + 2x_2 + x_3 = 18 \\ x_1 + x_4 = 4 \\ 2x_2 + x_5 = 12 \\ x_j \geqslant 0, \ j = 1,2,3,4,5 \end{cases}$$

则约束方程的系数矩阵为

$$A = \begin{bmatrix} 3 & 2 & 1 & 0 & 0 \\ 1 & 0 & 0 & 1 & 0 \\ 0 & 2 & 0 & 0 & 1 \end{bmatrix}$$

其列向量分别为

$$\boldsymbol{p}_1 = \begin{bmatrix} 3 \\ 1 \\ 0 \end{bmatrix}, \boldsymbol{p}_2 = \begin{bmatrix} 2 \\ 0 \\ 2 \end{bmatrix}, \boldsymbol{p}_3 = \begin{bmatrix} 1 \\ 0 \\ 0 \end{bmatrix}, \boldsymbol{p}_4 = \begin{bmatrix} 0 \\ 1 \\ 0 \end{bmatrix}, \boldsymbol{p}_5 = \begin{bmatrix} 0 \\ 0 \\ 1 \end{bmatrix}$$

可以验证向量组 $\boldsymbol{p}_3, \boldsymbol{p}_4, \boldsymbol{p}_5$；$\boldsymbol{p}_1, \boldsymbol{p}_2, \boldsymbol{p}_3$；$\boldsymbol{p}_1, \boldsymbol{p}_2, \boldsymbol{p}_4$；$\boldsymbol{p}_1, \boldsymbol{p}_2, \boldsymbol{p}_5$；$\boldsymbol{p}_1, \boldsymbol{p}_3, \boldsymbol{p}_5$；$\boldsymbol{p}_1, \boldsymbol{p}_4, \boldsymbol{p}_5$；$\boldsymbol{p}_2, \boldsymbol{p}_3, \boldsymbol{p}_4$；$\boldsymbol{p}_2, \boldsymbol{p}_4, \boldsymbol{p}_5$ 线性无关，所以它们是该线性规划问题的 8 个基，对应的变量为基变量。而向量组 $\boldsymbol{p}_1, \boldsymbol{p}_3, \boldsymbol{p}_4$ 和 $\boldsymbol{p}_2, \boldsymbol{p}_3, \boldsymbol{p}_5$ 线性相关，不是基。由定义有表 1-2。

表 1-2

| 序号 | 基 $\boldsymbol{p}_{j_1}, \boldsymbol{p}_{j_2}, \boldsymbol{p}_{j_3}$ | 基解$(x_1, x_2, x_3, x_4, x_5)^{\mathrm{T}}$ | 是否为基可行解 | $z$ 值 |
|---|---|---|---|---|
| 1 | $\boldsymbol{p}_3, \boldsymbol{p}_4, \boldsymbol{p}_5$ | $(0, 0, 18, 4, 12)^{\mathrm{T}}$ | 是 | 0 |
| 2 | $\boldsymbol{p}_1, \boldsymbol{p}_2, \boldsymbol{p}_3$ | $(4, 6, -6, 0, 0)^{\mathrm{T}}$ | 否 | |
| 3 | $\boldsymbol{p}_1, \boldsymbol{p}_2, \boldsymbol{p}_4$ | $(2, 6, 0, 2, 0)^{\mathrm{T}}$ | 是 | 36 |
| 4 | $\boldsymbol{p}_1, \boldsymbol{p}_2, \boldsymbol{p}_5$ | $(4, 3, 0, 0, 6)^{\mathrm{T}}$ | 是 | 27 |
| 5 | $\boldsymbol{p}_1, \boldsymbol{p}_3, \boldsymbol{p}_5$ | $(4, 0, 6, 0, 12)^{\mathrm{T}}$ | 是 | 12 |
| 6 | $\boldsymbol{p}_1, \boldsymbol{p}_4, \boldsymbol{p}_5$ | $(6, 0, 0, -2, 12)^{\mathrm{T}}$ | 否 | |
| 7 | $\boldsymbol{p}_2, \boldsymbol{p}_3, \boldsymbol{p}_4$ | $(0, 6, 6, 4, 0)^{\mathrm{T}}$ | 是 | 30 |
| 8 | $\boldsymbol{p}_2, \boldsymbol{p}_4, \boldsymbol{p}_5$ | $(0, 9, 0, 4, -6)^{\mathrm{T}}$ | 否 | |

由表 1-2，该线性规划问题有 8 个基，相应地有 8 个基解，其中 5 个是基可行解，而最优解为基可行解 $\boldsymbol{x} = (2, 6, 0, 2, 0)^{\mathrm{T}}$，最优值为 $z^* = 36$。

在利用图解法求解线性规划问题中，我们已经直观地看到，两个变量的线性规划问题的可行域是一个凸多边形，并且如果存在最优解，则一定可以在可行域的顶点上找到。这个性质对于 $n$ 个变量的线性规划问题也是成立的。为了说明这一性质，首先需要讨论 $n$ 维空间 $\mathbf{R}^n$ 中，可行域具有什么特征，并讨论可行域的顶点与基可行解的关系。

设 $\mathbf{R}^n$ 为 $n$ 维实向量空间，$X \subset \mathbf{R}^n$ 是 $\mathbf{R}^n$ 的一个非空子集。

**凸组合（Convex Combination）** 设 $\boldsymbol{x}^1, \boldsymbol{x}^2, \cdots, \boldsymbol{x}^k$ 是 $\mathbf{R}^n$ 中的 $k$ 个点，$\boldsymbol{x} \in \mathbf{R}^n$。如果存在 $k$ 个实数 $\lambda_1, \lambda_2, \cdots, \lambda_k$，其中 $0 \leqslant \lambda_i \leqslant 1$，$\sum\limits_{i=1}^{k} \lambda_i = 1$，使得

$$\boldsymbol{x} = \lambda_1 \boldsymbol{x}^1 + \lambda_2 \boldsymbol{x}^2 + \cdots + \lambda_k \boldsymbol{x}^k$$

则称 $\boldsymbol{x}$ 是 $\boldsymbol{x}^1, \boldsymbol{x}^2, \cdots, \boldsymbol{x}^k$ 的凸组合。

**例 1-9** 在实数集 $\mathbf{R}$ 中，给定两个实数 $a, b\,(a < b)$，则 $a, b$ 的凸组合是闭区间 $[a, b]$。

$$[a, b] = \{x \mid x = \lambda a + (1-\lambda)b,\ 0 \leqslant \lambda \leqslant 1\}$$

**例 1-10** 在 $\mathbf{R}^2$ 中，给定两个点 $\boldsymbol{x}^1, \boldsymbol{x}^2$，则 $\boldsymbol{x}^1, \boldsymbol{x}^2$ 的凸组合是以 $\boldsymbol{x}^1, \boldsymbol{x}^2$ 为端点

的直线段,如图 1-6.

**例 1-11**　设 $x^1, x^2, x^3$ 是 $\mathbf{R}^2$ 中不共线的 3 个点,即 $x^2 - x^1$ 与 $x^3 - x^1$ 线性无关,则 $x^1, x^2, x^3$ 的凸组合是以 $x^1, x^2, x^3$ 为顶点的闭三角区域,如图 1-7.

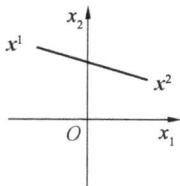

图 1-6

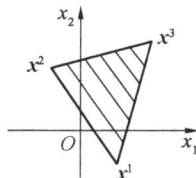

图 1-7

**单纯形(Simplex)**　在 $\mathbf{R}^n$ 中,给定 $k+1$ 个点 $x^0, x^1, x^2, \cdots, x^k$, $k \leqslant n$,如果 $x^1 - x^0, x^2 - x^0, \cdots, x^k - x^0$ 线性无关,则称 $x^0, x^1, x^2, \cdots, x^k$ 的凸组合为 $\mathbf{R}^n$ 中的一个 $k$ 维单纯形,简称单形.

**凸集(Convex Set)**　设 $X \subset \mathbf{R}^n$,如果 $X$ 中任意两点间的连线仍属于 $X$,即对于任意的 $x^1, x^2 \in X$, $0 \leqslant \lambda \leqslant 1$,都有

$$\lambda x^1 + (1-\lambda) x^2 \in X$$

成立,则称 $X$ 为凸集.

可以验证,在 $\mathbf{R}^2$ 中,凸多边形区域是凸集,实心圆域也是凸集.而有凹入部分的多边形不是凸集.从几何直观上,凸集是没有凹入部分,或其内部没有"洞"的几何形体.

图 1-8a,b 所表示的集合为凸集,图 1-8c,d 所表示的集合为非凸集.

(a)　　　　(b)　　　　(c)　　　　(d)

图 1-8

**顶点(Vertex)**　设 $X \subset \mathbf{R}^n$ 是凸集, $x \in X$,如果点 $x$ 不是 $X$ 中任意两个不同点连线上的点,即 $x$ 不是 $X$ 中任意两个不同点的凸组合,则称点 $x$ 为凸集 $X$ 的顶点.

图 1-8b 中的凸集有 5 个顶点,图 1-8a 中的凸集的边界上每个点都是该凸集的顶点.

## 二、线性规划问题的基本定理

设线性规划问题

$$\max z = cx$$

$$\text{s. t.} \quad \begin{cases} Ax = b \\ x \geqslant 0 \end{cases} \tag{1-6}$$

的可行域为 $X = \{x \in \mathbf{R}^n \mid Ax = b, x \geqslant 0\}$.

**定理 1-1** 若线性规划问题存在可行解，即问题的可行域非空，则可行域是凸集.

**证明** 设 $X = \{x \in \mathbf{R}^n \mid Ax = b, x \geqslant 0\} \neq \varnothing$，对任意的 $x^1, x^2 \in X$，只要证明 $x^1, x^2$ 的凸组合 $\lambda x^1 + (1-\lambda) x^2 \in X$ 即可，其中 $0 \leqslant \lambda \leqslant 1$.

因 $Ax^1 = b, x^1 \geqslant 0, Ax^2 = b, x^2 \geqslant 0, \forall \lambda \in [0,1]$，有
$$\lambda x^1 + (1-\lambda) x^2 \geqslant 0$$
且
$$A[\lambda x^1 + (1-\lambda) x^2] = \lambda Ax^1 + (1-\lambda) Ax^2 = \lambda b + (1-\lambda) b = b$$
即
$$\lambda x^1 + (1-\lambda) x^2 \in X$$

故可行域 $X = \{x \in \mathbf{R}^n \mid Ax = b, x \geqslant 0\}$ 是凸集.

**定理 1-2** 对线性规划问题(1-6)，设 $A$ 是 $m \times n$ 矩阵，$r(A) = m$，对于 $Ax = b$，$x \geqslant 0$ 有：

(1) 可行解 $x^0 = (x_1^0, x_2^0, \cdots, x_n^0)^{\mathrm{T}}$ 是基可行解的充分必要条件是 $x^0$ 的正分量 $x_{j_1}^0, x_{j_2}^0, \cdots, x_{j_k}^0$ 对应 $A$ 中的列向量 $p_{j_1}, p_{j_2}, \cdots, p_{j_k}$ 线性无关；

(2) 如果 $x = (0, 0, \cdots, 0)^{\mathrm{T}}$，即 $x = 0$ 是可行解，则它一定是基可行解.

**证明** (1)（必要性）假定 $x^0$ 是基可行解，由基可行解的定义可知，$x^0$ 中的正分量一定是基变量，基变量对应系数矩阵 $A$ 中的列向量一定在基 $B$ 中，则 $p_{j_1}, p_{j_2}, \cdots, p_{j_k}$ 线性无关.

（充分性）假定 $x^0$ 正分量对应矩阵 $A$ 中的列向量线性无关，只要证明 $x^0$ 是基可行解.

因为 $r(A) = m$，所以 $k \leqslant m$（$k$ 是 $x^0$ 的正分量个数）.

当 $k = m$ 时，只要 $m$ 个线性无关的向量构成一个基，而 $x^0$ 中的正分量 $x_{j_1}, x_{j_2}, \cdots, x_{j_k}$ 对应的列向量 $p_{j_1}, p_{j_2}, \cdots, p_{j_k}$ 线性无关，因此也构成一个基，所以 $x^0$ 就是对应于该基的一个非退化的基可行解.

当 $k < m$ 时，因 $r(A) = m$，由 $p_{j_1}, p_{j_2}, \cdots, p_{j_k}$ 线性无关，可再从 $A$ 的其余列中找出适当的 $m-k$ 个向量，不妨设为 $p_{j_{k+1}}, \cdots, p_{j_m}$，使 $p_{j_1}, p_{j_2}, \cdots, p_{j_k}, p_{j_{k+1}}, \cdots, p_{j_m}$ 线性无关，从而构成 $A$ 的一个基，对应 $x^0$ 中的基变量取值为：$x_{j_1}^0 > 0, x_{j_2}^0 > 0, \cdots, x_{j_k}^0 > 0, x_{j_{k+1}}^0 = \cdots = x_{j_m}^0 = 0$.

因为有取 0 值的基变量，所以 $x^0$ 是对应于基 $p_{j_1}, p_{j_2}, \cdots, p_{j_k}, p_{j_{k+1}}, \cdots, p_{j_m}$ 的一个退化的基可行解.

(2) 因 $r(A) = m$，故在 $A$ 中一定存在 $m$ 个线性无关的列向量，将其构成矩阵 $B$，对应于可行解 $x = (0, 0, \cdots, 0)^{\mathrm{T}}$ 中的基变量取值为 0，则可行解 $x = (0, 0, \cdots, 0)^{\mathrm{T}}$，即 $x = 0$ 是对应于基 $B$ 的退化的基可行解.

**定理 1-3** 设 $X$ 是线性规划问题(1-6)的可行域，则 $x$ 是 $X$ 的顶点的充分必要条件是 $x$ 是基可行解.

**证明** （必要性）设 $x$ 是可行域的顶点，要证明 $x$ 是基可行解.

若 $x=0$ 是可行域的顶点.则 $x=0$ 是可行解，由定理 1-2 中(2)即知 $x$ 是基可行解.

若 $x\neq0$ 是可行域的顶点，设 $x$ 的正分量为 $x_{j_1}$，$x_{j_2}$，$\cdots$，$x_{j_k}$，要证明 $x$ 是基可行解，由定理 1-2 知，只需证明这些正分量对应矩阵 $A$ 中的列向量 $p_{j_1}$，$p_{j_2}$，$\cdots$，$p_{j_k}$ 线性无关.

利用反证法.若 $p_{j_1}$，$p_{j_2}$，$\cdots$，$p_{j_k}$ 线性相关，则存在不全为 0 的数 $\mu_1,\mu_2,\cdots,\mu_k$，使得

$$\mu_1 p_{j_1}+\mu_2 p_{j_2}+\cdots+\mu_k p_{j_k}=0$$

现在构造一个 $n$ 维列向量 $y$，它的第 $j_1,j_2,\cdots,j_k$ 个分量分别为 $\mu_1,\mu_2,\cdots,\mu_k$，其余分量为 0，则有 $y\neq0$，且 $Ay=\mu_1 p_{j_1}+\mu_2 p_{j_2}+\cdots+\mu_k p_{j_k}=0$.

由于 $\exists\mu_i\neq0,1\leqslant i\leqslant k$，取 $\theta=\min\limits_{1\leqslant i\leqslant k}\left\{\dfrac{x_{j_i}}{|\mu_i|}\ \middle|\ \mu_i\neq0\right\}$，所以有 $A(x\pm\theta y)=b$ 且 $x\pm\theta y\geqslant0$，因而 $x\pm\theta y$ 是两个可行解.

记 $x'=x+\theta y\in X$，$x''=x-\theta y\in X$，则

$$x=\frac{1}{2}(x+\theta y)+\frac{1}{2}(x-\theta y)=\frac{1}{2}x'+\frac{1}{2}x''.$$

因 $\theta>0$，$y\neq0$，$x'\neq x''$，$x\neq x'$，$x\neq x''$，取 $\lambda=\dfrac{1}{2}$，则 $x=\lambda x'+(1-\lambda)x''$，这表明 $x$ 可以表示成可行域 $X$ 中其他点的凸组合，即 $x$ 不是可行域的顶点，这与 $x$ 是可行域的顶点矛盾.假设错误.故必要性得证.

（充分性）设 $x$ 是线性规划问题的基可行解.现在需证 $x$ 是可行域的顶点.

若 $x=0$ 是基可行解，假设存在可行域中的点 $x^1,x^2\in X$，使 $x=0$ 能表成

$$x=\lambda x^1+(1-\lambda)x^2 \quad(0\leqslant\lambda\leqslant1)$$

即 $\lambda x^1+(1-\lambda)x^2=0$，因此 $x^1=x^2=0$，这表明 $x=0$ 不能表成可行域中两点的凸组合，因此 $x$ 是顶点.

若 $x\neq0$ 是基可行解.由定理 1-2 知，$x$ 的正分量 $x_{j_1}$，$x_{j_2}$，$\cdots$，$x_{j_k}$ 对应 $A$ 中的列向量 $p_{j_1}$，$p_{j_2}$，$\cdots$，$p_{j_k}$ 线性无关.

利用反证法.假设基可行解 $x$ 不是可行域的顶点，则可行域中存在异于 $x$ 的不同两点，设为 $y$ 和 $z$，使得

$$x=\lambda y+(1-\lambda)z \quad(0\leqslant\lambda\leqslant1)$$

或者

$$x_j=\lambda y_j+(1-\lambda)z_j \quad(0\leqslant\lambda\leqslant1,j=1,2,\cdots,n)$$

当 $j\neq j_1,j_2,\cdots,j_k$ 时，$x_j=0$，所以 $\lambda y_j+(1-\lambda)z_j=0$，则 $y_j=z_j=0$.

由于 $y$ 和 $z$ 是可行解，满足

$$\mathbf{A}\mathbf{y} = y_{j_1}\mathbf{p}_{j_1} + y_{j_2}\mathbf{p}_{j_2} + \cdots + y_{j_k}\mathbf{p}_{j_k} = \mathbf{b}$$

和

$$\mathbf{A}\mathbf{z} = z_{j_1}\mathbf{p}_{j_1} + z_{j_2}\mathbf{p}_{j_2} + \cdots + z_{j_k}\mathbf{p}_{j_k} = \mathbf{b}$$

两式相减得

$$(y_{j_1} - z_{j_1})\mathbf{p}_{j_1} + (y_{j_2} - z_{j_2})\mathbf{p}_{j_2} + \cdots + (y_{j_k} - z_{j_k})\mathbf{p}_{j_k} = \mathbf{0}$$

因为 $\mathbf{y}$ 和 $\mathbf{z}$ 是不同点，故至少有一个分量不等，即 $y_{j_1} - z_{j_1}, y_{j_2} - z_{j_2}, \cdots, y_{j_k} - z_{j_k}$ 不全为 0，于是 $\mathbf{p}_{j_1}, \mathbf{p}_{j_2}, \cdots, \mathbf{p}_{j_k}$ 线性相关，这与 $\mathbf{x}$ 是基解矛盾.

故 $\mathbf{x}$ 是线性规划问题的基可行解，即 $\mathbf{x}$ 是可行域的顶点.

**定理 1-4** 对线性规划问题(1-6)，设 $\mathbf{A}$ 是 $m \times n$ 矩阵，$r(\mathbf{A}) = m$，且 $\mathbf{A}$ 的列向量 $\mathbf{p}_1, \mathbf{p}_2, \cdots, \mathbf{p}_n$ 均为非零向量.

(1) 若式(1-6)有可行解，则必有基可行解(即非空可行集 $X$ 必有顶点)；

(2) 若式(1-6)有最优解，则目标函数必定在基可行解(顶点)上达到最优(即若有最优解，则必有基最优解)；

(3) 若目标函数在多于一个顶点上达到最优，则必在这些顶点的凸组合上达到最优.

**证明** (1) 设有可行解 $\mathbf{x}^0 = (x_1^0, x_2^0, \cdots, x_n^0)^{\mathrm{T}}$.

若 $\mathbf{x}^0 = \mathbf{0}$，则由定理 1-2(2)知，$\mathbf{x}^0$ 就是基可行解.

若 $\mathbf{x}^0 \neq \mathbf{0}$，不妨设 $\mathbf{x}^0$ 的正分量为前 $k$ 个：$x_1^0 > 0, x_2^0 > 0, \cdots, x_k^0 > 0$，而 $x_{k+1}^0 = x_{k+2}^0 = \cdots = x_n^0 = 0$.

如果正分量对应 $\mathbf{A}$ 中的列向量 $\mathbf{p}_1, \mathbf{p}_2, \cdots, \mathbf{p}_k$ 线性无关，则由定理 1-2(1)知，$\mathbf{x}^0$ 就是基可行解.

如果正分量对应 $\mathbf{A}$ 中的列向量 $\mathbf{p}_1, \mathbf{p}_2, \cdots, \mathbf{p}_k$ 线性相关，则由定理 1-2(1)知，$\mathbf{x}^0$ 不是基可行解.(下面的证明思想就是构造比 $\mathbf{x}^0$ 正分量个数要少的新可行解 $\mathbf{x}^1$，考虑 $\mathbf{x}^1$ 是不是基可行解.)

由于 $\mathbf{p}_1, \mathbf{p}_2, \cdots, \mathbf{p}_k$ 线性相关，于是存在不全为 0 的数 $y_1, y_2, \cdots, y_k$，使得

$$y_1 \mathbf{p}_1 + y_2 \mathbf{p}_2 + \cdots + y_k \mathbf{p}_k = \mathbf{0}$$

不妨设至少有一个 $y_i > 0 \ (1 \leqslant i \leqslant k)$，否则取 $-y_1 \mathbf{p}_1 - y_2 \mathbf{p}_2 - \cdots - y_k \mathbf{p}_k = \mathbf{0}$，构造 $n$ 维列向量 $\mathbf{y} = (y_1, y_2, \cdots y_k, 0, \cdots, 0)^{\mathrm{T}}$，则 $\mathbf{y} \neq \mathbf{0}$，$\mathbf{A}\mathbf{y} = y_1 \mathbf{p}_1 + y_2 \mathbf{p}_2 + \cdots + y_k \mathbf{p}_k = \mathbf{0}$.

因为存在 $y_i > 0 \ (1 \leqslant i \leqslant k)$，则可取 $\theta = \min\limits_{1 \leqslant i \leqslant k} \left\{ \dfrac{x_j^0}{y_i} \,\middle|\, y_i > 0 \right\} = \dfrac{x_l^0}{y_l} \ (1 \leqslant l \leqslant k)$.

可见 $\mathbf{x}^0 - \theta\mathbf{y}$ 是可行解，它的第 $l$ 个分量 $x_l^0 - \theta y_l^0 = 0$，令

$$\mathbf{x}^1 = \mathbf{x}^0 - \theta\mathbf{y} = (x_1^0 - \theta y_1^0, \cdots, x_{l-1}^0 - \theta y_{l-1}^0, 0, x_{l+1}^0 - \theta y_{l+1}^0, \cdots, x_k^0 - \theta y_k^0, 0 \cdots, 0)^{\mathrm{T}}$$

这样得出一个正分量个数比 $\mathbf{x}^0$ 少的可行解 $\mathbf{x}^1$，它除了后面的 $n-k$ 个分量等于 0 外，前面 $k$ 个分量中的第 $l$ 个分量也等于 0.

这样便可以在线性相关向量组 $\mathbf{p}_1, \mathbf{p}_2, \cdots, \mathbf{p}_k$ 中去掉向量 $\mathbf{p}_l$，如果剩下的向量线性无关，由定理 1-2(1)即知 $\mathbf{x}^1$ 就是基可行解.否则再重复上面的步骤，可以得

到可行解，其正分量个数越来越少．经过有限步，必然得到一个可行解 $\bar{\boldsymbol{x}}\neq\boldsymbol{0}$：

① $\bar{\boldsymbol{x}}\neq\boldsymbol{0}$ 的正分量个数大于 1，且对应的列向量线性无关，则它必为基可行解（定理 1-2(1)）；

② $\bar{\boldsymbol{x}}\neq\boldsymbol{0}$ 的正分量个数等于 1，这时对应 $\boldsymbol{A}$ 中只有一个列向量，因为已假定 $\boldsymbol{A}$ 的列向量不是零向量，而一个非零向量必然线性无关，于是 $\bar{\boldsymbol{x}}\neq\boldsymbol{0}$ 为基可行解（定理 1-2(1)）．

（2）设 $\boldsymbol{x}^0=(x_1^0,x_2^0,\cdots,x_n^0)^{\mathrm{T}}$ 是线性规划问题(1-6)的最优解．并设 $z^*$ 是目标函数最优值，即 $z^*=\boldsymbol{c}\boldsymbol{x}^0$．现在证明存在基可行解 $\boldsymbol{x}^*$ 是最优解．

如果 $\boldsymbol{x}^0=\boldsymbol{0}$，则因 $\boldsymbol{x}^0$ 是最优解，首先必须是可行解．因此，$\boldsymbol{x}^0$ 就是基可行解（定理 1-2(2)），取 $\boldsymbol{x}^*=\boldsymbol{x}^0$ 就得到基本最优解 $\boldsymbol{x}^*$．

如果 $\boldsymbol{x}^0\neq\boldsymbol{0}$，则 $\boldsymbol{x}^0$ 中必有正分量，不妨设 $\boldsymbol{x}^0=(x_1^0,x_2^0,\cdots,x_k^0,0,\cdots,0)^{\mathrm{T}}$，其中 $x_i^0>0$ $(1\leqslant i\leqslant k)$．

若正分量对应 $\boldsymbol{A}$ 中的列向量线性无关，则 $\boldsymbol{x}^0$ 就是基可行解（定理 1-2(1)），取 $\boldsymbol{x}^0$ 即得到基本最优解 $\boldsymbol{x}^*=\boldsymbol{x}^0$．

若正分量对应 $\boldsymbol{A}$ 中的列向量 $\boldsymbol{p}_1,\boldsymbol{p}_2,\cdots,\boldsymbol{p}_k$ 线性相关，于是存在不全为 0 的数 $y_1,y_2,\cdots,y_k$，使得

$$y_1\boldsymbol{p}_1+y_2\boldsymbol{p}_2+\cdots+y_k\boldsymbol{p}_k=\boldsymbol{0}$$

不妨设至少有一个 $y_i>0$ $(1\leqslant i\leqslant k)$，否则可取 $-y_1\boldsymbol{p}_1-y_2\boldsymbol{p}_2-\cdots-y_k\boldsymbol{p}_k=\boldsymbol{0}$，构造 $n$ 维列向量 $\boldsymbol{y}=(y_1,y_2,\cdots,y_k,0,\cdots,0)^{\mathrm{T}}$，则 $\boldsymbol{y}\neq\boldsymbol{0}$，$\boldsymbol{A}\boldsymbol{y}=y_1\boldsymbol{p}_1+y_2\boldsymbol{p}_2+\cdots+y_k\boldsymbol{p}_k=\boldsymbol{0}$．

因为存在 $y_i>0$ $(1\leqslant i\leqslant k)$，取 $\theta=\min\limits_{1\leqslant i\leqslant k}\left\{\dfrac{x_j^0}{y_i}\Big|y_i>0\right\}=\dfrac{x_l^0}{y_l}$ $(1\leqslant l\leqslant k)$，则 $\theta>0$，且 $\boldsymbol{x}\pm\theta\boldsymbol{y}\geqslant\boldsymbol{0}$，$\boldsymbol{A}(\boldsymbol{x}\pm\theta\boldsymbol{y})=\boldsymbol{b}$，即 $\boldsymbol{x}'=\boldsymbol{x}+\theta\boldsymbol{y}$ 和 $\boldsymbol{x}''=\boldsymbol{x}-\theta\boldsymbol{y}$ 是两个可行解，它们的目标函数值分别为 $\boldsymbol{c}\boldsymbol{x}'=\boldsymbol{c}\boldsymbol{x}^0+\theta\boldsymbol{c}\boldsymbol{y}$ 和 $\boldsymbol{c}^{\mathrm{T}}\boldsymbol{x}''=\boldsymbol{c}^{\mathrm{T}}\boldsymbol{x}^0-\theta\boldsymbol{c}^{\mathrm{T}}\boldsymbol{y}$．

因为 $\boldsymbol{x}^0$ 是最优解，所以

$$\boldsymbol{c}\boldsymbol{x}^0-\boldsymbol{c}\boldsymbol{x}'=-\theta\boldsymbol{c}\boldsymbol{y}\geqslant0,\quad \boldsymbol{c}\boldsymbol{x}^0-\boldsymbol{c}\boldsymbol{x}''=\theta\boldsymbol{c}\boldsymbol{y}\geqslant0$$

又因为 $\theta>0$，故 $\boldsymbol{c}\boldsymbol{y}=0$，于是有 $\boldsymbol{c}\boldsymbol{x}'=\boldsymbol{c}\boldsymbol{x}''=\boldsymbol{c}\boldsymbol{x}^0$．这表明 $\boldsymbol{x}'=\boldsymbol{x}+\theta\boldsymbol{y}$ 与 $\boldsymbol{x}''=\boldsymbol{x}-\theta\boldsymbol{y}$ 均为最优解．

又由 $\theta$ 的取法知，$x_l^0-\theta|y_l|=0$，$y_l\neq0$，$1\leqslant l\leqslant k$．

当 $y_l>0$ 时，$x_l^0-\theta y_l=0$，这时 $\boldsymbol{x}''=\boldsymbol{x}-\theta\boldsymbol{y}$ 的第 $l$ 个分量等于 0，当 $y_l<0$ 时，$\boldsymbol{x}'=\boldsymbol{x}+\theta\boldsymbol{y}$ 的第 $l$ 个分量等于 0．所以 $\boldsymbol{x}'$，$\boldsymbol{x}''$ 中至少有一个其正分量个数比 $\boldsymbol{x}^0$ 的正分量个数要少，记这个解为 $\boldsymbol{x}^1$，那么 $\boldsymbol{x}^1$ 也是最优解．可见，如果 $\boldsymbol{x}^0$ 不是基最优解，即 $\boldsymbol{x}^0$ 的正分量对应 $\boldsymbol{A}$ 中的列向量线性相关，那么总可以令一个最优解 $\boldsymbol{x}^1$，其正分量个数比 $\boldsymbol{x}^0$ 正分量个数少．如果 $\boldsymbol{x}^1$ 是基最优解，即 $\boldsymbol{x}^1$ 的正分量对应 $\boldsymbol{A}$ 中的列向量线性无关，则取 $\boldsymbol{x}^*=\boldsymbol{x}^1$．

如果 $\boldsymbol{x}^1$ 的正分量对应 $\boldsymbol{A}$ 中的列向量线性相关，则可重复上述步骤，得到最优

解 $\boldsymbol{x}^2,\boldsymbol{x}^3,\cdots,\boldsymbol{x}^q$，经过有限步，即得下面 3 种情形之一：

① $\boldsymbol{x}^q$ 的正分量对应 $\boldsymbol{A}$ 中的列向量线性无关，因此 $\boldsymbol{x}^q$ 是基可行解.取 $\boldsymbol{x}^*=\boldsymbol{x}^q$ 即为基最优解.

② $\boldsymbol{x}^q$ 只有唯一的一个正分量，因 $\boldsymbol{A}$ 的列向量均为非零，故 $\boldsymbol{x}^q$ 的正分量对应 $\boldsymbol{A}$ 中的列向量线性无关.同(i)可知，$\boldsymbol{x}^*=\boldsymbol{x}^q$ 即为基最优解.

③ $\boldsymbol{x}^q=\boldsymbol{0}$，这时 $\boldsymbol{x}^q=\boldsymbol{0}$ 是可行解.由上面的证明可知 $\boldsymbol{x}^*=\boldsymbol{x}^q=\boldsymbol{0}$ 就是基最优解.

至此，我们证明了定理的第(2)部分.

(3) 假定目标函数在顶点 $\boldsymbol{x}^1,\boldsymbol{x}^2,\boldsymbol{x}^3,\cdots,\boldsymbol{x}^s$ 上达到最优值 $z^*$，又设它们的任意凸组合为

$$\boldsymbol{x}=\lambda_1\boldsymbol{x}^1+\lambda_2\boldsymbol{x}^2+\cdots+\lambda_s\boldsymbol{x}^s=\sum_{i=1}^s\lambda_i\boldsymbol{x}^i,\sum_{i=1}^s\lambda_i=1,1\leqslant i\leqslant s$$

而

$$\boldsymbol{cx}=\sum_{i=1}^s\lambda_i\boldsymbol{cx}^i=\sum_{i=1}^s\lambda_iz^*=z^*$$

又

$$\boldsymbol{Ax}=\boldsymbol{A}\Big(\sum_{i=1}^s\lambda_i\boldsymbol{x}^i\Big)=\sum_{i=1}^s\lambda_i\boldsymbol{Ax}^i=\sum_{i=1}^s\lambda_i\boldsymbol{b}=\boldsymbol{b}$$

故 $\boldsymbol{x}^1,\boldsymbol{x}^2,\boldsymbol{x}^3,\cdots,\boldsymbol{x}^s$ 的凸组合也是目标函数的最优值点.

定理 1-3,定理 1-4 是线性规划的两个很重要的定理,证明了线性规划的基可行解等同于可行域的顶点.并且,如果线性规划有最优解,则必在可行域的顶点上达到最优.

这样,一个有最优解的线性规划问题,是一定可以从可行域的顶点（即基可行解）中求得最优解的.

而基可行解是对应 $\boldsymbol{A}$ 中的 $m$ 个线性无关的列向量. $\boldsymbol{A}$ 只有 $n$ 个列向量.从 $n$ 个列向量中取出 $m$ 个线性无关向量组成的向量组,其数目是有限的.因此基可行解的数量也是有限的,它不会超过 $C_n^m=\dfrac{n!}{(n-m)!\ m!}$ 个.

第二章要学习的单纯形法就是根据这一基本定理在有限个基可行解中寻找基最优解.另外,定理 1-4 还告诉我们,若目标函数在多于一个顶点上达到最优,则在这些顶点的凸组合上也达到最优.

## §4   线性规划问题的应用举例

应用线性规划解决经济、管理等社会生活中各个领域的实际问题,最基本、最重要的一步是建立实际问题的线性规划模型.线性规划模型的建立,既要求对研究的问题有深入了解,又要求能很好地掌握线性规划模型的结构特点,还要求具有较强的对实际问题进行数学描述的数学素养.因此在研究建立一些复杂实际问

题的数学模型时,需要各方面相关专业人员的协同合作.

一般来说,对于要研究的实际问题要满足下述条件,才能建立线性规划模型:

(1)要求问题的目标能用某种效益指标度量,并能用线性函数表示目标的要求;

(2)为达到问题的目标,存在多种方案可供选择;

(3)对于要达到的目标,有一定条件的限制,这些限制条件可用线性方程(等式、不等式)表示.

由于实际问题是复杂的、千变万化的,因此下面仅列举经过简化的几种不同类型的问题.

## 一、生产计划问题

资源的合理利用或最优配置问题是经济管理领域遇到的最常见的问题,最典型的是生产计划问题,例 1-1 就是一个生产计划问题.

生产计划问题的一般提法是,生产 $n$ 种产品 $A_1, A_2, \cdots, A_n$ 需要用 $m$ 种原料 $B_1, B_2, \cdots, B_m$,现有原料量 $b_i$(可用资源量)、每单位产品所需原料 $a_{ij}$(消耗系数)、每单位产品产生利润 $c_j (i=1,2,\cdots,m; j=1,2,\cdots,n)$,如表 1-3 所示,如何安排生产计划使得总利润最大?

表 1-3

| 消耗系数 \ 产品 原料 | $A_1$ | $A_2$ | $\cdots$ | $A_n$ | 现有原料量 |
|---|---|---|---|---|---|
| $B_1$ | $a_{11}$ | $a_{12}$ | $\cdots$ | $a_{1n}$ | $b_1$ |
| $B_2$ | $a_{21}$ | $a_{22}$ | $\cdots$ | $a_{2n}$ | $b_2$ |
| $\vdots$ | $\vdots$ | $\vdots$ | | $\vdots$ | $\vdots$ |
| $B_m$ | $a_{m1}$ | $a_{m2}$ | $\cdots$ | $a_{mn}$ | $b_m$ |
| 单位产品利润 | $c_1$ | $c_2$ | $\cdots$ | $c_n$ | |

设第 $j$ 种产品 $A_j$ 的产量为 $x_j (j=1,2,\cdots,n)$,则可建立线性规划模型:

$$\max z = c_1 x_1 + c_2 x_2 + \cdots + c_n x_n$$

$$\text{s. t.} \begin{cases} a_{11} x_1 + a_{12} x_2 + \cdots + a_{1n} x_n \leqslant b_1 \\ a_{21} x_1 + a_{22} x_2 + \cdots + a_{2n} x_n \leqslant b_2 \\ \qquad \cdots\cdots \\ a_{m1} x_1 + a_{m2} x_2 + \cdots + a_{mn} x_n \leqslant b_m \\ x_j \geqslant 0, j = 1,2,\cdots,n \end{cases}$$

**例 1-12** 某工厂要安排一种产品的生产,该产品有 Ⅰ,Ⅱ,Ⅲ 三种型号,生产这种产品均需要两种主要资源:原材料和劳动力.每件产品所需资源数、现有资源数量及每件产品出售价格如表 1-4 所示,假定该产品生产出来即可销售出去,试确定这三种产品的日产量使总产值最大.

表 1-4

| 消耗系数 / 资源 | Ⅰ | Ⅱ | Ⅲ | 可利用资源 |
|---|---|---|---|---|
| 原材料/kg | 4 | 3 | 6 | 120 |
| 劳动力/h | 2 | 4 | 5 | 100 |
| 价格/元 | 4 | 5 | 3 | |

设该厂计划日产产品 Ⅰ,Ⅱ,Ⅲ 的数量分别为 $x_1, x_2, x_3$ 件,则可建立如下线性规划模型:

$$\max z = 4x_1 + 5x_2 + 3x_3$$

$$\text{s. t.} \begin{cases} 4x_1 + 3x_2 + 6x_3 \leqslant 120 \\ 2x_1 + 4x_2 + 5x_3 \leqslant 100 \\ x_1 \geqslant 0, x_2 \geqslant 0, x_3 \geqslant 0 \end{cases}$$

## 二、营养问题或配料问题

营养问题或配料问题的一般提法是,用 $n$ 种原料 $A_1, A_2, \cdots, A_n$ 制成含有 $m$ 种营养成分 $B_1, B_2, \cdots, B_m$ 的产品,各产品对所含成分要求最低量 $b_i$、各原料每单位所含成分的数量 $a_{ij}$、各原料单价 $c_j(i=1,2,\cdots,m; j=1,2,\cdots,n)$,如表 1-5 所示,应如何配料才能使总成本最小?

表 1-5

| 单位原料所含成分 / 成分 | $A_1$ | $A_2$ | $\cdots$ | $A_n$ | 成分最低要求 |
|---|---|---|---|---|---|
| $B_1$ | $a_{11}$ | $a_{12}$ | $\cdots$ | $a_{1n}$ | $b_1$ |
| $B_2$ | $a_{21}$ | $a_{22}$ | $\cdots$ | $a_{2n}$ | $b_2$ |
| $\vdots$ | $\vdots$ | $\vdots$ | | $\vdots$ | $\vdots$ |
| $B_m$ | $a_{m1}$ | $a_{m2}$ | $\cdots$ | $a_{mn}$ | $b_m$ |
| 原料单价 | $c_1$ | $c_2$ | $\cdots$ | $c_n$ | |

设需要第 $j$ 种原料 $A_j$ 为 $x_j$ 单位 $(j=1,2,\cdots,n)$，则可建立如下线性规划模型：

$$\min z = c_1 x_1 + c_2 x_2 + \cdots + c_n x_n$$

$$\text{s. t.} \begin{cases} a_{11}x_1 + a_{12}x_2 + \cdots + a_{1n}x_n \geqslant b_1 \\ a_{21}x_1 + a_{22}x_2 + \cdots + a_{2n}x_n \geqslant b_2 \\ \qquad\qquad \cdots\cdots \\ a_{m1}x_1 + a_{m2}x_2 + \cdots + a_{mn}x_n \geqslant b_m \\ x_j \geqslant 0, j = 1,2,\cdots,n \end{cases}$$

注：有时还需要对原料作总量控制，即增加一个约束 $x_1 + x_1 + \cdots + x_n \leqslant b$，其中 $b$ 表示原料总量的最大值。

**例 1-13** 某公司饲养实验用的动物以供出售，已知这些动物的生长对饲料中 3 种营养成分（蛋白质、矿物质和维生素）特别敏感，每个动物每周至少需要蛋白质 70 g，矿物质 3 g，维生素 10 mg. 该公司能买到 5 种不同的饲料，每种饲料 1 kg 所含各种营养成分和成本如表 1-6 所示. 求既能满足动物生长需要，又使总成本最低的饲料配方.

表 1-6

| 饲料含营养成分＼饲料 营养 | Ⅰ | Ⅱ | Ⅲ | Ⅳ | Ⅴ | 营养最低要求 |
|---|---|---|---|---|---|---|
| 蛋白质/g | 0.3 | 2 | 1 | 0.6 | 1.8 | 70 |
| 矿物质/g | 0.1 | 0.05 | 0.02 | 0.2 | 0.05 | 3 |
| 维生素/mg | 0.05 | 0.1 | 0.02 | 0.2 | 0.08 | 10 |
| 成本/(元·kg$^{-1}$) | 0.2 | 0.7 | 0.4 | 0.3 | 0.5 | |

设需要 5 种饲料的数量分别为 $x_1, x_2, x_3, x_4, x_5$ (kg)，则可建立如下线性规划模型：

$$\min z = 0.2x_1 + 0.7x_2 + 0.4x_3 + 0.3x_4 + 0.5x_5$$

$$\text{s. t.} \begin{cases} 0.3x_1 + 2x_2 + x_3 + 0.6x_4 + 1.8x_5 \geqslant 70 \\ 0.1x_1 + 0.05x_2 + 0.02x_3 + 0.2x_4 + 0.05x_5 \geqslant 3 \\ 0.05x_1 + 0.1x_2 + 0.02x_3 + 0.2x_4 + 0.08x_5 \geqslant 10 \\ x_1, x_2, x_3, x_4, x_5 \geqslant 0 \end{cases}$$

### 三、合理下料问题

下料问题的一般提法是，设用某种材料下 $m$ 种零件 $B_1, B_2, \cdots, B_m$，据过去的经验,在每一件原料上有 $n$ 种不同的下料方式 $A_1,A_2,\cdots,A_n$,每种下料方式可得各种毛坯个数及每种零件的需求量,如表 1-7 所示. 如何安排下料,既能满足需要,又使得用料最省?

表 1-7

| 下料方式<br>毛坯个数<br>零件规格 | $A_1$ | $A_2$ | $\cdots$ | $A_n$ | 成分最低要求 |
|---|---|---|---|---|---|
| $B_1$ | $a_{11}$ | $a_{12}$ | $\cdots$ | $a_{1n}$ | $b_1$ |
| $B_2$ | $a_{21}$ | $a_{22}$ | $\cdots$ | $a_{2n}$ | $b_2$ |
| $\vdots$ | $\vdots$ | $\vdots$ | $\vdots$ | $\vdots$ | $\vdots$ |
| $B_m$ | $a_{m1}$ | $a_{m2}$ | $\cdots$ | $a_{mn}$ | $b_m$ |

设用第 $j$ 种下料方式 $A_j$ 的材料数量为 $x_j(j=1,2,\cdots,n)$,则可建立如下线性规划模型:

$$\min z=x_1+x_2+\cdots+x_n$$

$$\text{s. t.}\begin{cases} a_{11}x_1+a_{12}x_2+\cdots+a_{1n}x_n\geqslant b_1 \\ a_{21}x_1+a_{22}x_2+\cdots+a_{2n}x_n\geqslant b_2 \\ \qquad\qquad\cdots\cdots \\ a_{m1}x_1+a_{m2}x_2+\cdots+a_{mn}x_n\geqslant b_m \\ x_j\geqslant 0 \text{ 且为整数},j=1,2,\cdots,n \end{cases}$$

**例 1-14** 某工厂生产一种型号的机床,每台机床上需要 2.9 m、2.1 m 和 1.5 m 长的 3 种轴各 1 根,这些轴需要用同一种圆钢制作,圆钢的长度为 7.4 m,下料方式及每种类型的数目如表 1-8 所示. 如果要生产 100 台机床,应如何下料,才能使得用料最省?

表 1-8

| 下料方式<br>毛坯个数<br>零件规格 | $A_1$ | $A_2$ | $A_3$ | $A_4$ | $A_5$ | $A_6$ | $A_7$ | $A_8$ | 需要量 |
|---|---|---|---|---|---|---|---|---|---|
| 2.9 m | 2 | 1 | 1 | 1 | 0 | 0 | 0 | 0 | 100 |
| 2.1 m | 0 | 2 | 1 | 0 | 3 | 2 | 1 | 0 | 100 |
| 1.5 m | 1 | 0 | 1 | 3 | 0 | 2 | 3 | 4 | 100 |
| 余料 | 0.1 | 0.3 | 0.9 | 0 | 1.1 | 0.2 | 0.8 | 1.4 | |

设用 $A_1,A_2,A_3,A_4,A_5,A_6,A_7,A_8$ 方式下料的根数分别为 $x_1,x_2,x_3,x_4,x_5,$

$x_6, x_7, x_8$，建立如下线性规划模型：

$$\min z = x_1 + x_2 + x_3 + x_4 + x_5 + x_6 + x_7 + x_8$$

$$\text{s. t.} \begin{cases} 2x_1 + x_2 + x_3 + x_4 & \geqslant 100 \\ 2x_2 + x_3 + 3x_5 + 2x_6 + x_7 & \geqslant 100 \\ x_1 + x_3 + 3x_4 + 2x_6 + 3x_7 + 4x_8 \geqslant 100 \\ x_1, x_2, x_3, x_4, x_5, x_6, x_7, x_8 \geqslant 0 \end{cases}$$

### 四、运输问题

运输问题一般的提法是，设某种物品有 $m$ 个产地 $A_1, A_2, \cdots, A_m$，产量分别为 $a_1, a_2, \cdots, a_m$，有 $n$ 个销地 $B_1, B_2, \cdots, B_n$，销量分别是 $b_1, b_2, \cdots, b_n$. 假设产销平衡，即总产量等于总销量，从产地 $A_i$ 向销地 $B_j$ 运输一个单位物品的运价为 $c_{ij}(i=1, 2, \cdots, m; j = 1, 2, \cdots, n)$，如表 1-9 所示. 应如何组织运输才能使得总运费最省？

表 1-9

| 产地 ＼ 运价 ＼ 销地 | $B_1$ | $B_2$ | $\cdots$ | $B_n$ | 产量 |
|---|---|---|---|---|---|
| $A_1$ | $c_{11}$ | $c_{12}$ | $\cdots$ | $c_{1n}$ | $a_1$ |
| $A_2$ | $c_{21}$ | $c_{22}$ | $\cdots$ | $c_{2n}$ | $a_2$ |
| $\vdots$ | $\vdots$ | $\vdots$ | | $\vdots$ | $\vdots$ |
| $A_m$ | $c_{m1}$ | $c_{m2}$ | $\cdots$ | $c_{mn}$ | $a_m$ |
| 销量 | $b_1$ | $b_2$ | $\cdots$ | $b_n$ | $\sum\limits_{i=1}^{m} a_i = \sum\limits_{j=1}^{n} b_j$ |

设 $x_{ij}$ 为产地 $A_i$ 供应销地 $B_j$ 的数量 $(i=1,2,\cdots,m; j=1,2,\cdots,n)$，建立如下线性规划模型：

$$\min z = \sum_{i=1}^{m} \sum_{j=1}^{n} c_{ij} x_{ij}$$

$$\text{s. t.} \begin{cases} \sum\limits_{j=1}^{n} x_{ij} = a_i \ (i=1,2,\cdots,m) \\ \sum\limits_{i=1}^{m} x_{ij} = b_j \ (j=1,2,\cdots,n) \\ x_{ij} \geqslant 0 \ (i=1,2,\cdots,m; j=1,2,\cdots,n) \end{cases}$$

**例 1-15**　设有 2 个砖厂 $A_1, A_2$，其产量分别为 23 万块与 27 万块，它们生产的砖供应 3 个工地 $B_1, B_2, B_3$，其需要量分别为 17 万块、18 万块、15 万块. 而自各产地 $A_i$ 到各工地 $B_j (i=1,2; j=1,2,3)$ 运价如表 1-10 所示（单位：元/万块）. 问应如何调运，才使总运费最省？

表 1-10

| 运价 销地<br>产地 | $B_1$ | $B_2$ | $B_3$ | 产量 |
|---|---|---|---|---|
| $A_1$ | 50 | 60 | 70 | 23 |
| $A_2$ | 60 | 110 | 60 | 27 |
| 销量 | 18 | 17 | 15 | |

设砖厂 $A_i$ 供应建筑工地 $B_j$ 砖块的数量为 $x_{ij}(i=1,2;j=1,2,3)$，可建立如下线性规划数学模型：

$$\min z = 50x_{11} + 60x_{12} + 70x_{13} + 60x_{21} + 110x_{22} + 60x_{23}$$

$$\text{s. t.} \begin{cases} x_{11}+x_{12}+x_{13}=23 \\ x_{21}+x_{22}+x_{23}=27 \\ x_{11}+x_{21}=18 \\ x_{12}+x_{22}=17 \\ x_{13}+x_{23}=15 \\ x_{ij} \geqslant 0 \quad (i=1,2;j=1,2,3) \end{cases}$$

### 五、农作物布局问题

某农场有 $n$ 块土地 $B_1,B_2,\cdots,B_n$，面积分别为 $b_1,b_2,\cdots,b_n$；需要种植 $m$ 种农作物 $A_1,A_2,\cdots,A_m$，种植面积分别为 $a_1,a_2,\cdots,a_m$. 各种作物在各块土地上的单产为 $c_{ij}(i=1,2,\cdots,m;j=1,2,\cdots,n)$，如表 1-11 所示. 应如何安排种植计划，才使总产量最大？

表 1-11

| 单产 土地<br>农作物 | $B_1$ | $B_2$ | $\cdots$ | $B_n$ | 种植面积 |
|---|---|---|---|---|---|
| $A_1$ | $c_{11}$ | $c_{12}$ | $\cdots$ | $c_{1n}$ | $a_1$ |
| $A_2$ | $c_{21}$ | $c_{22}$ | $\cdots$ | $c_{2n}$ | $a_2$ |
| $\vdots$ | $\vdots$ | $\vdots$ | | $\vdots$ | $\vdots$ |
| $A_m$ | $c_{m1}$ | $c_{m2}$ | $\cdots$ | $c_{mn}$ | $a_m$ |
| 销量 | $b_1$ | $b_2$ | $\cdots$ | $b_n$ | $\sum\limits_{i=1}^{m} a_i = \sum\limits_{j=1}^{n} b_j$ |

设 $x_{ij}$ 为土地 $B_j$ 种植农作物 $A_i$ 的面积（$i=1,2,\cdots,m;j=1,2,\cdots,n$），建立如下线性规划模型：

$$\min z = \sum_{i=1}^{m}\sum_{j=1}^{n} c_{ij}x_{ij}$$

$$\text{s. t.}\begin{cases} \sum_{j=1}^{n} x_{ij} = a_i & (i=1,2,\cdots,m) \\ \sum_{i=1}^{m} x_{ij} = b_j & (j=1,2,\cdots,n) \\ x_{ij} \geqslant 0 & (i=1,2,\cdots,m;j=1,2,\cdots,n) \end{cases}$$

注：该问题的数学模型与运输问题的数学模型相同，统称为（经典）运输问题，还有其他的问题也可以建立类似结构的数学模型. 这类数学模型称为康托洛维奇（Л. В. Канторович）-希奇柯克（F. L. Hitchcock）问题. 关于运输问题，有专门的求解方法——表上作业法，第四章将会详细讨论.

### 六、分派问题

#### 1. 最小指派问题

设有 $n$ 件工作 $B_1,B_2,\cdots,B_n$ 分派给 $n$ 个人 $A_1,A_2,\cdots,A_n$ 去做，每人只能做一件工作，且每一件工作只能分派给一个人去做. 设 $A_i$ 完成工作 $B_j$ 的工时为 $c_{ij}$（$i,j=1,2,\cdots,n$），如表 1-12 所示. 问如何分派，才能使完成全部工作所需的总工时最少？

表 1-12

| 工时 工作 人员 | $B_1$ | $B_2$ | $\cdots$ | $B_n$ |
|---|---|---|---|---|
| $A_1$ | $c_{11}$ | $c_{12}$ | $\cdots$ | $c_{1n}$ |
| $A_2$ | $c_{21}$ | $c_{22}$ | $\cdots$ | $c_{2n}$ |
| $\vdots$ | $\vdots$ | $\vdots$ | | $\vdots$ |
| $A_m$ | $c_{m1}$ | $c_{m2}$ | $\cdots$ | $c_{mn}$ |

设第 $i$ 个人 $A_i$ 完成工作 $B_j$ 的情况为

$$x_{ij} = \begin{cases} 1, & \text{分派 } A_i \text{ 完成工作 } B_j \\ 0, & \text{不分派 } A_i \text{ 完成工作 } B_j \end{cases} \quad (i,j=1,2,\cdots,n)$$

建立如下线性规划模型：

$$\min z = \sum_{i=1}^{n}\sum_{j=1}^{n} c_{ij}x_{ij}$$

$$\text{s. t.} \begin{cases} \sum_{j=1}^{n} x_{ij}=1 \ (i=1,2,\cdots,n) \\ \sum_{i=1}^{n} x_{ij}=1 \ (j=1,2,\cdots,n) \\ x_{ij}=0 \ \text{或} \ 1 \ (i,j=1,2,\cdots,n) \end{cases}$$

**2. 最大指派问题**

$n$ 件工作 $B_1, B_2, \cdots, B_n$ 分派给 $n$ 个人 $A_1, A_2, \cdots, A_n$ 去做，每人只能做一件工作，且每一件工作只能分派给一个人去做. 设 $A_i$ 完成 $B_j$ 可得利润（或收益）为 $c_{ij}$ $(i,j=1,2,\cdots,n)$，如表 1-13 所示，如何分派，才能使完成全部工作后所获利润最大？

表 1-13

| 人员 收益 工作 | $B_1$ | $B_2$ | $\cdots$ | $B_n$ |
|---|---|---|---|---|
| $A_1$ | $c_{11}$ | $c_{12}$ | $\cdots$ | $c_{1n}$ |
| $A_2$ | $c_{21}$ | $c_{22}$ | $\cdots$ | $c_{2n}$ |
| $\vdots$ | $\vdots$ | $\vdots$ | | $\vdots$ |
| $A_m$ | $c_{m1}$ | $c_{m2}$ | $\cdots$ | $c_{mn}$ |

设第 $i$ 个人 $A_i$ 完成工作 $B_j$ 的情况为

$$x_{ij} = \begin{cases} 1, \text{分派} A_i \text{完成工作} B_j \\ 0, \text{不分派} A_i \text{完成工作} B_j \end{cases} (i,j=1,2,\cdots,n)$$

建立如下线性规划模型：

$$\max z = \sum_{i=1}^{n}\sum_{j=1}^{n} c_{ij}x_{ij}$$

$$\text{s. t.} \begin{cases} \sum_{j=1}^{n} x_{ij}=1 \ (i=1,2,\cdots,n) \\ \sum_{i=1}^{n} x_{ij}=1 \ (j=1,2,\cdots,n) \\ x_{ij}=0 \ \text{或} \ 1 \ (i,j=1,2,\cdots,n) \end{cases}$$

注：关于指派问题，属于整数线性规划问题中的 $0-1$ 规划问题，求解指派问题有专门的方法——匈牙利方法，第五章将会详细讨论.

## 习题一

一、把下述线性规划问题化成标准形式.

(1) $\min z = -2x_1 + x_2 + 3x_3$

$$\text{s. t.} \begin{cases} 5x_1 + x_2 + x_3 \leqslant 7 \\ x_1 - x_2 - 4x_3 \geqslant 2 \\ -3x_1 + x_2 + 2x_3 = -5 \\ x_1 \geqslant 0, x_2 \leqslant 0, x_3 \text{ 无约束} \end{cases}$$

(2) $\min z = 2x_1 - x_2 + 2x_3$

$$\text{s. t.} \begin{cases} x_1 - x_2 - x_3 = -4 \\ x_1 - x_2 + x_3 \geqslant -6 \\ x_1 \leqslant 0, x_2 \geqslant 0, x_3 \text{ 无约束} \end{cases}$$

二、用图解法求解下列线性规划问题.

(1) $\min z = 2x_1 - x_2$

$$\text{s. t.} \begin{cases} x_1 + x_2 \geqslant 10 \\ -10x_1 + x_2 \leqslant 10 \\ -4x_1 + 4x_2 \leqslant 20 \\ x_1 + 4x_2 \geqslant 20 \\ x_1, x_2 \geqslant 0 \end{cases}$$

(2) $\max z = 30x_1 + 20x_2$

$$\text{s. t.} \begin{cases} x_1 + 2x_2 \geqslant 8 \\ x_1 - x_2 \geqslant -1 \\ 3x_1 + 2x_2 \leqslant 8 \\ x_1 - 2x_2 \leqslant 1 \\ x_1, x_2 \geqslant 0 \end{cases}$$

(3) $\min z = 2x_1 + 3x_2$

$$\text{s. t.} \begin{cases} 4x_1 + 6x_2 \geqslant 6 \\ 3x_1 + 2x_2 \geqslant 4 \\ x_1 \geqslant 0, x_2 \geqslant 0 \end{cases}$$

(4) $\max z = 3x_1 + 2x_2$

$$\text{s. t.} \begin{cases} 2x_1 + x_2 \leqslant 2 \\ 3x_1 + 4x_2 \geqslant 12 \\ x_1 \geqslant 0, x_2 \geqslant 0 \end{cases}$$

(5) $\max z = 5x_1 + 6x_2$

$$\text{s. t.} \begin{cases} 2x_1 - x_2 \geqslant 2 \\ -2x_1 + 3x_2 \leqslant 2 \\ x_1 \geqslant 0, x_2 \geqslant 0 \end{cases}$$

(6) $\max z = 2x_1 - 2x_2$

$$\text{s. t.} \begin{cases} -2x_1 + x_2 \leqslant 2 \\ x_1 - x_2 \leqslant 1 \\ x_1 \geqslant 0, x_2 \geqslant 0 \end{cases}$$

三、求出下列线性规划问题的全部基和基解,指出其中的基可行解,并确定最优解.

(1) $\max z = 2x_1 + 3x_2$

$$\text{s. t.} \begin{cases} x_1 + 2x_2 + x_3 = 8 \\ 4x_1 + x_4 = 16 \\ 4x_2 + x_5 = 12 \\ x_j \geqslant 0 \ (j = 1, 2, 3, 4, 5) \end{cases}$$

(2) $\max z = 2x_1 + 3x_2$

$$\text{s.t.} \begin{cases} x_1 + 2x_2 + 3x_3 + 4x_4 = 7 \\ 2x_1 + 2x_2 + x_3 + 2x_4 = 3 \\ x_j \geqslant 0 \ (j = 1, 2, 3, 4) \end{cases}$$

四、某厂生产 $A$，$B$ 两种产品．生产 1 t $A$ 需用煤 9 t，电力 4 kW，劳动力 3 个（以劳动日计算）；生产 1 t $B$ 需用煤 3 t，电力 5 kW，劳动力 10 个．已知 1 t $A$ 可获利 $C_1$ 元，1 t $B$ 可获利 $C_2$ 元．该厂现有煤 360 t，电力 200 kW，劳动力 300 个．问生产 $A$，$B$ 各多少吨获利最大？试建立这一问题的数学模型．

五、设有钢材 150 根，长 15 m，需轧成配套钢料．每套由 7 根 2 m 长与 2 根 7 m 长的钢梁组成．问如何下料使钢材废料最少（设不计下料损耗）？

六、一个简化了的小鸡食物配方比例．假定每天需要的混合饲料质量是 100 斤，这份饲料必须包含：(1) 至少 0.8% 但不超过 1.2% 的钙；(2) 至少 22% 的蛋白质；(3) 至少 5% 的纤维素．主要配料是：石灰石、谷物、大豆粉，其营养成分如表 1-14．问应如何处理配料，使得营养和物质条件均满足要求？

表 1-14

| 配料 | 每斤配料中的含量 | | | 每斤成本 |
|---|---|---|---|---|
| | 钙 | 蛋白质 | 纤维素 | |
| 石灰石 | 0.380 | 0.00 | 0.00 | 0.164 |
| 谷物 | 0.001 | 0.09 | 0.02 | 0.463 |
| 大豆粉 | 0.002 | 0.50 | 0.08 | 1.250 |

七、某产品的一个单件包括 4 个 $A$ 零件和 3 个 $B$ 零件．这两种零件由 2 种不同原料制成，而这两种原料可利用的数额分别为 100 个单位和 200 个单位．由 3 个车间按不同的方法制造．表 1-15 给出每个生产班的原料耗用量和每种零件的产量．建立数学模型，目标是确定每个生产班数使产品的配套数最大．

表 1-15

| 车间 | 每班进料（单位） | | 每班产量（个数） | |
|---|---|---|---|---|
| | 原料 1 | 原料 2 | 零件 $A$ | 零件 $B$ |
| 1 | 8 | 6 | 7 | 5 |
| 2 | 5 | 9 | 6 | 9 |
| 3 | 3 | 8 | 8 | 4 |

八、某厂准备在电视台做广告，根据电视台收费标准，播出时间有 3 种选择：① 星期一至星期五 18:30—22:30 为热门时间，每半分钟收费 300 元；② 星期六、

日 18:30－22:30 为热门时间,每半分钟收费 420 元;③ 18:30－22:30 以外的时间,即平时每半分钟收费 180 元.工厂希望每天播出一次半分钟时间的广告,而电视台希望放在时间②的播出次数不要超过在时间①的播出次数,工厂则希望不要在星期一至星期五的热门时间播出,以便平时也能看到广告播出.因此规定在时间①的播出每月不超过 15 次,在时间②的播出每月不少于 4 次.工厂估计,在时间①观众为平时的 3 倍,在时间②观众则为平时的 5 倍.

试分别建立一个线性规划模型,确定一个月内播送广告的方案,使(1)观众最多;(2)费用最少.

## 第二章　线性规划的单纯形法

单纯形法(Simplex Method)是求解线性规划问题最著名的算法,它是依据基可行解的性质而设计的.因为一个给定的线性规划问题中基可行解的个数是有限的,所以只要把所有的基可行解代入目标函数一一检查比较,就可以在有限次内得到最优解或判定所给问题无最优.1947 年由丹捷格(G. B. Dantzig)提出的单纯形法是一种求解线性规划问题的循环算法,这一循环实质是从可行域中的某一基可行解开始,转换到另一个基可行解,并且使目标函数趋优的过程.单纯形法的求解过程可以在一个称为单纯形表的表格中进行,也易于编制程序,因而在实际问题中得到广泛应用.就算法复杂性分析来讲,单纯形法不是一个有效算法,即对于极端问题,它的运算次数是问题输入大小的一个指数型函数.由于这种极端问题出现的概率很小,因此,在处理实际工作中的问题时并不构成多大障碍.

## §1　单纯形迭代原理

第一章讲述了求解线性规划问题的图解法,以及线性规划问题的基本概念和基本定理.但图解法仅支持变量为 2 个或 3 个的线性规划问题,具有一定的局限性.

对于枚举法,若线性规划问题有最优解,则必可在某个顶点上达到,即在某个基可行解上取得最优解.因此,对于线性规划问题,可把所有基可行解都找出来,然后逐个进行比较,求出最优解.基可行解的个数不大于 $C_n^m$ 个,若 $m,n$ 取值都很小还可以列出来,但如果 $m,n$ 很大时,例如 $m=50,n=100$ 时,$C_n^m \approx 1.008\ 91 \times 10^{29}$,显然这种方法行不通.

本章所讲述的单纯形法是先找出一个基可行解,判断其是否为最优解,如果不是,则寻求一个更好的基可行解,一直找到最优解为止.这种逐步改善的求解方法需要解决以下 3 个问题:

(1) 如何得到一个初始的基可行解;

(2) 如何判别当前的基可行解是否已达到了最优解;

(3) 若当前解不是最优解,如何去寻找一个比当前解更好的基可行解.

## 一、单纯形法的引入

**例 2-1** 用单纯形法求解例 1-1.

$$\max z = 2x_1 + 3x_2$$

$$\text{s. t.} \begin{cases} x_1 + 2x_2 \leqslant 8 \\ 4x_1 \quad\quad \leqslant 16 \\ \quad\quad 4x_2 \leqslant 12 \\ x_1, x_2 \geqslant 0 \end{cases}$$

**解** 首先回顾其图解法：

用图解法求得凸多边形 $OABCD$（阴影部分）为可行域（参见图 1-1），5 个顶点 $O, A, B, C, D$ 对应基可行解，在顶点（基可行解）$B(4,2)$ 处达到最优，最优值为 $z^* = 14$.

下面用单纯形法求解：

首先将该问题的数学模型标准化：

$$\max z = 2x_1 + 3x_2 + 0x_3 + 0x_4 + 0x_5$$

$$\text{s. t.} \begin{cases} x_1 + 2x_2 + x_3 \quad\quad\quad = 8 \\ 4x_1 \quad\quad + x_4 \quad\quad = 16 \\ \quad\quad 4x_2 \quad\quad + x_5 = 12 \\ x_1, x_2, x_3, x_4, x_5 \geqslant 0 \end{cases}$$

第一步，选择初始基 $\boldsymbol{B} = (\boldsymbol{p}_3, \boldsymbol{p}_4, \boldsymbol{p}_5)$.

由于 $\boldsymbol{B}$ 是一个单位矩阵，显然满足基的条件. 选择了基以后，基变量自然也就随之确定了，即 $x_3, x_4, x_5$ 是基变量. 令非基变量 $x_1 = x_2 = 0$，约束方程可直接得到初始基可行解 $\boldsymbol{x}^{(0)} = (0,0,8,16,12)^{\mathrm{T}}$；将该初始基可行解代入目标函数，即可求得与之相应的目标函数值为 $z^{(0)} = 0$. 基变量用非基变量的函数形式表示

$$\max z = 2x_1 + 3x_2 + 0x_3 + 0x_4 + 0x_5$$

$$\text{s. t.} \begin{cases} x_3 \quad\quad\quad = 8 - x_1 - 2x_2 \\ \quad x_4 \quad\quad = 16 - 4x_1 \\ \quad\quad x_5 = 12 \quad\quad - 4x_2 \\ x_1, x_2, x_3, x_4, x_5 \geqslant 0 \end{cases}$$

第二步：检验初始基可行解 $\boldsymbol{x}^{(0)} = (0,0,8,16,12)^{\mathrm{T}}$ 的最优性.

单纯形法检验的原理在于是否能找到另一个基可行解使目标函数值变大，如果存在一个基可行解能使目标函数值变大，说明现存的解不是最优解，以新的基可行解代替原基可行解；如果这样的基可行解不存在，说明现存的解就是最优解.

方法：在一个基可行解中，基变量可视为正值，而非基变量总是为 0；因此，使非基变量变为基变量，相当于把非基变量的值从 0 提高到某一正数. 为使计算简便，每次只检验一个非基变量发生变化对目标函数值的影响，只有一个基变量不

同的两个基可行解称为相邻的基可行解.为了得到相邻的基可行解,单纯形法使某一非基变量进基,替换掉原基变量中的某一个,从而保持基变量数量不便.问题是选择合适的进基变量和出基变量,使在这两个变量之间的交换能给目标函数一个最大的改变(增加)量.当然,进基变量应在能增加目标函数值的非基变量中选择.选择可以通过使非基变量的值增加一个单位(即由 0 变为 1),检验目标函数值的最终变化来完成.

为说明问题,考虑非基变量 $x_1$,把它的值从 0 增加到 1 来研究一下目标函数值的变化效果.因为我们只对相邻的基可行解感兴趣,所以非基变量 $x_2$ 的取值仍为 0.令 $x_1=1,x_2=0$,其目标函数值为 $z=2\times1+3\times0=2$,即随着 $x_1$ 增加一个单位,目标函数值的净增量为

$$\Delta z=2$$

决策变量单位增量使目标函数产生的增量,称为决策变量的检验数,用 $\sigma_j$ 来表示.按此表示方式,$x_1$ 的检验数 $\sigma_1=2$.由此很容易得到 $\sigma_2=3$.因非基变量的检验数 $\sigma_1,\sigma_2$ 均大于 0,说明目标函数可以通过增加 $x_1$ 或 $x_2$ 而增加.所以初始基可行解不是最优解.$\sigma_1=2$ 表明 $x_1$ 增加 1 个单位,目标函数增加 2 个单位;$\sigma_2=3$ 表明 $x_2$ 增加 1 个单位,目标函数增加 3 个单位.由于非基变量 $x_2$ 增加使目标函数产生较大的增加速度,所以选取 $x_2$ 为进基变量,即选择正检验数中绝对值最大的非基变量作为进基变量.

自然我们应尽可能地增加 $x_2$ 的值,以便使目标函数得到最大程度的增加.对于约束方程组式,很显然 $x_2$ 的取值不能无限增加,因为 $x_2$ 的增加会引起 $x_3$ 和 $x_5$ 的减少,而 $x_3$ 和 $x_5$ 又必须保持非负.即

$$\begin{cases} x_3 &= 8- & x_1-2x_2 \geq0 \\ & x_4 &=16-4x_1 & \geq0 \\ & x_5 &=12 & -4x_2 \geq0 \end{cases}$$

从上式可以看出,当 $x_2$ 的取值超过 4 时,$x_3$ 将为负值.同理,当 $x_2$ 的取值超过 3 时,$x_5$ 将为负值;而 $x_2$ 的增加并未引起 $x_4$ 的减少,所以 $x_4$ 并不限制 $x_2$ 的增加.为了使所有变量保持非负,$x_2$ 的最大增量为 $\min\left\{\dfrac{8}{2},-,\dfrac{12}{4}\right\}$(这里"—"代表 $x_4$ 不限制 $x_2$ 的增加),称为"最小比率"规则.需要强调的是,若约束方程中进基变量的系数是负数或 0,当进基变量增加时,相应的基变量不会减少,因此说这些基变量根本不限制进基变量的增加.当 $x_2$ 增至 3 时,$x_5$ 将率先减少为 0 成为出基变量.在约束条件中,非基变量 $x_2$ 将替代基变量 $x_5$ 而成为基变量.基变量用非基变量的函数形式表示为

$$\max z = 2x_1 + 0x_2 + 0x_3 + 0x_4 - \frac{3}{4}x_5 + 9$$

$$\text{s.t.} \begin{cases} x_3 & = 2 - x_1 + \frac{1}{2}x_5 \\ & x_4 & = 16 - 4x_1 \\ & x_2 = 3 & -\frac{1}{4}x_5 \\ x_1, x_2, x_3, x_4, x_5 \geqslant 0 \end{cases}$$

代入可知,新的基可行解 $\boldsymbol{x}^{(1)} = (0, 3, 2, 16, 0)^{\mathrm{T}}$,新的目标值 $z^{(1)} = 9$.

再次利用上述计算检验数的方法可知,非基变量的检验数为 $\sigma_1 = 2, \sigma_5 = -\frac{3}{4}$. 检验数并不都小于等于 0,选择检验数大于 0 并且最大的变量 $x_1$ 作为进基变量.

$$\text{s.t.} \begin{cases} x_3 & = 2 - x_1 + \frac{1}{2}x_5 \geqslant 0 \\ & x_4 & = 16 - 4x_1 & \geqslant 0 \\ & x_2 = 3 & -\frac{1}{4}x_5 \geqslant 0 \end{cases}$$

$x_1$ 的最大增量为 $\min\left\{\frac{2}{1}, \frac{16}{4}, -\right\} = 2$,则选 $x_3$ 为出基变量;在保持其他基变量的系数向量为单位向量的前提下,将进基变量的系数向量变为单位向量,可得另一个新的基可行解 $\boldsymbol{x}^{(2)}$.新的基可行解 $\boldsymbol{x}^{(2)} = (2, 3, 0, 8, 0)^{\mathrm{T}}$,新的目标值 $z^{(2)} = 13$.基变量用非基变量的函数形式表示为

$$\max z = 0x_1 + 0x_2 - 2x_3 + 0x_4 + \frac{1}{4}x_5 + 13$$

$$\text{s.t.} \begin{cases} x_1 & = 2 - x_3 + \frac{1}{2}x_5 \\ & x_4 & = 8 + 4x_3 - 2x_5 \\ & x_2 = 3 & -\frac{1}{4}x_5 \\ x_1, x_2, x_3, x_4, x_5 \geqslant 0 \end{cases}$$

计算非基变量的检验数为 $\sigma_3 = -2, \sigma_5 = \frac{1}{4}$,检验数并不都小于等于 0,$\boldsymbol{x}^{(2)}$ 仍不是最优解.选择检验数大于 0 并最大的变量 $x_5$ 作为进基变量.

$$\begin{cases} x_1 & = 2 - x_3 + \frac{1}{2}x_5 \geqslant 0 \\ & x_4 & = 8 + 4x_3 - 2x_5 \geqslant 0 \\ & x_2 = 3 & -\frac{1}{4}x_5 \geqslant 0 \end{cases}$$

$x_5$ 的最大增量为 $\min\left\{-,\dfrac{8}{2},\dfrac{3}{1/4}\right\}=4$，则选 $x_4$ 为出基变量；在保持其他基变量的系数向量为单位向量的前提下，将进基变量的系数向量变为单位向量，可得另一个新的基可行解 $\boldsymbol{x}^{(3)}$．新的基可行解 $\boldsymbol{x}^{(3)}=(4,2,0,0,4)^{\mathrm{T}}$，新的目标值 $z^{(3)}=14$．基变量用非基变量的函数形式表示为

$$\max z = 0x_1 + 0x_2 - \frac{3}{2}x_3 - \frac{1}{8}x_4 + 0x_5 + 14$$

$$\text{s.t.}\begin{cases} x_1 & = 4 & -\dfrac{1}{4}x_4 \\ & x_5 & = 4 + 2x_3 - \dfrac{1}{2}x_4 \\ & x_2 = 2 - \dfrac{1}{2}x_3 + \dfrac{1}{8}x_4 \\ x_1,x_2,x_3,x_4,x_5 \geqslant 0 \end{cases}$$

计算非基变量的检验数为 $\sigma_3=-\dfrac{3}{2}$，$\sigma_4=-\dfrac{1}{8}$，检验数都小于等于 0，表示 $\boldsymbol{x}^{(3)}$ 已经为线性规划问题的最优解.

这里的最优解说明，工厂在计划期内应生产甲产品 4 个单位、乙产品 2 个单位，可以使计划期内获得 14 个单位的最大利润.

## 二、单纯形原理

当线性规划问题的约束条件均为"$\leqslant$"时，化为标准型，其松弛变量的系数矩阵为单位阵. 为叙述方便，可以对变量重新编号，不妨设变量 $x_1,x_2,\cdots,x_m$ 对应的系数矩阵为单位阵，即设标准形式的线性规划问题为

$$\max z = c_1 x_1 + c_2 x_2 + \cdots + c_n x_n \tag{2-1a}$$

$$\text{s.t.}\begin{cases} x_1 & +a_{1(m+1)}x_{1(m+1)} +\cdots + a_{1n}x_n = b_1 \\ & x_2 & +a_{2(m+1)}x_{2(m+1)} +\cdots + a_{2n}x_n = b_2 \\ & \quad\quad\quad\cdots\cdots \\ & x_m + a_{m(m+1)}x_{m(m+1)} +\cdots + a_{mn}x_n = b_m \\ x_j \geqslant 0 \ (j=1,2,\cdots,n) \end{cases} \tag{2-1b}$$

$$\tag{2-1c}$$

其向量形式为

$$\max z = \boldsymbol{cx} \tag{2-2a}$$

$$\text{s.t.}\begin{cases} \boldsymbol{p}_1 x_1 + \boldsymbol{p}_2 x_2 + \cdots + \boldsymbol{p}_m x_m + \boldsymbol{p}_{m+1}x_{m+1} + \cdots \boldsymbol{p}_n x_n = \boldsymbol{b} \\ \boldsymbol{x} \geqslant \boldsymbol{0} \end{cases} \tag{2-2b} \tag{2-2c}$$

在约束条件（2-2b）的变量的系数矩阵中总会存在一个单位阵

$$(\boldsymbol{p}_1,\boldsymbol{p}_2,\cdots,\boldsymbol{p}_m)=\begin{pmatrix}1&0&\cdots&0\\0&1&\cdots&0\\\vdots&\vdots&&\vdots\\0&0&\cdots&1\end{pmatrix} \tag{2-3}$$

而对于约束条件含有"≥"或"＝"时,可以加入人工变量,人为产生一个单位矩阵,这种情形的线性规划问题将在下一节中进一步讨论.

**1. 确定初始基可行解**

式(2-3)中 $\boldsymbol{p}_1,\boldsymbol{p}_2,\cdots,\boldsymbol{p}_m$ 称为基向量,同其对应的变量 $x_1,x_2,\cdots,x_m$ 称为基变量,模型中的其他变量 $x_{m+1},x_{m+2},\cdots,x_n$ 称为非基变量.令式(2-2b)或式(2-1b)中的所有非基变量取值为 0,可得到一个解

$$\boldsymbol{x}^{(0)}=(x_1^0,x_2^0,\cdots,x_m^0,0,\cdots,0)^\mathrm{T}=(b_1,b_2,\cdots,b_m,0,\cdots,0)^\mathrm{T} \tag{2-4}$$

因为 $\boldsymbol{b}>\boldsymbol{0}$,所以式(2-4)表示的解满足约束条件(2-2c),是一个基可行解.于是一个初始基可行解就确定了.

**2. 从一个基可行解转换为相邻的基可行解**

如果两个基可行解仅仅有一个基变量不同,则称这两个基可行解是相邻的.

设初始基可行解的前 $m$ 个变量为基变量,即

$$\boldsymbol{x}^{(0)}=(x_1^0,x_2^0,\cdots,x_m^0,0,\cdots,0)^\mathrm{T}$$

代入约束条件(2-2b),有

$$\boldsymbol{p}_1x_1^0+\boldsymbol{p}_2x_2^0+\cdots+\boldsymbol{p}_mx_m^0=\sum_{i=1}^m\boldsymbol{p}_ix_i^0=\boldsymbol{b} \tag{2-5}$$

约束方程(2-2b)的增广矩阵为

$$\begin{array}{ccccccccc}\boldsymbol{p}_1&\boldsymbol{p}_2&\cdots&\boldsymbol{p}_m&\boldsymbol{p}_{m+1}&\cdots&\boldsymbol{p}_j&\cdots&\boldsymbol{p}_n&\boldsymbol{b}\end{array}$$
$$\begin{pmatrix}1&0&\cdots&0&a_{1(m+1)}&\cdots&a_{1j}&\cdots&a_{1n}&b_1\\0&1&\cdots&0&a_{2(m+1)}&\cdots&a_{2j}&\cdots&a_{2n}&b_2\\\vdots&\vdots&&\vdots&\vdots&&\vdots&&\vdots&\vdots\\0&0&\cdots&1&a_{m(m+1)}&\cdots&a_{mj}&\cdots&a_{mn}&b_m\end{pmatrix}$$

因 $\boldsymbol{p}_1,\boldsymbol{p}_2,\cdots,\boldsymbol{p}_m$ 是一个基,故其他向量 $\boldsymbol{p}_j$ 可用这个基的线性组合表示,有

$$\boldsymbol{p}_j=a_{1j}\boldsymbol{p}_1+a_{2j}\boldsymbol{p}_2+\cdots+a_{mj}\boldsymbol{p}_m=\sum_{i=1}^m a_{ij}\boldsymbol{p}_i$$

或

$$\boldsymbol{p}_j-\sum_{i=1}^m a_{ij}\boldsymbol{p}_i=\boldsymbol{0} \tag{2-6}$$

将式(2-6)乘以一个参数 $\theta(\theta>0)$,得

$$\theta\Big(\boldsymbol{p}_j-\sum_{i=1}^m a_{ij}\boldsymbol{p}_i\Big)=\boldsymbol{0} \tag{2-7}$$

式(2-5)和式(2-7)相加,并整理得

$$\sum_{i=1}^{m}(x_i^0 - \theta a_{ij})\boldsymbol{p}_i + \theta \boldsymbol{p}_j = \boldsymbol{b} \qquad (2\text{-}8)$$

由式(2-8)得到满足约束方程(2-2b)的另一个解 $\boldsymbol{x}^{(1)}$，

$$\boldsymbol{x}^{(1)} = (x_1^0 - \theta a_{1j}, x_2^0 - \theta a_{2j}, \cdots, x_m^0 - \theta a_{mj}, 0, \cdots, \theta, 0)^{\mathrm{T}}$$

其中 $\theta$ 是 $\boldsymbol{x}^{(1)}$ 的第 $j$ 个分量的值. 要使 $\boldsymbol{x}^{(1)}$ 是一个基可行解，因 $\theta > 0$，故

$$x_i^0 - \theta a_{ij} \geqslant 0 \quad (i = 1, 2, \cdots, m) \qquad (2\text{-}9)$$

令式(2-9)中 $m$ 个不等式至少有一个等号成立. 由于 $a_{ij} < 0$ 时，式(2-9)显然成立，故令

$$\theta = \min \left\{ \frac{x_i^0}{a_{ij}} \,\middle|\, a_{ij} > 0 \right\} = \frac{x_l^0}{a_{lj}} \qquad (2\text{-}10)$$

由式(2-10)，有

$$x_i^0 - \theta a_{ij} \begin{cases} = 0 & (i = l) \\ \geqslant 0 & (i \neq l) \end{cases} \quad (i = 1, 2, \cdots, m)$$

故 $\boldsymbol{x}^{(1)}$ 是一个基可行解. 又因与变量 $x_1, \cdots, x_{l-1}, x_{l+1}, \cdots, x_m, x_j$ 对应的向量经重新排序后加上 $\boldsymbol{b}$ 列得到下面的增广矩阵

$$
\begin{array}{ccccccccc}
\boldsymbol{p}_1 & \boldsymbol{p}_2 & \cdots & \boldsymbol{p}_{l-1} & \boldsymbol{p}_j & \boldsymbol{p}_{l+1} & \cdots & \boldsymbol{p}_m & \boldsymbol{b}
\end{array}
$$

$$
\left(
\begin{array}{cccccccc}
1 & 0 & \cdots & 0 & a_{1j} & 0 & \cdots & 0 & b_1 \\
0 & 1 & \cdots & 0 & a_{2j} & 0 & \cdots & 0 & b_2 \\
\vdots & \vdots & & \vdots & \vdots & \vdots & & \vdots & \vdots \\
0 & 0 & \cdots & 1 & a_{(l-1)j} & 0 & \cdots & 0 & b_{l-1} \\
0 & 0 & \cdots & 0 & a_{lj} & 0 & \cdots & 0 & b_l \\
0 & 0 & \cdots & 0 & a_{(l+1)j} & 1 & \cdots & 0 & b_{l+1} \\
\vdots & \vdots & & \vdots & \vdots & \vdots & & \vdots & \vdots \\
0 & 0 & \cdots & 0 & a_{mj} & 0 & \cdots & 1 & b_m
\end{array}
\right) \qquad (2\text{-}11)
$$

又 $a_{lj} > 0$，故上述矩阵元素组成的行列式不为 0，于是 $\boldsymbol{p}_1, \cdots, \boldsymbol{p}_{l-1}, \boldsymbol{p}_j, \boldsymbol{p}_{l+1}, \cdots, \boldsymbol{p}_m$ 是一个基.

对增广矩阵(2-11)作初等变换，先将 $l$ 行乘以 $\dfrac{1}{a_{lj}}$，再把 $l$ 行分别乘以 $-a_{ij}(i = 1, \cdots, l-1, l+1, \cdots, m)$ 加到各行上去，则增广矩阵除掉最后一列变成单位矩阵. 又因 $\dfrac{b_l}{a_{lj}} = \theta$，于是 $\boldsymbol{b} = (b_1 - \theta a_{1j}, \cdots, b_{l-1} - \theta a_{(l-1)j}, b_{l+1} - \theta a_{(l+1)j}, \cdots, b_m - \theta a_{mj})^{\mathrm{T}}$.

由此 $\boldsymbol{x}^{(1)}$ 是同 $\boldsymbol{x}^{(0)}$ 相邻的基可行解，且由基向量组成的矩阵仍为单位矩阵.

3. 最优解的检验

将基可行解 $\boldsymbol{x}^{(0)}, \boldsymbol{x}^{(1)}$ 分别代入目标函数得

$$z^{(0)} = \sum_{i=1}^{m} c_i x_i^0$$

$$z^{(1)} = \sum_{i=1}^{m} c_i (x_i^0 - \theta a_{ij}) + \theta c_j = \sum_{i=1}^{m} c_i x_i^0 + \theta \Big( c_j - \sum_{i=1}^{m} c_i a_{ij} \Big)$$

$$= z^{(0)} + \theta \Big( c_j - \sum_{i=1}^{m} c_i a_{ij} \Big) \tag{2-12}$$

因 $\theta > 0$，所以要使 $z^{(1)} > z^{(0)}$，只要 $c_j - \sum_{i=1}^{m} c_i a_{ij} > 0$. 记 $\sigma_j = c_j - \sum_{i=1}^{m} c_i a_{ij}$，则有：

（1）如果所有的 $\sigma_j \leqslant 0$ 时，说明现有顶点（基可行解）的目标函数值比起其余各顶点（基可行解）的目标函数值都大，即现有顶点对应的基可行解就是最优解，且

① 当对某个非基变量 $x_j$ 有 $\sigma_j = 0$，且按式(2-10)存在 $\theta > 0$ 时，说明存在另一个顶点（基可行解）使目标函数值也达到最优（最大）. 由于这两个顶点连线上的点也属于可行域，且目标函数值相等，即该线性规划问题有无穷多最优解，这两个顶点连线上的所有点都是最优解.

② 当所有的 $\sigma_j < 0$ 时，线性规划问题有唯一最优解，现有顶点（基可行解）就是唯一最优解.

（2）如果存在某个 $\sigma_j > 0$，又有 $p_j \leqslant \mathbf{0}$，则由式(2-9)知，对于任意的 $\theta > 0$，均有 $x_i^0 - \theta a_{ij} \geqslant 0$，因而 $\theta$ 的取值可无限增大，根据式(2-12)，从而 $z^{(1)}$ 也无限增大，说明线性规划问题有无界解.

（3）线性规划问题无可行解的判断将在下节讨论.

## §2　单纯形法的计算步骤

我们已研究了求解线性规划问题的单纯形法的基本原理. 单纯形法是从某一基可行解出发，连续地寻找相邻的基可行解，直到达到最优的迭代过程. 为了书写规范和便于计算，单纯形法的各个步骤可以通过设计专门表格加以表示，即单纯形表(Simplex Table). 迭代计算中每找出一个新的基可行解，就画出一张单纯形表. 含初始基可行解的单纯形表称为初始单纯形表，含最优解的单纯形表称为最终单纯形表. 由于表格形式相当于将迭代过程进行了标准化，所以表格形式的应用使单纯形法更有效、更方便.

单纯形法的求解步骤如下：

第一步，求初始基可行解，列出初始单纯形表.

对非标准型的线性规划问题应首先化成标准型，并使得约束方程的系数矩阵中包含一个单位矩阵 $\boldsymbol{B} = (\boldsymbol{p}_1, \boldsymbol{p}_2, \cdots, \boldsymbol{p}_m)$ 作为初始基阵，以此求出问题的一个初始基可行解. 建立初始单纯形表如表 2-1 所示.

表 2-1

| $c_j$ | | | $c_1$ | $\cdots$ | $c_m$ | $\cdots$ | $c_j$ | $\cdots$ | $c_n$ |
|---|---|---|---|---|---|---|---|---|---|
| $\boldsymbol{c}_B$ | $\boldsymbol{x}_B$ | $\boldsymbol{b}$ | $x_1$ | $\cdots$ | $x_m$ | $\cdots$ | $x_j$ | $\cdots$ | $x_n$ |
| $c_1$ | $x_1$ | $b_1$ | 1 | $\cdots$ | 0 | $\cdots$ | $a_{1j}$ | $\cdots$ | $a_{1n}$ |
| $c_2$ | $x_2$ | $b_2$ | 0 | $\cdots$ | 0 | $\cdots$ | $a_{2j}$ | $\cdots$ | $a_{2n}$ |
| $\vdots$ | $\vdots$ | $\vdots$ | $\vdots$ | | $\vdots$ | | $\vdots$ | | $\vdots$ |
| $c_m$ | $x_m$ | $b_m$ | 0 | $\cdots$ | 1 | $\cdots$ | $a_{mj}$ | $\cdots$ | $a_{mn}$ |
| $\sigma_j$ | | | 0 | $\cdots$ | 0 | $\cdots$ | $c_j - \sum\limits_{i=1}^{m} c_i a_{ij}$ | $\cdots$ | $c_n - \sum\limits_{i=1}^{m} c_i a_{in}$ |

其中，第一行 $c_j$ 表示目标函数中变量 $x_j$ 的系数，下方是对应的所有变量 $x_j$，即价值系数；第一列 $\boldsymbol{c}_B$ 表示各基变量对应的目标函数中的价值系数值；第二、三列 $\boldsymbol{x}_B$、$\boldsymbol{b}$ 表示基可行解中的基变量及其取值；基变量下方是单位矩阵；非基变量 $x_j$ 下方的数字是该变量系数向量 $\boldsymbol{p}_j$，即

$$\boldsymbol{p}_j = a_{1j}\boldsymbol{p}_1 + a_{2j}\boldsymbol{p}_2 + \cdots + a_{mj}\boldsymbol{p}_m = \sum_{i=1}^{m} a_{ij}\boldsymbol{p}_i$$

$\sigma_j$ 表示变量 $x_j$ 的检验数，即

$$\sigma_j = c_j - \boldsymbol{c}_B \boldsymbol{B}^{-1} \boldsymbol{p}_j = c_j - (c_1 a_{1j} + c_2 a_{2j} + \cdots + c_m a_{mj}) = c_j - \sum_{i=1}^{m} c_i a_{ij} \tag{2-13}$$

由式(2-13)，可求得检验数 $\sigma_j (j=1,2,\cdots,n)$，将其填入表中最下方一行.

第二步，最优性检验.

如果单纯形表中所有的检验数 $\sigma_j \leqslant 0$，且基变量中不含人工变量时(基变量中含有人工变量的情形在下节讨论)，表中的基可行解即为最优解，计算结束；如果单纯形表中存在 $\sigma_j > 0$，且 $\boldsymbol{p}_j \leqslant \boldsymbol{0}$，则问题为无界解，计算结束. 否则转下一步.

第三步，基变换，并列出新的单纯形表.

(1) 确定进基变量. 只要有检验数 $\sigma_j > 0$，对应的变量 $x_j$ 就可以作为进基变量，当有一个以上检验数大于 0 时，一般从中找出一个最大的 $\sigma_k$，

$$\sigma_k = \max_j \left\{ \sigma_j \,\middle|\, \sigma_j > 0 \right\}$$

其对应的变量 $x_k$ 作为进基变量.

(2) 确定出基变量. 由单纯形原理的 $\theta$ 规则，对 $\boldsymbol{p}_k$ 列根据式(2-10)得

$$\theta = \min \left\{ \frac{b_i}{a_{ik}} \,\middle|\, a_{ik} > 0 \right\} = \frac{b_l}{a_{lk}} \tag{2-14}$$

确定 $x_l$ 为出基变量. 元素 $a_{lk}$ 决定了从一个基可行解到相邻基可行解的转移去向，称为主元素，简称主元.

(3) 用进基变量 $x_k$ 替换出基变量 $x_l$，得到一个新基 $\boldsymbol{p}_1,\cdots,\boldsymbol{p}_{l-1},\boldsymbol{p}_k,\boldsymbol{p}_{l+1},\cdots$，

$p_m$，并求出对应的新基可行解，画出新单纯形表（见表 2-2）.

表 2-2

| $c_B$ | $x_B$ | $b$ | $c_1$ $x_1$ | $\cdots$ | $c_l$ $x_l$ | $\cdots$ | $c_m$ $x_m$ | $\cdots$ | $c_j$ $x_j$ | $\cdots$ | $c_n$ $x_n$ | $\cdots$ |
|---|---|---|---|---|---|---|---|---|---|---|---|---|
| $c_1$ | $x_1$ | $b_1 - b_l \dfrac{a_{1k}}{a_{lk}}$ | $1$ | $\cdots$ | $-\dfrac{a_{1k}}{a_{lk}}$ | $\cdots$ | $0$ | $\cdots$ | $a_{1j} - a_{1k}\dfrac{a_{lj}}{a_{lk}}$ | $\cdots$ | $0$ | $\cdots$ |
| $\vdots$ | $\vdots$ | $\vdots$ | $\vdots$ | | $\vdots$ | | $\vdots$ | | $\vdots$ | | $\vdots$ | |
| $c_k$ | $x_k$ | $\dfrac{a_{lk}}{a_{lk}}$ | $0$ | $\cdots$ | $\dfrac{1}{a_{lk}}$ | $\cdots$ | $0$ | $\cdots$ | $\dfrac{a_{lj}}{a_{lk}}$ | $\cdots$ | $1$ | $\cdots$ |
| $\vdots$ | $\vdots$ | $\vdots$ | $\vdots$ | | $\vdots$ | | $\vdots$ | | $\vdots$ | | $\vdots$ | |
| $c_m$ | $x_m$ | $b_m - b_l \dfrac{a_{mk}}{a_{lk}}$ | $0$ | $\cdots$ | $-\dfrac{a_{mk}}{a_{lk}}$ | $\cdots$ | $1$ | $\cdots$ | $a_{mj} - a_{mk}\dfrac{a_{lj}}{a_{lk}}$ | $\cdots$ | $0$ | $\cdots$ |
| $\sigma_j$ | | | $0$ | $\cdots$ | $-\dfrac{c_k - z_k}{a_{lk}}$ | $\cdots$ | $0$ | $\cdots$ | $(c_j - z_j) - \dfrac{a_{lj}}{a_{lk}}(c_k - z_k)$ | $\cdots$ | $0$ | $\cdots$ |

在新单纯形表 2-2 中，基阵仍然是单位矩阵，即 $p_k$ 变换成单位向量. 需要在表 2-1 中进行初等行变换，并将运算结果填入表 2-2 中相应位置.

（1）将主元所在 $l$ 行元素除以主元 $a_{lk}$，即

$$b'_l = b_l / a_{lk}, \quad a'_{lj} = a_{lj} / a_{lk} \quad (j = 1, 2, \cdots, n) \tag{2-15}$$

（2）将计算得到的表 2-2 中第 $l$ 行元素乘以 $-a_{ik}$ 加到表 2-1 的第 $i$ 行对应元素上，填入表 2-2 的相应行，即

$$b'_i = b_i - \frac{b_l}{a_{lk}} a_{ik}, \quad a'_{ij} = a_{ij} - \frac{a_{lj}}{a_{lk}} a_{ik} \quad (i \neq l; i = 1, 2, \cdots, m) \tag{2-16}$$

（3）表 2-2 中各变量的检验数由式（2-13）可求得，其中

$$(c_l - z_l)' = c_l - \frac{1}{a_{lk}}\left( -\sum_{i=1}^{l-1} c_i a_{ik} + c_k - \sum_{i=l+1}^{m} c_i a_{ik} \right)$$

$$= -\frac{c_k}{a_{lk}} + \frac{1}{a_{lk}}\sum_{i=1}^{m} c_i a_{ik} = -\frac{1}{a_{lk}}(c_k - z_k) \tag{2-17}$$

$$(c_j - z_j)' = c_j - \left( \sum_{i=1}^{l-1} c_i a_{ij} + \sum_{i=l+1}^{m} c_i a_{ij} \right) - \frac{a_{lj}}{a_{lk}}\left( -\sum_{i=1}^{l-1} c_i a_{ik} + c_k - \sum_{i=l+1}^{m} c_i a_{ik} \right)$$

$$= \left( c_j - \sum_{i=1}^{m} c_i a_{ij} \right) - \frac{a_{lj}}{a_{lk}}\left( c_k - \sum_{i=1}^{m} c_i a_{ik} \right)$$

$$= (c_j - z_j) - \frac{a_{lj}}{a_{lk}}(c_k - z_k) \quad (j \neq l) \tag{2-18}$$

第四步，重复第二、三步，直到计算结束.

**例 2-2** 用单纯形表求解例 1-1.

**解** 首先化成标准型

$$\max z = 2x_1 + 3x_2 + 0x_3 + 0x_4 + 0x_5$$

$$\text{s. t.} \begin{cases} x_1 + 2x_2 + x_3 & = 8 \\ 4x_1 & + x_4 & = 16 \\ & 4x_2 & + x_5 = 12 \\ x_1, x_2, x_3, x_4, x_5 \geqslant 0 \end{cases}$$

构造初始单纯形表，反映初始基可行解，见表 2-3.

表 2-3

| $c_j$ | | | 2 | 3 | 0 | 0 | 0 | $\theta_i$ |
|---|---|---|---|---|---|---|---|---|
| $c_B$ | $x_B$ | $b$ | $x_1$ | $x_2$ | $x_3$ | $x_4$ | $x_5$ | |
| 0 | $x_3$ | 8 | 1 | 2 | 1 | 0 | 0 | 4 |
| 0 | $x_4$ | 16 | 4 | 0 | 0 | 1 | 0 | — |
| 0 | $x_5$ | 12 | 0 | [4] | 0 | 0 | 1 | (3) |
| $\sigma_j$ | | | 2 | (3) | 0 | 0 | 0 | |

其中，$c_j$ 表示目标函数中变量 $x_j$ 的系数，即价值系数；$c_B$ 表示基变量的价值系数行向量；$x_B$ 表示基变量所构成的列向量；$b$ 表示资源系数列向量（常数项）；$\sigma_j$ 表示变量 $x_j$ 的检验数，这里有 $\sigma_j = c_j - c_B B^{-1} p_j$，即

$$\sigma_1 = 2 - (0 \times 1 + 0 \times 4 + 0 \times 0) = 2$$
$$\sigma_2 = 3 - (0 \times 2 + 0 \times 0 + 0 \times 4) = 3$$

从表 2-3 可立即写出初始基可行解 $x^{(0)} = (0,0,8,16,12)^T$、目标函数 $z^{(0)} = 0$. 表 2-3 的检验数行有正值，所以现行的基可行解不是最优解. $\max\{2,3\}=3$，非基变量 $x_2$ 使目标函数增加最快，$x_2$ 被选为进基变量. 应用前面的"最小比率"规则，确定 $x_2$ 将取代哪一个基变量，即 $\min\left\{\frac{8}{2}, -, \frac{12}{4}\right\} = 3$. 最小比率是 3 且发生在第三行，此行通常称为基准行（或主行），基准行所对应的基变量就是出基变量. 进基变量所在的列与出基变量所在的行十字交叉的元素称为主元素，主元素用中括号做一标记，如表 2-3 中第三行第二列的"[4]". 然后进行两步初等行变换：（1）用主元素除基准行使主元素变为"1"；（2）将与主元素同列的其他元素变为"0".

此例的初等行变换为：（1）将表 2-3 的第三行除以"4"，得到如表 2-4 所示的第三行；（2）将表 2-4 的第三行乘以"-2"，加到表 2-3 的第一行，得到如表 2-4 的第一行. 因为在表 2-3 中，与主元素"4"同列的第二元素本身就是"0"，所以表 2-4 的第二行直接复制表 2-3 的第二行.

表 2-4

| $c_j$ | | | 2 | 3 | 0 | 0 | 0 | $\theta_j$ |
|---|---|---|---|---|---|---|---|---|
| $c_B$ | $x_B$ | $b$ | $x_1$ | $x_2$ | $x_3$ | $x_4$ | $x_5$ | |
| 0 | $x_3$ | 2 | [1] | 0 | 1 | 0 | $-1/2$ | (2) |
| 0 | $x_4$ | 16 | 4 | 0 | 0 | 1 | 0 | 4 |
| 3 | $x_2$ | 3 | 0 | 1 | 0 | 0 | 1/4 | — |
| $\sigma_j$ | | | (2) | 0 | 0 | 0 | $-3/4$ | |

因为 $\sigma_1 = 2 > 0$，表 2-4 所给出的基可行解 $x^{(1)} = (0,3,2,16,0)^{\mathrm{T}}$ 仍不是最优解．确定 $x_1$ 为进基变量并利用"最小比率"规则确定出基变量．通过上述初等变换可得如表 2-5 所示的新的单纯形表．

表 2-5

| $c_j$ | | | 2 | 3 | 0 | 0 | 0 | $\theta_j$ |
|---|---|---|---|---|---|---|---|---|
| $c_B$ | $x_B$ | $b$ | $x_1$ | $x_2$ | $x_3$ | $x_4$ | $x_5$ | |
| 2 | $x_1$ | 2 | 1 | 0 | 1 | 0 | $-1/2$ | — |
| 0 | $x_4$ | 8 | 0 | 0 | $-4$ | 1 | [2] | (4) |
| 3 | $x_2$ | 3 | 0 | 1 | 0 | 0 | 1/4 | 12 |
| $\sigma_j$ | | | 0 | 0 | $-2$ | 0 | (1/4) | |

由于此表对应的基可行解 $x^{(2)} = (2,3,0,8,0)^{\mathrm{T}}$ 仍然不是最优解，所以需继续进行迭代，直到得到如表 2-6 所示的最终单纯形表．

表 2-6

| $c_j$ | | | 2 | 3 | 0 | 0 | 0 |
|---|---|---|---|---|---|---|---|
| $c_B$ | $x_B$ | $b$ | $x_1$ | $x_2$ | $x_3$ | $x_4$ | $x_5$ |
| 2 | $x_1$ | 4 | 1 | 0 | 0 | 1/4 | 0 |
| 0 | $x_5$ | 4 | 0 | 0 | $-2$ | 1/2 | 1 |
| 3 | $x_2$ | 2 | 0 | 1 | 1/2 | $-1/8$ | 0 |
| $\sigma_j$ | | | 0 | 0 | $-3/2$ | $-1/8$ | 0 |

表 2-6 中所有变量的检验数均为非正，这表明不能进一步改善（增加）目标函数值了．因此，现行的基可行解 $x^{(3)} = (4,2,0,0,4)^{\mathrm{T}}$ 是最优解，$z^{(3)} = 14$ 是线性规划问题的最优值．

综上所述，单纯形表求解线性规划问题的一般步骤可概括如下：

（1）写出问题的标准形式；

（2）以单位矩阵为初始基，建立初始单纯形表；

（3）使用"内积规则"计算各变量的检验数；

（4）如果所有的检验数均为非正，那么现行的基可行解为最优解，否则选择检验数中最大的非基变量作为进基变量；

（5）应用"最小比率"规则确定出基变量；

（6）作初等变换得到新的基可行解；

（7）回到步骤（3）.

注：步骤（3）～（7）称为单纯形法的迭代（循环的初等变换），每次迭代都给出了新表和改善的基可行解. 单纯形法的效率取决于其在达到最优解之前所经历的迭代次数，迭代次数在单纯形计算中是一个重要的因素.

**例 2-3**　用单纯形表求解下述线性规划问题：

$$\max z = 2x_1 + 4x_2 + 0x_3 + 0x_4 + 0x_5$$

$$\text{s. t.} \begin{cases} x_1 + 2x_2 + x_3 & = 8 \\ 4x_1 & + x_4 & = 16 \\ & 4x_2 & + x_5 = 12 \\ x_1, x_2, x_3, x_4, x_5 \geqslant 0 \end{cases}$$

**解**　画出该模型的单纯形表（见表 2-7）.

表 2-7

| | $c_j$ | | 2 | 4 | 0 | 0 | 0 | $\theta_j$ |
|---|---|---|---|---|---|---|---|---|
| $c_B$ | $x_B$ | $b$ | $x_1$ | $x_2$ | $x_3$ | $x_4$ | $x_5$ | |
| 0 | $x_3$ | 8 | 1 | 2 | 1 | 0 | 0 | 6 |
| 0 | $x_4$ | 16 | 4 | 0 | 0 | 1 | 0 | — |
| 0 | $x_5$ | 12 | 0 | [4] | 0 | 0 | 1 | (3) |
| | $\sigma_j$ | | 2 | (4) | 0 | 0 | 0 | |
| 0 | $x_3$ | 2 | [1] | 0 | 1 | 0 | $-1/2$ | (2) |
| 0 | $x_4$ | 16 | 4 | 0 | 0 | 1 | 0 | 4 |
| 0 | $x_2$ | 3 | 0 | 1 | 0 | 0 | $1/4$ | — |
| | $\sigma_j$ | | (2) | 0 | 0 | 0 | 1 | |
| 2 | $x_1$ | 2 | 1 | 0 | 1 | 0 | $-1/2$ | |
| 0 | $x_4$ | 8 | 0 | 0 | $-4$ | 1 | 2 | |
| 4 | $x_2$ | 3 | 0 | 1 | 0 | 0 | $1/4$ | |
| | $\sigma_j$ | | 0 | 0 | $-2$ | 0 | 0 | |

最优解 $x^* = (2,3,0,8,0)^T$ $(\sigma_j \leqslant 0, j=1,2,\cdots,5)$，又由于非基变量 $x_5$ 的检验数 $\sigma_5 = 0$，所以该最优解只是无穷最优解中的一个.

**例 2-4** 用单纯形表求解下述线性规划问题：

$$\max z = -x_1 - 2x_2 + 3x_3$$

$$\text{s.t.} \begin{cases} 2x_1 + x_2 - 2x_3 + x_4 \quad\quad = 10 \\ 3x_1 - x_2 - 4x_3 \quad\quad + x_5 = 12 \\ x_1, x_2, x_3, x_4, x_5 \geqslant 0 \end{cases}$$

**解** 画出该模型的单纯形表（见表 2-8）.

表 2-8

| $c_j$ | | | $-1$ | $-2$ | $3$ | $0$ | $0$ | $\theta_j$ |
|---|---|---|---|---|---|---|---|---|
| $c_B$ | $x_B$ | $b$ | $x_1$ | $x_2$ | $x_3$ | $x_4$ | $x_5$ | |
| $0$ | $x_4$ | $10$ | $2$ | $1$ | $-2$ | $1$ | $0$ | — |
| $0$ | $x_5$ | $12$ | $3$ | $-1$ | $-4$ | $0$ | $1$ | — |
| $\sigma_j$ | | | $-1$ | $-2$ | $(3)$ | $0$ | $0$ | |

确定 $x_3$ 为进基变量，在确定出基变量时"最小比率"规则失效，进基变量 $x_3$ 所对应的列向量 $p_3 = (-2, -4)^T$ 没有正的分量，此题有无界解.

总结：线性规划问题的求解结果可能出现唯一最优解（非基变量的检验数都小于 0）、无穷多最优解（至少有一个非基变量的检验数为 0）、无界解（非基变量的检验数并不都小于 0，但进基变量的系数都小于等于 0）和无可行解 4 种情况.

## §3 单纯形法的进一步讨论

### 一、人工变量法

显然，如果没有初始基，初始单纯形表就无法形成. 目前讨论过的所有例子中，作为初始基的单位矩阵都很容易找到，但并非每一个问题都是如此. 实际上，在许多实际问题中，甚至不可能知道是否存在满足约束条件的可行解. 当系统本身无初始单位矩阵时，人工变量法是构造可行基并获得初始基可行解的有效方法.

首先把 LP 模型转化为标准形式，即所有的变量均为非负、所有约束条件为等式、所有的右端项系数均为非负. 其次检查每一约束条件，对每一个没有基变量的约束引入一个新的变量作为基变量，这样就使得每个约束均有了基变量. 这些新变量仅仅是为了建立初始单纯形表而引入的，为了把它们与原问题的决策变量加以区别，称为人工变量. 在引入人工变量之前各约束已为等式，所以为保持各等式的平衡,人工变量最终的取值必须为 0.下面举例说明人工变量的应用.

**例 2-5**  用单纯形表求解下述 LP 问题:

$$\max z = 3x_1 - x_2 - x_3$$

$$\text{s. t.} \begin{cases} x_1 - 2x_2 + x_3 \leqslant 11 \\ -4x_1 + x_2 + 2x_3 \geqslant 3 \\ 2x_1 \quad - x_3 = -1 \\ x_1, x_2, x_3 \geqslant 0 \end{cases}$$

**解**  首先把 LP 模型转化为标准形式:

$$\max z = 3x_1 - x_2 - x_3$$

$$\text{s. t.} \begin{cases} x_1 - 2x_2 + x_3 + x_4 \quad = 11 \\ -4x_1 + x_2 + 2x_3 \quad - x_5 = 3 \\ -2x_1 \quad + x_3 \quad = 1 \\ x_1, x_2, x_3, x_4, x_5 \geqslant 0 \end{cases}$$

其中,松弛变量 $x_4$ 可以作为基变量,而在其他两个约束中均不存在基变量.分别加入非负的人工变量 $x_6, x_7$,可得如下的人造系统:

$$\begin{cases} x_1 - 2x_2 + x_3 + x_4 \quad = 11 \\ -4x_1 + x_2 + 2x_3 \quad - x_5 + x_6 \quad = 3 \\ -2x_1 \quad + x_3 \quad + x_7 = 1 \\ x_1, x_2, x_3, x_4, x_5, x_6, x_7 \geqslant 0 \end{cases}$$

这一人造系统的一个基可行解为 $x^{(0)} = (0,0,0,11,0,3,1)^{\mathrm{T}}$,但此解并非原始系统的可行解,因为在此解中人工变量不为 0.另一方面,很容易发现对于人造系统的基可行解,只要人工变量的取值为 0,那么它即为原问题的基可行解.为此我们总是想尽可能快地将人工变量减小为 0.这一减小人工变量的过程可以通过两种方式来实现,每种方式都给出一种特殊的单纯形法,即"大 $M$ 法"和"二阶段法".

**二、大 $M$ 法**

大 $M$ 法在目标函数里给人工变量赋予一个充分大的费用系数"$M$".由于人工变量为基变量,对目标函数来讲是不经济的,所以应尽快地用非人工变量把人工变量从基中替换出来.手工计算时这个充分大的费用系数无须赋予一个特定的值,在求解最小化问题时,一般用字母"$M$"来表示这一费用系数,而在最大化问题中,用"$-M$"来表示收益系数.在此"$M$"是一个充分大的正数.

为了演示大 $M$ 法的具体过程,仍以例 2-5 为例.在例 2-5 中,为了驱使人工变量变为 0,需给人工变量 $x_6, x_7$ 较大的费用系数,因此目标函数变为

$$\max z = 3x_1 - x_2 - x_3 + 0x_4 + 0x_5 - Mx_6 - Mx_7$$

表 2-9 给出了以 $x_4, x_6, x_7$ 为基变量的初始单纯形表,表 2-10 给出了利用单

纯形法求解 LP 问题的整个过程.

表 2-9

| $c_B$ | $x_B$ | $b$ | $c_j$<br>$x_1$ | $3$<br>$x_2$ | $-1$<br>$x_3$ | $-1$<br>$x_4$ | $0$<br>$x_5$ | $0$<br>$x_6$ | $-M$<br>$x_7$ | $-M$ | $\theta_j$ |
|---|---|---|---|---|---|---|---|---|---|---|---|
| $0$ | $x_4$ | $11$ | $1$ | $-2$ | $1$ | $1$ | $0$ | $0$ | $0$ | | $11$ |
| $-M$ | $x_6$ | $3$ | $-4$ | $1$ | $2$ | $0$ | $-1$ | $1$ | $0$ | | $3/2$ |
| $-M$ | $x_7$ | $1$ | $-2$ | $0$ | $[1]$ | $0$ | $0$ | $0$ | $1$ | | $(1)$ |
| $\sigma_j$ | | | $3-6M$ | $-1+M$ | $(-1+3M)$ | $0$ | $-M$ | $0$ | $0$ | | |

由于此时 $x_3$ 的检验数大于 0,所以此解只是原始系统的一个基可行解,而非最优解.

表 2-10 的第二步,人工变量 $x_6$,$x_7$ 都已经成为非基变量,即已经得到了原始系统的一个基可行解.继续迭代一步,得到原始系统的最优解 $\boldsymbol{x}^* = (4,1,9,0,0)^{\mathrm{T}}$.

表 2-10

| $c_B$ | $x_B$ | $b$ | $c_j$<br>$x_1$ | $3$<br>$x_2$ | $-1$<br>$x_3$ | $-1$<br>$x_4$ | $0$<br>$x_5$ | $0$<br>$x_6$ | $-M$<br>$x_7$ | $-M$ | $\theta_j$ |
|---|---|---|---|---|---|---|---|---|---|---|---|
| $0$ | $x_4$ | $10$ | $3$ | $-2$ | $0$ | $1$ | $0$ | $0$ | $-1$ | | $-$ |
| $-M$ | $x_6$ | $1$ | $0$ | $[1]$ | $0$ | $0$ | $-1$ | $1$ | $-2$ | | $(1)$ |
| $-1$ | $x_3$ | $1$ | $-2$ | $0$ | $1$ | $0$ | $0$ | $0$ | $1$ | | $-$ |
| $\sigma_j$ | | | $1$ | $(-1+M)$ | $0$ | $0$ | $-M$ | $0$ | $1-3M$ | | |
| $0$ | $x_4$ | $12$ | $[3]$ | $0$ | $0$ | $1$ | $-2$ | $2$ | $-5$ | | $(4)$ |
| $-1$ | $x_2$ | $1$ | $0$ | $1$ | $0$ | $0$ | $-1$ | $1$ | $-2$ | | $-$ |
| $-1$ | $x_3$ | $1$ | $-2$ | $0$ | $1$ | $0$ | $0$ | $0$ | $1$ | | $-$ |
| $\sigma_j$ | | | $(1)$ | $0$ | $0$ | $0$ | $-1$ | $-M+1$ | $-M-1$ | | |
| $3$ | $x_1$ | $4$ | $1$ | $0$ | $0$ | $1/3$ | $-2/3$ | $2/3$ | $-5/3$ | | |
| $-1$ | $x_2$ | $1$ | $0$ | $1$ | $0$ | $0$ | $-1$ | $-1$ | $-2$ | | |
| $-1$ | $x_3$ | $9$ | $0$ | $0$ | $1$ | $2/3$ | $-4/3$ | $4/3$ | $-7/3$ | | |
| $\sigma_j$ | | | $0$ | $0$ | $0$ | $-1/3$ | $-1/3$ | $-M+1/3$ | $-M+2/3$ | | |

在问题中引入人工变量只是为了构造基变量,所以对本身存在基变量的约束绝对不要引入人工变量.一旦人工变量被其他变量所代替,那么它在单纯形表中就没有再次进基的可能.用大 $M$ 法求解 LP 问题,如果在所有变量的检验数均为

非正时,存在某个或多个人工变量仍然为基变量,这说明存在一个或多个人工变量恒不为0,即存在一个或多个约束条件恒不成立,所以 LP 问题无可行解.

**例 2-6**  用单纯形表求解下述 LP 问题:

$$\max z = -x_1 - 2x_2 - x_3$$
$$\text{s. t.} \begin{cases} 2x_1 + x_2 + x_3 \leqslant 10 \\ 2x_1 + x_2 - x_3 \geqslant 12 \\ x_1, x_2, x_3 \geqslant 0 \end{cases}$$

**解**  首先把 LP 模型转化为标准形式并加入人工变量:

$$\max z = -x_1 - 2x_2 - x_3 - Mx_6$$
$$\text{s. t.} \begin{cases} 2x_1 + x_2 + x_3 + x_4 = 10 \\ 2x_1 + x_2 - x_3 - x_5 + x_6 = 12 \\ x_1, x_2, x_3, x_4, x_5, x_6 \geqslant 0 \end{cases}$$

求解过程见表 2-11.

表 2-11

| $c_B$ | $x_B$ | $b$ | $-1$ $x_1$ | $-2$ $x_2$ | $-1$ $x_3$ | $0$ $x_4$ | $0$ $x_5$ | $-M$ $x_6$ | $\theta_j$ |
|---|---|---|---|---|---|---|---|---|---|
| 0 | $x_4$ | 10 | [2] | 1 | 1 | 1 | 0 | 0 | (5) |
| $-M$ | $x_6$ | 12 | 2 | 1 | $-1$ | 0 | $-1$ | 1 | 6 |
| | $\sigma_j$ | | $(-1+2M)$ | $-2+M$ | $-1-M$ | 0 | $-M$ | 0 | |
| $-1$ | $x_1$ | 5 | 1 | 1/2 | 1/2 | 1/2 | 0 | 0 | 5 |
| $-M$ | $x_6$ | 2 | 0 | 0 | $-2$ | $-1$ | $-1$ | 1 | 2 |
| | $\sigma_j$ | | 0 | $-3/2$ | $-2M-1/2$ | $-M+1/2$ | $-M$ | 0 | |

此时,虽然所有变量的检验数均为非负,但是人工变量 $x_6$ 仍然为基变量,这说明 LP 问题无可行解.

用大 M 法列表计算时,可以认为 M 是一个非常非常大的正数.但是当采用计算机编程的方式来计算时,由于必须对 M 设定一个具体的数值,这时若设定的数值比较小,则容易与方程中的系数相混淆,从而引起错误;若设定的数值比较大,则有可能造成数据溢出,也会出现错误.因此,大 M 法是一种理论型的算法.

### 三、二阶段法

为避免"M"可能带来的麻烦,便出现了二阶段法.顾名思义,二阶段法把 LP 问题的求解分为两个阶段来进行.第一阶段:在原约束条件下,先求解一个目标函数只包含人工变量的人造 LP 问题,即令极小值目标函数中人工变量的系数取某个正的常数(通常取为"1"),而其他变量的系数取为"0".显然,如果第一阶段对人造问题优化的最小目标函数值是"0",说明所有的人工变量都已不在基中,得到了原始问题的一个基可行解,求解转入第二阶段.如果第一阶段优化的结果大于"0",那么至少有一个人工变量仍留在基中,意味着原问题无可行解.第二阶段:从第一阶段得到的基可行解出发,求原问题的最优解.具体过程是在第一阶段的最终单纯形表中,去掉人工变量所在的列并将价值系数换为原问题的价值系数,以便构成第二阶段的初始单纯形表.

**例 2-7** 用二阶段单纯形法求解例 2-5.

**解** 约束条件中先引入松弛变量 $x_4,x_5$,化为标准形式,再分别加入非负的人工变量 $x_6,x_7$,构造第一阶段线性规划问题:

$$\max w=-x_6-x_7$$
$$\text{s.t.}\begin{cases} x_1-2x_2+x_3+x_4 =11 \\ -4x_1+x_2+2x_3-x_5+x_6=3 \\ -2x_1+x_3+x_7=1 \\ x_1,x_2,x_3,,x_4,x_5,x_6,x_7\geqslant0 \end{cases}$$

构造第一阶段的单纯形表,用单纯形法计算,求解过程见表 2-12.

表 2-12

| $c_B$ | $x_B$ | $b$ | $c_j$ 0 $x_1$ | 0 $x_2$ | 0 $x_3$ | 0 $x_4$ | 0 $x_5$ | −1 $x_6$ | −1 $x_7$ | $\theta_j$ |
|---|---|---|---|---|---|---|---|---|---|---|
| 0 | $x_4$ | 11 | 1 | −2 | 1 | 1 | 0 | 0 | 0 | 11 |
| −1 | $x_6$ | 3 | −4 | 1 | 2 | 0 | −1 | 1 | 0 | 3/2 |
| −1 | $x_7$ | 1 | −2 | 0 | [1] | 0 | 0 | 0 | 1 | (1) |
| $\sigma_j$ | | | −6 | 1 | (3) | 0 | −1 | 0 | 0 | |
| 0 | $x_4$ | 10 | 3 | −2 | 0 | 1 | 0 | 0 | −1 | — |
| −1 | $x_6$ | 1 | 0 | [1] | 0 | 0 | −1 | 1 | −2 | (1) |
| 0 | $x_3$ | 1 | −2 | 0 | 1 | 0 | 0 | 0 | 1 | — |
| $\sigma_j$ | | | 0 | (1) | 0 | 0 | −1 | 0 | −3 | |
| 0 | $x_4$ | 12 | 3 | 0 | 0 | 1 | −2 | 2 | −5 | |
| 0 | $x_2$ | 1 | 0 | 1 | 0 | 0 | −1 | 1 | −2 | |
| 0 | $x_3$ | 1 | −2 | 0 | 1 | 0 | 0 | 0 | 1 | |
| $\sigma_j$ | | | 0 | 0 | 0 | 0 | 0 | −1 | −1 | |

第一阶段优化的目标函数值是"0",求解转入第二阶段,将表 2-12 中的人工

变量 $x_6, x_7$ 除去，目标函数回归到

$$\max z = 3x_1 - x_2 - x_3 + 0x_4 + 0x_5$$

再从表 2-12 中最后一个表出发，继续用单纯形法计算，求解过程见表 2-13.

表 2-13

| $c_j$ | | | 3 | $-1$ | $-1$ | 0 | 0 | $\theta_j$ |
|---|---|---|---|---|---|---|---|---|
| $c_B$ | $x_B$ | $b$ | $x_1$ | $x_2$ | $x_3$ | $x_4$ | $x_5$ | |
| 0 | $x_4$ | 12 | [3] | 0 | 0 | 1 | $-2$ | (4) |
| $-1$ | $x_2$ | 1 | 0 | 1 | 0 | 0 | $-1$ | — |
| $-1$ | $x_3$ | 1 | $-2$ | 0 | 1 | 0 | 0 | — |
| | $\sigma_j$ | | (1) | 0 | 0 | 0 | $-1$ | |
| 3 | $x_1$ | 4 | 1 | 0 | 0 | 1/3 | $-2/3$ | |
| $-1$ | $x_2$ | 1 | 0 | 1 | 0 | 0 | $-1$ | |
| $-1$ | $x_3$ | 9 | 0 | 0 | 1 | 2/3 | $-4/3$ | |
| | $\sigma_j$ | | 0 | 0 | 0 | $-1/3$ | $-1/3$ | |

此时检验数均小于等于 0，求得最优解为 $x^* = (4,1,9,0)^T$，最优值为 $z^* = 2$.

**例 2-8** 用二阶段单纯形法求解例 2-6.

**解** 约束条件中引入松弛变量 $x_4, x_5$，再加入人工变量 $x_6$，构造第一阶段线性规划问题：

$$\max w = -x_6$$
$$\text{s. t.} \begin{cases} 2x_1 + x_2 + x_3 + x_4 = 10 \\ 2x_1 + x_2 - x_3 - x_5 + x_6 = 12 \\ x_1, x_2, x_3, x_4, x_5, x_6 \geq 0 \end{cases}$$

用单纯形法计算，求解过程见表 2-14.

表 2-14

| $c_j$ | | | 0 | 0 | 0 | 0 | 0 | $-1$ | $\theta_j$ |
|---|---|---|---|---|---|---|---|---|---|
| $c_B$ | $x_B$ | $b$ | $x_1$ | $x_2$ | $x_3$ | $x_4$ | $x_5$ | $x_6$ | |
| 0 | $x_4$ | 10 | [2] | 1 | 1 | 1 | 0 | 0 | (5) |
| $-1$ | $x_6$ | 12 | 2 | 1 | $-1$ | 0 | $-1$ | 1 | 6 |
| | $\sigma_j$ | | (2) | 1 | $-1$ | 0 | $-1$ | 0 | |
| 0 | $x_1$ | 5 | 1 | 1/2 | 1/2 | 1/2 | 0 | 0 | |
| $-1$ | $x_6$ | 2 | 0 | 0 | $-2$ | $-1$ | $-1$ | 1 | |
| | $\sigma_j$ | | 0 | 0 | $-2$ | $-1$ | $-1$ | 0 | |

第一阶段优化的目标函数值不是"0",可知此问题无可行解.

### 四、单纯形算法中的几个问题

（1）目标函数极小化时解的最优性判定.有些教科书规定目标函数值的极小化作为线性规划问题的标准型,这时当所有检验数 $\sigma_j \geqslant 0$ 时,单纯形表中基可行解达到最优.

（2）退化解的处理.根据最小比值 $\theta$ 来确定基变量时,可能会存在两个或两个以上相同的最小比值,从而使下一个单纯形表的基可行解中出现一个或多个基变量等于 0 的退化解.退化解的出现是由于线性规划模型中的约束方程存在多余的约束,使多个基可行解对应同一个顶点.当存在退化解时,可能出现迭代计算的"死循环".为避免出现迭代计算的"死循环",1974 年布兰德（R. G. Bland）利用组合方法成功解决了退化的线性规划问题,并提出两条简单有效的规则——布兰德法则:

① 当存在多个 $\sigma_j > 0$ 时,始终选取下标值最小的变量作为进基变量;

② 当最小比值 $\theta$ 出现两个或两个以上相同的最小比值时,始终选取下标值最小的变量作为出基变量.

注:在实际计算过程中,单纯形方程出现死循环的现象极其少见.为了解决这个问题,1952 年查恩斯（A. Charnes）提出了摄动法,1954 年丹捷格（G. B. Dantzig）提出了字典序法.

（3）无可行解的判定.上节讲述单纯形法求解时,线性规划问题有唯一最优解、无穷多最优解、无界解和无可行解 4 种情形的判定.当线性规划问题中加入人工变量后,无论是大 $M$ 法还是二阶段法,初始单纯形表中的解含非零人工变量,故本质上是非可行解.

① 用大 $M$ 法求解,当求解结果出现所有 $\sigma_j \leqslant 0$,但基变量中仍包含非零的人工变量时,说明该线性规划问题无最优解;

② 用二阶段法求解,当第一阶段问题求解结果出现所有 $\sigma_j \leqslant 0$,且第一阶段目标函数值不等于 0 时,说明该线性规划问题无最优解.

# 习题二

一、分别用图解法和单纯形法求解下列线性规划问题,并指出单纯形表中的各基可行解对应图解法中可行域的哪一顶点.

（1）$\max z = 2x_1 + x_2$

$$\text{s. t.} \begin{cases} 3x_1 + 5x_2 \leqslant 15 \\ 6x_1 + 2x_2 \leqslant 24 \\ x_1 \geqslant 0, x_2 \geqslant 0 \end{cases}$$

（2）$\max z = 5x_1 + 10x_2$

$$\text{s. t.} \begin{cases} 3x_1 + 4x_2 \leqslant 9 \\ 5x_1 + 2x_2 \leqslant 8 \\ x_1 \geqslant 0, x_2 \geqslant 0 \end{cases}$$

二、用单纯形法求解下列线性规划问题.

(1) min $z = -2x_1 - x_2 + 3x_3 - 5x_4$

s.t. $\begin{cases} x_1 + 2x_2 + 4x_3 - x_4 \leqslant 6 \\ 2x_1 + 3x_2 - x_3 + x_4 \leqslant 12 \\ x_1 \quad\quad + x_3 + x_4 \leqslant 4 \\ x_1, x_2, x_3, x_4 \geqslant 0 \end{cases}$

(2) max $z = x_1 - 2x_2 + x_3$

s.t. $\begin{cases} x_1 + x_2 + x_3 \leqslant 12 \\ 2x_1 + x_2 + x_3 \leqslant 6 \\ -x_1 + 3x_2 \quad\quad \leqslant 9 \\ x_1, x_2, x_3 \geqslant 0 \end{cases}$

(3) min $z = 3x_1 - x_2$

s.t. $\begin{cases} -x_1 - 3x_2 \geqslant -3 \\ -2x_1 + 3x_2 \geqslant -3 \\ 2x_1 + x_2 \leqslant 8 \\ 4x_1 - x_2 \leqslant 16 \\ x_1, x_2 \geqslant 0 \end{cases}$

(4) max $z = 3x_1 + 2x_2$

s.t. $\begin{cases} 2x_1 - 3x_2 \leqslant 3 \\ -x_1 + x_2 \leqslant 5 \\ x_1, x_2 \geqslant 0 \end{cases}$

三、分别用单纯形法中的二阶段法和大 $M$ 法求解下列线性规划问题.

(1) min $z = 5x_1 + 21x_2$

s.t. $\begin{cases} x_1 - x_2 + 6x_3 \geqslant 2 \\ x_1 + x_2 + 2x_3 \geqslant 1 \\ x_1, x_2, x_3 \geqslant 0 \end{cases}$

(2) max $z = 2x_1 - x_2 + x_3$

s.t. $\begin{cases} x_1 + x_2 - 2x_3 \leqslant 8 \\ 4x_1 - x_2 + x_3 \leqslant 2 \\ 2x_1 + 3x_2 - x_3 \geqslant 4 \\ x_1, x_2, x_3 \geqslant 0 \end{cases}$

(3) min $z = 9x_1 + 12x_2 + 15x_3$

s.t. $\begin{cases} 2x_1 + 2x_2 + x_3 \geqslant 10 \\ 2x_1 + 3x_2 + x_3 \geqslant 12 \\ x_1 + x_2 + 5x_3 \geqslant 14 \\ x_j \geqslant 0 \ (j=1,2,3) \end{cases}$

(4) min $z = 3x_1 - x_2$

s.t. $\begin{cases} x_1 + 3x_2 \geqslant 3 \\ 2x_1 - 3x_2 \geqslant 6 \\ 2x_1 + x_2 \leqslant 8 \\ -4x_1 + x_2 \geqslant -16 \\ x_1, x_2 \geqslant 0 \end{cases}$

(5) min $z = x_1 + 3x_2 - x_3$

s.t. $\begin{cases} x_1 + x_2 + x_3 \geqslant 3 \\ -x_1 + 2x_2 \quad\quad \geqslant 2 \\ -x_1 + 5x_2 + x_3 \leqslant 4 \\ x_j \geqslant 0 \ (j=1,2,3) \end{cases}$

四、表 2-15 是一个极大化问题的单纯形表，表中无人工变量，并有待定常数. 试说明这些常数分别取何值时，以下结论成立：

(1) 表中的解是唯一最优解；

(2) 表中的解是无穷多最优解中的一个；

(3) 该问题有无界解；

（4）表中解不是最优解，为了改进，进基变量为 $x_1$，出基变量为 $x_6$.

表 2-15

| $c_j$ | | | | | | | | |
|---|---|---|---|---|---|---|---|---|
| $x_B$ | $b$ | $x_1$ | $x_2$ | $x_3$ | $x_4$ | $x_5$ | $x_6$ | |
| $x_3$ | $d$ | 4 | $a_1$ | 1 | 0 | $a_2$ | 0 | |
| $x_4$ | 2 | $-1$ | $-3$ | 0 | 1 | $-1$ | 0 | |
| $x_5$ | 3 | $a_3$ | $-5$ | 0 | 0 | $-4$ | 1 | |
| $\sigma_j$ | | $c_1$ | $c_2$ | 0 | 0 | $-3$ | 0 | |

五、表 2-16 是线性规划问题的单纯形法迭代中某两步的单纯形表，试在表中的空白处填上数字.

表 2-16

| $c_j$ | | 3 | 5 | 4 | 0 | 0 | 0 | |
|---|---|---|---|---|---|---|---|---|
| $x_B$ | $b$ | $x_1$ | $x_2$ | $x_3$ | $x_4$ | $x_5$ | $x_6$ | |
| $x_2$ | 8/3 | 2/3 | 1 | 1 | 1/3 | 0 | 0 | |
| $x_5$ | 14/3 | $-4/3$ | 0 | 5 | $-2/3$ | 1 | 0 | |
| $x_6$ | 29/3 | 5/3 | 0 | 4 | $-2/3$ | 0 | 1 | |
| $\sigma_j$ | | $-1/3$ | 0 | 4 | $-5/3$ | 0 | 0 | |
| $\vdots$ | | | | $\vdots$ | | | | |
| $x_2$ | | | | | 15/41 | 8/41 | $-10/41$ | |
| $x_3$ | | | | | $-6/41$ | 5/41 | 4/41 | |
| $x_1$ | | | | | $-2/41$ | $-12/41$ | 15/41 | |
| $\sigma_j$ | | | | | | | | |

六、表 2-17 为某求极大值线性规划问题的初始单纯形表及迭代后的表，$x_4$，$x_5$ 为松弛变量，试求表中 $a,\cdots,l$ 的值及各变量下标 $m,\cdots,t$ 的值.

表 2-17

| | $x_1$ | $x_2$ | $x_3$ | $x_4$ | $x_5$ | |
|---|---|---|---|---|---|---|
| $x_m$ | $b$ | $c$ | $d$ | 1 | 0 | 6 |
| $x_n$ | $-1$ | 3 | $e$ | 0 | 1 | 1 |
| $\sigma_j$ | $a$ | 1 | $-2$ | 0 | 0 | |
| $x_s$ | $g$ | 2 | $-1$ | 1/2 | 0 | $f$ |
| $x_t$ | $h$ | $i$ | 1 | 1/2 | 1 | 4 |
| $\sigma_j$ | 0 | 7 | $j$ | $k$ | $l$ | |

# 第三章　线性规划的对偶单纯形法

对偶单纯形法（Dual Simplex Method）是线性规划的重要内容，其理论基础是对偶理论（Dual Theorem）. 对于每一个线性规划问题（LP），称为原问题（Primal Problem），总存在与它"对偶"的另一个线性规划问题（DLP），称为对偶问题（Dual Problem）. 内涵一致但从相反角度提出的一对问题互为对偶问题. 例如，可以问当四边形的周长一定时，什么形状的面积最大？答案当然是正方形；也可以这样来问，四边形的面积一定时，什么形状的周长最短？答案同样是正方形. 对偶现象相当普遍，它广泛地存在于数学、物理学、经济学等诸多领域.

每一个线性规划问题都有和它相伴随的另一个问题，一个问题称为原问题，另一个则称为其对偶问题. 原问题与对偶问题有着非常密切的关系，以至于可以根据一个问题的最优解，得出另一个问题最优解的全部信息. 然而，对偶性质远不止是一种奇妙的对应关系，它在理论和实践上都有着广泛的应用.

## §1　对偶问题的数学模型

对偶理论是以对偶问题为基础的. 研究对偶理论，首先必须讨论什么是对偶问题. 对偶问题可以从经济学和数学两个角度提出，本书仅限于从经济学角度提出对偶问题.

### 一、问题的提出

回顾例 1-1. 某工厂计划生产甲、乙两种产品，需要消耗 $A$、$B$、$C$ 三种资源. 生产每件产品对各种资源的消耗量、工厂拥有各种资源的数量及每件产品所能获得的利润如表 3-1 所示、试建立该问题的数学模型，以使计划期内的生产获利最大.

表 3-1

| 资源 | 单位产品资源消耗量 | | 资源拥有量 |
|---|---|---|---|
| | 甲 | 乙 | |
| A | 1 | 2 | 8 |
| B | 4 | 0 | 16 |
| C | 0 | 4 | 12 |
| 单位产品利润 | 2 | 3 | |

设决策变量 $x_1$ 和 $x_2$ 分别表示在计划期内产品甲、乙的产量,则该问题的数学模型为

$$\max z = 2x_1 + 3x_2$$

$$\text{s. t.} \begin{cases} x_1 + 2x_2 \leqslant 8 \\ 4x_1 \qquad \leqslant 16 \\ \qquad 4x_2 \leqslant 12 \\ x_1, x_2 \geqslant 0 \end{cases}$$

第一章中已构造了例 1-1 追求最大利润的数学模型,如上式. 现在从另外一个侧面来反映该问题.

**例 3-1** 构造例 1-1 的对偶问题.

倘若工厂有意放弃甲、乙两种产品的生产,而将其所拥有的资源转让出去;假设有一厂商要购买该工厂的 3 种资源,那么对 3 种资源的报价问题将成为关注的焦点. 设 $y_1, y_2$ 和 $y_3$ 分别代表厂商对资源 $A, B, C$ 的报价,那么站在厂商的立场上,该问题的数学模型又将是什么样子呢? 首先分析一下厂商购买所付出的代价 $w = 8y_1 + 16y_2 + 12y_3$. 自然,作为买方厂商当然是希望价格压得越低越好,因此厂商追求的应是付出代价的最小值,即

$$\min w = 8y_1 + 16y_2 + 12y_3$$

然而,价格能否无限地压低呢? 答案当然是否定的,因为最低报价必须以卖方能够接受为前提,否则报价再低也是没有意义的. 落实到这一问题上就是必须保证企业让出资源的收益不低于自己生产创造的利润,即

$$\begin{cases} y_1 + 4y_2 \geqslant 2 \\ 2y_1 + 4y_3 \geqslant 3 \\ y_1, y_2, y_3 \geqslant 0 \end{cases}$$

至此我们得到了一个完整的线性规划模型:

$$\min w = 8y_1 + 16y_2 + 12y_3$$

$$\text{s. t.} \begin{cases} y_1 + 4y_2 \geqslant 2 \\ 2y_1 + 4y_3 \geqslant 3 \\ y_1, y_2, y_3 \geqslant 0 \end{cases}$$

将站在厂商的立场上建立起来的数学模型同站在工厂立场上所建立的数学模型加以对比，可以发现它们的参数是一一对应的. 也就是说，建立后一个模型并不需要在前一个模型的基础上增加任何补充信息，即后一个线性规划问题是前一个线性规划问题从相反角度所做的阐述；如果前者称为线性规划的原问题，那么后者就称为其对偶问题.

从对偶问题的提出可知，对偶决策变量 $y_i$ 代表对第 $i$ 种资源的估价；这种估价不是资源的市场价格，而是根据资源在生产中的贡献给出的一种价值判断. 为了将该价格与市场价格相区别，称其为影子价格（Shadow Price）.

**二、对称形式的线性规划问题的对偶模型**

我们可以很自然地将上述模型推广到生产 $n$ 种产品、消耗 $m$ 种资源的一般形式. 设线性规划问题 LP 为

$$\max z = c_1 x_1 + c_2 x_2 + \cdots + c_n x_n \tag{3-1a}$$

$$\text{s. t.} \begin{cases} a_{11} x_1 + a_{12} x_2 + \cdots + a_{1n} x_n \leqslant b_1 \\ a_{21} x_1 + a_{22} x_2 + \cdots + a_{2n} x_n \leqslant b_2 \\ \qquad\qquad \cdots\cdots \\ a_{m1} x_1 + a_{m2} x_2 + \cdots + a_{mn} x_n \leqslant b_m \\ x_1 \geqslant 0, x_2 \geqslant 0, \cdots, x_n \geqslant 0 \end{cases} \begin{matrix} \\ \\ (3\text{-}1b) \\ \\ \\ (3\text{-}1c) \end{matrix}$$

式(3-1)称为线性规划问题的对称形式（the Symmetric Form）.

对于给定的具有对称形式的线性规划问题 LP，它的对偶线性规划问题 DLP 为

$$\min w = b_1 y_1 + b_2 y_2 + \cdots + b_m y_m \tag{3-2a}$$

$$\text{s. t.} \begin{cases} a_{11} y_1 + a_{21} y_2 + \cdots + a_{m1} y_m \geqslant c_1 \\ a_{12} y_1 + a_{22} y_2 + \cdots + a_{m2} y_m \geqslant c_2 \\ \qquad\qquad \cdots\cdots \\ a_{1n} y_1 + a_{2n} y_2 + \cdots + a_{mn} y_m \geqslant c_n \\ y_1 \geqslant 0, y_2 \geqslant 0, \cdots, y_m \geqslant 0 \end{cases} \begin{matrix} \\ \\ (3\text{-}2b) \\ \\ \\ (3\text{-}2c) \end{matrix}$$

称问题 DLP 是问题 LP 的对偶问题，同时问题 LP 称为原问题. 问题 LP 与问题 DLP 称为一对对称的对偶规划问题（the Symmetric Dual Programming Problems),或称为对称的原始对偶问题(the Symmetric Primal-dual Problems). 一对对称的对偶规划问题之间的关系可以用表 3-2 表示.

表 3-2

| $\geqslant 0$ | $x_1$ | $x_2$ | $\cdots$ | $x_n$ | $\leqslant$ |
|---|---|---|---|---|---|
| $y_1$ | $a_{11}$ | $a_{12}$ | $\cdots$ | $a_{1n}$ | $b_1$ |
| $y_2$ | $a_{21}$ | $a_{22}$ | $\cdots$ | $a_{2n}$ | $b_2$ |
| $\vdots$ | $\vdots$ | $\vdots$ | | $\vdots$ | $\vdots$ |
| $y_m$ | $a_{m1}$ | $a_{m2}$ | $\cdots$ | $a_{mn}$ | $b_m$ |
| $\geqslant$ | $c_1$ | $c_2$ | $\cdots$ | $c_n$ | min $w$ ＼ max $z$ |

（1）表中第 $i$ 行的数 $a_{ij}$ 与对应的 $x_j(j=1,2,\cdots,n)$ 乘积之和"$\leqslant$"右端的数 $b_i$，这就是原问题(LP)的第 $i$ 个约束条件，最后一行 $c_j$ 与 $x_j(j=1,2,\cdots,n)$ 对应乘积之和就是原问题(LP)的目标函数 $z$.

（2）类似地，表中第 $j$ 列的数 $a_{ij}$ 与对应的 $y_i(i=1,2,\cdots,m)$ 乘积之和"$\geqslant$"下边的数 $c_j$，这就是对偶问题 DLP 的第 $j$ 个约束条件，最后一列 $b_i$ 与 $y_i(i=1,2,\cdots,m)$ 对应乘积之和就是对偶问题 DLP 的目标函数 $w$.

对称的线性规划问题的对偶问题的矩阵形式可表示如下：

设原问题 LP 为

$$\max z = cx$$
$$\text{s. t.} \quad \begin{cases} Ax \leqslant b \\ x \geqslant 0 \end{cases} \tag{3-3}$$

其中 $A=(a_{ij})_{m\times n}$, $x=(x_1,x_2,\cdots,x_n)^{\mathrm{T}}$, $b=(b_1,b_2,\cdots,b_m)^{\mathrm{T}}$, $c=(c_1,c_2,\cdots,c_n)$.

则其对偶问题 DLP 为

$$\min w = yb$$
$$\text{s. t.} \quad \begin{cases} yA \geqslant c \\ y \geqslant 0 \end{cases} \tag{3-4}$$

其中 $y=(y_1,y_2,\cdots,y_m)$.

它们之间的关系可以用表 3-3 表示.

表 3-3

| $\geqslant 0$ | $x$ | $\leqslant$ |
|---|---|---|
| $y$ | $A$ | $b$ |
| $\geqslant$ | $c$ | min $w$ ＼ max $z$ |

**定理 3-1**　（对称性）对偶问题的对偶是原问题.

**证明**    设原问题 LP 为

$$\max z = \boldsymbol{cx}$$

$$\text{s. t.} \begin{cases} \boldsymbol{Ax} \leqslant \boldsymbol{b} \\ \boldsymbol{x} \geqslant \boldsymbol{0} \end{cases}$$

则其对偶问题 DLP 为

$$\min w = \boldsymbol{yb}$$

$$\text{s. t.} \begin{cases} \boldsymbol{yA} \geqslant \boldsymbol{c} \\ \boldsymbol{y} \geqslant \boldsymbol{0} \end{cases}$$

令 $w' = -w$，把对偶问题 DLP 化为对称形式

$$\max w' = -\boldsymbol{yb}$$

$$\text{s. t.} \begin{cases} -\boldsymbol{yA} \leqslant -\boldsymbol{c} \\ \boldsymbol{y} \geqslant \boldsymbol{0} \end{cases}$$

则其对偶问题为

$$\min z' = -\boldsymbol{cx}$$

$$\text{s. t.} \begin{cases} -\boldsymbol{Ax} \geqslant -\boldsymbol{b} \\ \boldsymbol{x} \geqslant \boldsymbol{0} \end{cases}$$

令 $z' = -z$，即为原问题

$$\max z = \boldsymbol{cx}$$

$$\text{s. t.} \begin{cases} \boldsymbol{Ax} \leqslant \boldsymbol{b} \\ \boldsymbol{x} \geqslant \boldsymbol{0} \end{cases}$$

### 三、非对称形式的线性规划问题的对偶模型

对称形式的线性规划问题的对偶模型揭示了原问题与其对偶问题的对应关系,这些对应关系可概括如下:

(1) 原问题目标函数求极大值,对偶问题目标函数求极小值;

(2) 原问题约束条件的数目等于对偶问题决策变量的数目;

(3) 原问题约束条件为小于等于号,对偶问题决策变量大于 0;

(4) 原问题决策变量的数目等于对偶问题约束条件的数目;

(5) 原问题决策变量大于等于 0,对偶问题约束条件为大于等于号;

(6) 原问题的价值系数成为对偶问题的资源系数;

(7) 原问题的资源系数成为对偶问题的价值系数;

(8) 原问题的技术系数矩阵与对偶问题的技术系数矩阵互为转置;

(9) 对偶问题的对偶是原问题.

那么在非对称形式下,原问题与其对偶问题更一般的对应关系是怎样的呢?下面通过两个例子对此问题加以说明.

**例 3-2**　设原问题为

$$\max z = x_1 + 2x_2 + 3x_3$$

$$\text{s.t.} \begin{cases} x_1 + 2x_2 + x_3 \leqslant 4 \\ x_1 - 2x_2 + 3x_3 \geqslant 5 \\ x_1 + 2x_2 - 3x_3 = 6 \\ x_1, x_2, x_3 \geqslant 0 \end{cases}$$

给出此线性规划问题的对偶问题.

**解**　首先将其转化成对称形式.

（1）将第二个不等式两边同乘以 $-1$，可得

$$-x_1 + 2x_2 - 3x_3 \leqslant -5$$

（2）将第三个等式表示成等价的两个不等式，可得

$$\begin{cases} x_1 + 2x_2 - 3x_3 \leqslant 6 \\ x_1 + 2x_2 - 3x_3 \geqslant 6 \end{cases}$$

（3）将 $x_1 + 2x_2 - 3x_3 \geqslant 6$ 两边同乘以 $-1$，可得

$$-x_1 - 2x_2 + 3x_3 \leqslant -6$$

于是原问题的对称形式为

$$\max z = x_1 + 2x_2 + 3x_3$$

$$\text{s.t.} \begin{cases} x_1 + 2x_2 + x_3 \leqslant 4 \\ -x_1 + 2x_2 - 3x_3 \leqslant -5 \\ x_1 + 2x_2 - 3x_3 \leqslant 6 \\ -x_1 - 2x_2 + 3x_3 \leqslant -6 \\ x_1, x_2, x_3 \geqslant 0 \end{cases}$$

利用上述对称形式的原问题与其对偶问题的对应关系，可写出其对偶问题：

$$\min w = 4z_1 - 5z_2 + 6z_3 - 6z_4$$

$$\text{s.t.} \begin{cases} z_1 - z_2 + z_3 - z_4 \geqslant 1 \\ z_1 + 2z_2 + 2z_3 - 2z_4 \geqslant 2 \\ z_1 - 3z_2 - 3z_3 + 3z_4 \geqslant 3 \\ z_1, z_2, z_3, z_4 \geqslant 0 \end{cases}$$

令 $y_1 = z_1, y_2 = -z_2, y_3 = z_3 - z_4$，有

$$\min w = 4y_1 + 5y_2 + 6y_3$$

$$\text{s.t.} \begin{cases} y_1 + y_2 + y_3 \geqslant 1 \\ y_1 - 2y_2 + 2y_3 \geqslant 2 \\ y_1 + 3y_2 - 3y_3 \geqslant 3 \\ y_1 \geqslant 0, y_2 \leqslant 0, y_3 \text{无约束} \end{cases}$$

**例 3-3** 给出下述线性规划问题的对偶问题.

$$\max z = x_1 + 2x_2 + 3x_3$$

$$\text{s. t.} \begin{cases} x_1 + x_2 + x_3 \leqslant 4 \\ x_1 - 2x_2 + 3x_3 \leqslant 5 \\ x_1 + 2x_2 - 3x_3 \leqslant 6 \\ x_1 \geqslant 0, x_2 \leqslant 0, x_3 \text{ 无约束} \end{cases}$$

**解** 首先将其转化成对称形式

令 $x_1 = z_1, x_2 = -z_2, x_3 = z_3 - z_4 (z_3 \geqslant 0, z_4 \geqslant 0)$,有

$$\max w = z_1 - 2z_2 + 3z_3 - 3z_4$$

$$\text{s. t.} \begin{cases} z_1 - z_2 + z_3 - z_4 \leqslant 4 \\ z_1 + 2z_2 + 3z_3 - 3z_4 \leqslant 5 \\ z_1 - 2z_2 - 3z_3 + 3z_4 \leqslant 6 \\ z_1, z_2, z_3, z_4 \geqslant 0 \end{cases}$$

利用对称形式的对偶关系,可写出其对偶问题:

$$\min w = 4y_1 + 5y_2 + 6y_3$$

$$\text{s. t.} \begin{cases} y_1 + y_2 + y_3 \geqslant 1 \\ -y_1 + 2y_2 - 2y_3 \geqslant -2 \\ y_1 + 3y_2 - 3y_3 \geqslant 3 \\ -y_1 - 3y_2 + 3y_3 \geqslant -3 \\ y_1 \geqslant 0, y_2 \geqslant 0, y_3 \geqslant 0 \end{cases}$$

将第二个不等式两边同乘以 $-1$ 得

$$y_1 - 2y_2 + 2y_3 \leqslant 2$$

将第三个和第四个不等式合并成等价的约束:

$$y_1 + 3y_2 - 3y_3 = 3$$

于是原问题的对偶问题为

$$\min w = 4y_1 + 5y_2 + 6y_3$$

$$\text{s. t.} \begin{cases} y_1 + y_2 + y_3 \geqslant 1 \\ y_1 - 2y_2 + 2y_3 \leqslant 2 \\ y_1 + 3y_2 - 3y_3 = 3 \\ y_1, y_2, y_3 \geqslant 0 \end{cases}$$

对一般的非对称形式的线性规划问题,讨论其对偶模型.

1. 标准形式的线性规划的对偶问题

设标准形式原问题 LP1 为

$$\max z = cx$$

$$\text{s. t.} \begin{cases} Ax = b \\ x \geqslant 0 \end{cases}$$

化为对称形式为

$$\max z = cx$$

$$\text{s. t.} \begin{cases} Ax \leqslant b \\ -Ax \leqslant -b \\ x \geqslant 0 \end{cases}$$

则其对偶问题为

$$\min w = y^1 b - y^2 b$$

$$\text{s. t.} \begin{cases} y^1 A - y^2 A \geqslant c \\ y^1 \geqslant 0, y^2 \geqslant 0 \end{cases}$$

记 $y = y^1 - y^2$，则 $y$ 无约束，即得到 LP1 的对偶问题 DLP1：

$$\min w = yb$$

$$\text{s. t.} \begin{cases} yA \geqslant c \\ y \text{ 无约束} \end{cases}$$

原问题 LP1 与对偶问题 DLP1 称为非对称形式的对偶规划（the Unsymmetric Dual Programming）.

2. 一般形式的线性规划的对偶问题

设原问题 LP2 为

$$\max z = c^1 x^1 + c^2 x^2$$

$$\text{s. t.} \begin{cases} A_{11} x^1 + A_{12} x^2 \leqslant b^1 \\ A_{21} x^1 + A_{22} x^2 = b^2 \\ x^1 \geqslant 0, x^2 \text{ 无约束} \end{cases}$$

其中 $A_{ij}$ 是 $m_i \times n_j$ 矩阵，$b^1, b^2$ 分别是 $m_1, m_2$ 维列向量，$c^1, c^2$ 分别是 $n_1, n_2$ 维行向量，$x^1, x^2$ 分别是 $n_1, n_2$ 维列向量.

记 $x^2 = x^{21} - x^{22}, x^{21} \geqslant 0, x^{22} \geqslant 0$，问题 LP2 化为对称形式

$$\max z = c^1 x^1 + c^2 x^{21} - c^2 x^{22}$$

$$\text{s. t.} \begin{cases} A_{11} x^1 + A_{12} x^{21} - A_{12} x^{22} \leqslant b^1 \\ A_{21} x^1 + A_{22} x^{21} - A_{22} x^{22} \leqslant b^2 \\ -A_{21} x^1 - A_{22} x^{21} + A_{22} x^{22} \leqslant -b^2 \\ x^1 \geqslant 0, x^{21} \geqslant 0, x^{22} \geqslant 0 \end{cases}$$

则其对偶问题为

$$\min w = \boldsymbol{y}^1 \boldsymbol{b}^1 + \boldsymbol{y}^{21} \boldsymbol{b}^2 - \boldsymbol{y}^{22} \boldsymbol{b}^2$$

$$\text{s. t.} \begin{cases} \boldsymbol{y}^1 \boldsymbol{A}_{11} + \quad \boldsymbol{y}^{21} \boldsymbol{A}_{21} - \boldsymbol{y}^{22} \boldsymbol{A}_{21} \geqslant \boldsymbol{c}^1 \\ \boldsymbol{y}^1 \boldsymbol{A}_{12} + \quad \boldsymbol{y}^{21} \boldsymbol{A}_{22} - \boldsymbol{y}^{22} \boldsymbol{A}_{22} \leqslant \boldsymbol{c}^2 \\ - \boldsymbol{y}^1 \boldsymbol{A}_{12} - \boldsymbol{A} \boldsymbol{y}^{21} \boldsymbol{A}_{22} + \boldsymbol{y}^{22} \boldsymbol{A}_{22} \leqslant - \boldsymbol{c}^2 \\ \boldsymbol{y}^1 \geqslant \boldsymbol{0}, \boldsymbol{y}^{21} \geqslant \boldsymbol{0}, \boldsymbol{y}^{22} \geqslant \boldsymbol{0} \end{cases}$$

记 $\boldsymbol{y}^2 = \boldsymbol{y}^{21} - \boldsymbol{y}^{22}$，即得到 LP2 的对偶问题 DLP2：

$$\min w = \boldsymbol{y}^1 \boldsymbol{b}^1 + \boldsymbol{y}^2 \boldsymbol{b}^2$$

$$\text{s. t.} \begin{cases} \boldsymbol{y}^1 \boldsymbol{A}_{11} + \boldsymbol{y}^2 \boldsymbol{A}_{21} \geqslant \boldsymbol{c}^1 \\ \boldsymbol{y}^1 \boldsymbol{A}_{12} + \boldsymbol{y}^2 \boldsymbol{A}_{22} = \boldsymbol{c}^2 \\ \boldsymbol{y}^1 \geqslant \boldsymbol{0}, \boldsymbol{y}^2 \ \text{无约束} \end{cases}$$

原问题 LP2 与对偶问题 DLP2 称为混合形式的对偶规划.

可以验证，一般的线性规划的原问题与对偶问题的对应关系有如下特点：

（1）若原问题目标函数求最大值（最小值），则对偶问题目标函数求最小值（最大值）；

（2）原问题的资源系数 $\boldsymbol{b}$ 是对偶问题的价值系数，原问题的价值系数 $\boldsymbol{c}$ 是对偶问题的资源系数；

（3）原问题的约束条件对应对偶问题的变量，原问题的变量对应对偶问题的约束条件；

（4）原问题约束方程不等号的方向决定对偶问题变量的符号，原问题变量的符号决定对偶问题约束方程不等号的方向.

原问题和对偶问题的关系具体归纳为表 3-4，这些对应关系同样具有普遍意义.

表 3-4

| 原问题（对偶问题） | | | 对偶问题（原问题） | |
|---|---|---|---|---|
| 目标函数 max $z$ | | | 目标函数 min $w$ | |
| 约束方程 | $m$ 个 | | $m$ 个 | 变量 |
| | $\leqslant$ | | $\geqslant 0$ | |
| | $\geqslant$ | | $\leqslant 0$ | |
| | $=$ | | 无约束 | |
| 变量 | $n$ 个 | | $n$ 个 | 约束方程 |
| | $\geqslant 0$ | | $\geqslant$ | |
| | $\leqslant 0$ | | $\leqslant$ | |
| | 无约束 | | $=$ | |
| 约束条件右端项 $\boldsymbol{b}$ | | | 目标函数价值系数 $\boldsymbol{b}$ | |
| 目标函数价值系数 $\boldsymbol{c}$ | | | 约束条件右端项 $\boldsymbol{c}$ | |
| 约束条件系数矩阵 $\boldsymbol{A}$ | | | 约束条件系数矩阵 $\boldsymbol{A}^{\mathrm{T}}$ | |

**例 3-4**　按对偶关系表直接写出例 3-2 的对偶问题.

$$\max z = x_1 + 2x_2 + 3x_3$$

$$\text{s. t.} \begin{cases} x_1 + 2x_2 + x_3 \leqslant 4 \\ x_1 - 2x_2 + 3x_3 \geqslant 5 \\ x_1 + 2x_2 - 3x_3 = 6 \\ x_1, x_2, x_3 \geqslant 0 \end{cases}$$

**解**　由对偶关系表,对偶问题为

$$\min w = 4y_1 + 5y_2 + 6y_3$$

$$\text{s. t.} \begin{cases} y_1 + y_2 + y_3 \geqslant 1 \\ 2y_1 - 2y_2 + 2y_3 \geqslant 2 \\ y_1 + 3y_2 - 3y_3 \geqslant 3 \\ y_1 \geqslant 0, y_1 \leqslant 0, y_3 \text{ 无约束} \end{cases}$$

**例 3-5**　按对偶关系表直接写出例 3-3 的对偶问题.

$$\max z = x_1 + 2x_2 + 3x_3$$

$$\text{s. t.} \begin{cases} x_1 + x_2 + x_3 \leqslant 4 \\ x_1 - 2x_2 + 3x_3 \leqslant 5 \\ x_1 + 2x_2 - 3x_3 \leqslant 6 \\ x_1 \geqslant 0, x_2 \leqslant 0, x_3 \text{ 无约束} \end{cases}$$

**解**　由对偶关系表,对偶问题为

$$\min w = 4y_1 + 5y_2 + 6y_3$$

$$\text{s. t.} \begin{cases} y_1 + y_2 + y_3 \geqslant 1 \\ y_1 - 2y_2 + 2y_3 \leqslant 2 \\ y_1 + 3y_2 - 3y_3 = 3 \\ y_1, y_2, y_3 \geqslant 0 \end{cases}$$

**例 3-6**　按对偶关系表写出下述线性规划问题的对偶问题.

$$\min z = 2x_1 - 3x_2 - 5x_3 + x_4$$

$$\text{s. t.} \begin{cases} x_1 + x_2 - 3x_3 + x_4 = 5 \\ 2x_1 + 2x_3 - x_4 \leqslant 4 \\ x_2 + x_3 + x_4 \geqslant 6 \\ x_1 \leqslant 0, x_2 \geqslant 0, x_3 \text{ 无约束}, x_4 \geqslant 0 \end{cases}$$

**解**　由对偶关系表,对偶问题为

$$\max z = 5y_1 + 4y_2 + 6y_3$$

$$\text{s. t.} \begin{cases} y_1 + 2y_2 \geqslant 2 \\ y_1 + y_3 \leqslant -3 \\ -3y_1 + 2y_2 + y_3 = -5 \\ y_1 - y_2 + y_3 \leqslant 1 \\ y_1 \text{ 无约束}, y_2 \leqslant 0, y_3 \geqslant 0 \end{cases}$$

## §2  对偶理论

为了表述方便，我们仅讨论对称形式的线性规划对偶模型.

给定一对线性规划对偶模型，原问题 LP：

$$\max z = \boldsymbol{c}\boldsymbol{x}$$

$$\text{s. t.} \begin{cases} \boldsymbol{A}\boldsymbol{x} \leqslant \boldsymbol{b} \\ \boldsymbol{x} \geqslant \boldsymbol{0} \end{cases} \tag{3-3}$$

对偶问题 DLP：

$$\min w = \boldsymbol{y}\boldsymbol{b}$$

$$\text{s. t.} \begin{cases} \boldsymbol{y}\boldsymbol{A} \geqslant \boldsymbol{c} \\ \boldsymbol{y} \geqslant \boldsymbol{0} \end{cases} \tag{3-4}$$

**定理 3-2**  （弱对偶性）设 $\boldsymbol{x}^0$ 是原问题 LP 的可行解，$\boldsymbol{y}^0$ 是对偶问题 DLP 的可行解，则

$$\boldsymbol{c}\boldsymbol{x}^0 \leqslant \boldsymbol{y}^0 \boldsymbol{b}$$

**证明**  由于 $\boldsymbol{x}^0, \boldsymbol{y}^0$ 分别是原问题 LP 与对偶问题 DLP 的可行解，所以

$$\boldsymbol{c}\boldsymbol{x}^0 \leqslant \boldsymbol{y}^0 \boldsymbol{A}\boldsymbol{x}^0 \leqslant \boldsymbol{y}^0 \boldsymbol{b}$$

**推论**  （1）若原问题 LP 有无界解，则对偶问题 DLP 无可行解.

（2）若对偶问题 DLP 有无界解，则原问题 LP 无可行解.

**证明**  由定理 3-1 知，（1）成立，则（2）成立，所以只需证（1）.

（反证法）若原问题 LP 有无界解，而对偶问题 DLP 有可行解 $\boldsymbol{y}^0$，根据定理 3-2，对原问题 LP 的任何可行解 $\boldsymbol{x}$，有 $\boldsymbol{c}\boldsymbol{x} \leqslant \boldsymbol{y}^0 \boldsymbol{b}$，这与原问题 LP 的目标函数无上界矛盾.

注：这个推论的逆不一定成立. 即一对对偶问题中有一个无可行解，不能判定另一个有无界解.

**例 3-7**  设原问题 LP：

$$\max z = x_1 + x_2 + x_3$$

$$\text{s. t.} \begin{cases} x_1 - x_2 + x_3 \leqslant 2 \\ x_3 \leqslant -6 \\ x_1, x_2, x_3 \geqslant 0 \end{cases}$$

则其对偶问题 DLP 为

$$\min\ w = 2y_1 - 6y_2$$

$$\text{s. t.} \begin{cases} y_1 & \geqslant 1 \\ -y_1 & \geqslant 1 \\ y_1 + y_2 & \geqslant 1 \\ y_1 \geqslant 0, y_2 \geqslant 0 \end{cases}$$

上面原问题 LP 无可行解,而对偶问题 DLP 并没有无界解,而是无可行解.

**定理 3-3**　设 $\boldsymbol{x}^0, \boldsymbol{y}^0$ 分别是原问题 LP 与其对偶问题 DLP 的可行解,且满足 $\boldsymbol{c}\boldsymbol{x}^0 = \boldsymbol{y}^0\boldsymbol{b}$,则 $\boldsymbol{x}^0, \boldsymbol{y}^0$ 分别是原问题 LP 与对偶问题 DLP 的最优解.

**证明**　设 $\boldsymbol{x}, \boldsymbol{y}$ 分别为原问题 LP 与对偶问题 DLP 的任意可行解,则

$$\boldsymbol{c}\boldsymbol{x} \leqslant \boldsymbol{y}^0\boldsymbol{b} = \boldsymbol{c}\boldsymbol{x}^0$$

$$\boldsymbol{y}\boldsymbol{b} \geqslant \boldsymbol{c}\boldsymbol{x}^0 = \boldsymbol{y}^0\boldsymbol{b}$$

所以 $\boldsymbol{x}^0, \boldsymbol{y}^0$ 分别是原问题 LP 与对偶问题 DLP 的最优解.

**定理 3-4**　原问题 LP 与对偶问题 DLP 都有最优解的充要条件是它们都存在可行解.

**证明**　必要性显然成立. 下证充分性:

若原问题 LP 与对偶问题 DLP 的存在可行解,则设 $\boldsymbol{x}^0, \boldsymbol{y}^0$ 分别是原问题 LP 与对偶问题 DLP 的一个可行解.

(1) 对原问题 LP 的任意可行解 $\boldsymbol{x}$,由定理 3-2 知, $\boldsymbol{c}\boldsymbol{x} \leqslant \boldsymbol{y}^0\boldsymbol{b}$,即原问题 LP 的目标函数 $\boldsymbol{c}\boldsymbol{x}$ 在其可行域上有上界 $\boldsymbol{y}^0\boldsymbol{b}$,所以一定有最优解.

(2) 对对偶问题 DLP 的任意可行解 $\boldsymbol{y}$,由定理 3-2 知, $\boldsymbol{y}\boldsymbol{b} \geqslant \boldsymbol{c}\boldsymbol{x}^0$,即对偶问题 DLP 的目标函数 $\boldsymbol{y}\boldsymbol{b}$ 在其可行域上有下界 $\boldsymbol{c}\boldsymbol{x}^0$,所以一定有最优解.

**定理 3-5**　(强对偶定理)设原问题 LP 与对偶问题 DLP 中有一个存在最优解,则另一个也一定存在最优解,且它们的最优解相等.

**证明**　设原问题 LP 有最优解,不妨设 $\boldsymbol{b} \geqslant \boldsymbol{0}$,引入松弛变量 $\boldsymbol{x}_s$ 化为标准型

$$\max\ z = \boldsymbol{c}\boldsymbol{x}$$

$$\text{s. t.} \begin{cases} \boldsymbol{A}\boldsymbol{x} + \boldsymbol{x}_s = \boldsymbol{b} \\ \boldsymbol{x}, \boldsymbol{x}_s \geqslant \boldsymbol{0} \end{cases}$$

记 $(\boldsymbol{A}, \boldsymbol{E}) = \overline{\boldsymbol{A}}, (\boldsymbol{c}, \boldsymbol{0}) = \overline{\boldsymbol{c}}, \begin{pmatrix} \boldsymbol{x} \\ \boldsymbol{x}_s \end{pmatrix} = \overline{\boldsymbol{x}}$. 利用单纯形法求解原问题 LP,求得一个最优基可行解 $\overline{\boldsymbol{x}}^0$,其对应的基阵为 $\boldsymbol{B}$,对应的基变量为 $x_{j_1}, x_{j_2}, \cdots, x_{j_t}, x_{s_1}, \cdots, x_{s_r}$ ($t + r = m$). 选取 $\overline{\boldsymbol{c}}$ 中的对应系数 $c_{j_1}, c_{j_2}, \cdots, c_{j_t}, 0, \cdots, 0$ 组成向量 $\overline{\boldsymbol{c}}_B$.

记 $\boldsymbol{y}^0 = \overline{\boldsymbol{c}}_B \boldsymbol{B}^{-1}$,下面证明 $\boldsymbol{y}^0$ 就是对偶问题 DLP 的最优解.

由于 $\overline{\boldsymbol{x}}^0$ 是原问题 LP 的一个最优基可行解 $\overline{\boldsymbol{x}}^0$,故它的所有检验数都非负,即若 $x_j$ 是非基变量,则

$$\bar{c}_j - \bar{c}_B B^{-1} p_j \leqslant 0$$

若 $x_j$ 是基变量，则

$$\bar{c}_j - \bar{c}_B B^{-1} p_j = 0$$

于是

$$\bar{c} - \bar{c}_B B^{-1} \bar{A} \leqslant 0$$

即

$$y^0 \bar{A} \geqslant \bar{c}$$

或

$$y^0 (A, E) \geqslant (c, 0)$$

于是

$$\begin{cases} y^0 A \geqslant c \\ y^0 \geqslant 0 \end{cases}$$

这表明 $y^0 = \bar{c}_B B^{-1}$ 是对偶问题 DLP 的可行解.

又因为去掉 $\bar{x}^0$ 中的松弛变量，得到的 $x^0$ 显然是原问题 LP 的最优解，且

$$y^0 b = \bar{c}_B B^{-1} b = \bar{c}\,\bar{x}^0 = c x^0$$

由定理 3-3 知，$y^0$ 是对偶问题 DLP 的最优解.

类似可证明，如果对偶问题 DLP 有最优解，则原问题 LP 也有最优解.

注：证明过程中构造的 $y^0 = \bar{c}_B B^{-1}$ 也称为线性规划问题的单纯形算子（the Simplex Method Operator），它在经济学中也被称为影子价格（Shadow Price）. 这个单纯形算子可以在单纯形表上找到，它是松弛变量 $x_s$ 的检验数的相反数，即当松弛变量 $x_{n+i}$ 是非基变量时，$y_i^0 = -\sigma_{n+i}$；当 $x_{n+i}$ 是基变量时，$y_i^0 = 0$.

如果原问题 LP 式(3-3)和对偶问题 DLP 式(3-4)分别引入松弛变量 $x_s$，$y_s$，则化为以下形式.

原问题 LP3：

$$\max z = cx$$
$$\text{s. t.} \begin{cases} Ax + x_s = b \\ x \geqslant 0, x_s \geqslant 0 \end{cases} \tag{3-5}$$

对偶问题 DLP3：

$$\min w = yb$$
$$\text{s. t.} \begin{cases} yA - y_s = c \\ y \geqslant 0, y_s \geqslant 0 \end{cases} \tag{3-6}$$

**推论** 原问题 LP3 的单纯形表的检验数行对应于对偶问题 DLP3 的一个基解，其对应关系见表 3-5.

表 3-5

| $x_B$ | $x_N$ | $x_s$ |
|---|---|---|
| 0 | $c_N-c_BB^{-1}N$ | $-c_BB^{-1}$ |
| $y_{s1}$ | $-y_{s2}$ | $-y$ |

**证明** 设 $B$ 是原问题 LP3 的一个可行基,不妨设 $A=(B,N)$,原问题 LP3 改写为

$$\max z=c_Bx_B+c_Nx_N$$
$$\text{s. t.}\begin{cases}Bx_B+Nx_N+x_s=b\\x_B\geq0,x_N\geq0,x_s\geq0\end{cases}$$

相应地对偶问题 DLP3 改写成

$$\min w=yb$$
$$\text{s. t.}\begin{cases}yB-y_{s1}=c_B\\yN-y_{s2}=c_N\\y\geq0,y_{s1}\geq0,y_{s2}\geq0\end{cases}$$

其中 $y_s=(y_{s1},y_{s2})$.

记 $x^0=(B^{-1}b,0,0)^T$ 表示原问题 LP3 的一个基可行解,其相应的检验数为

$$\sigma_B=0,\sigma_N=c_N-c_BB^{-1}N,\sigma_s=-c_BB^{-1}$$

令 $y=-c_BB^{-1}$,代入对偶问题 DLP3 的上述变形中,得

$$y_{s1}=0,-y_{s1}=\sigma_N-c_BB^{-1}N$$

注:(1) 若 $x^0=(B^{-1}b,0,0)^T$ 是原问题 LP3 的最优解时,其相应的检验数的相反数也是对偶问题 DLP3 的最优解.

(2) 一对对偶线性规划问题的解只可能出现下列 3 种情形:

① 原问题和对偶问题都有最优解;

② 原问题和对偶问题都没有可行解;

③ 原问题和对偶问题中,一个有可行解,另一个没有可行解,且它们都没有最优解.

对于一个线性规划问题有最优解时,如何找其对偶问题的最优解,除利用单纯形表之外,还可以利用互补松弛定理.

对于原问题 LP 与对偶问题 DLP,可以在其各自的 $m+n$ 个约束条件中建立对偶关系:

$$a_{i1}x_1+a_{i2}x_2+\cdots+a_{in}x_n\leq b_i \text{ 与 } y_i\geq0 \quad (i=1,2,\cdots,m) \tag{3-7}$$

$$x_j\geq0 \text{ 与 } a_{1j}y_1+a_{2j}y_2+\cdots+a_{mj}y_m\geq c_j \quad (j=1,2,\cdots,n) \tag{3-8}$$

式(3-7)和式(3-8)分别称为一对对偶约束.

如果每个最优解都可使得某个约束条件取等号,则称该约束条件是紧约束,

否则称该约束条件为松约束.

为表述方便，将系数矩阵 $\boldsymbol{A}$ 分块，设 $\boldsymbol{p}_1,\boldsymbol{p}_2,\cdots,\boldsymbol{p}_n$ 为 $\boldsymbol{A}$ 的列向量组，$\boldsymbol{A}_1,\boldsymbol{A}_2,\cdots,$ $\boldsymbol{A}_m$ 为 $\boldsymbol{A}$ 的行向量组. 对偶线性规划问题(3-3)与(3-4)可写成以下形式.

原问题 LP4：

$$\max z = \boldsymbol{cx}$$
$$\text{s. t.} \begin{cases} \boldsymbol{A}_i \boldsymbol{x} \leqslant b_i & (i=1,2,\cdots,m) \\ \boldsymbol{x} \geqslant \boldsymbol{0} \end{cases} \tag{3-9}$$

对偶问题 DLP4：

$$\min w = \boldsymbol{yb}$$
$$\text{s. t.} \begin{cases} \boldsymbol{y}\boldsymbol{p}_j \geqslant c_j & (j=1,2,\cdots,n) \\ \boldsymbol{y} \geqslant \boldsymbol{0} \end{cases} \tag{3-10}$$

**定理 3-6** （互补松弛定理）设 $\boldsymbol{x}^0,\boldsymbol{y}^0$ 分别是原问题 LP4 与对偶问题 DLP4 的可行解，则 $\boldsymbol{x}^0,\boldsymbol{y}^0$ 都是最优解的充分必要条件是

(1) 当 $\boldsymbol{A}_i\boldsymbol{x}^0 < b_i$ 时，有 $y_i^0 = 0$；

(2) 当 $\boldsymbol{y}^0\boldsymbol{p}_j > c_j$ 时，有 $x_j^0 = 0$.

**证明** 设 $\boldsymbol{x}^0,\boldsymbol{y}^0$ 分别是原问题 LP4 与对偶问题 DLP4 的可行解.

先证充分性.

$$\boldsymbol{A}_i\boldsymbol{x}^0 < b_i \Rightarrow y_i^0 = 0, \text{则 } \boldsymbol{cx}^0 = \sum_{j=1}^{n} c_j x_j^0 = \sum_{j=1}^{n} \boldsymbol{y}^0 \boldsymbol{p}_j x_j^0 = \sum_{j=1}^{n} \sum_{i=1}^{m} a_{ij} y_i^0 x_j^0$$

$$\boldsymbol{y}^0\boldsymbol{p}_j > c_j \Rightarrow x_j^0 = 0, \text{则 } \boldsymbol{y}^0 \boldsymbol{b} = \sum_{i=1}^{m} y_i^0 b_i = \sum_{i=1}^{m} y_i^0 \boldsymbol{A}_i \boldsymbol{x}^0 = \sum_{i=1}^{m} \sum_{j=1}^{n} a_{ij} y_i^0 x_j^0$$

所以 $\boldsymbol{cx}^0 = \boldsymbol{y}^0 \boldsymbol{b}$，由定理 3-3 知，$\boldsymbol{x}^0,\boldsymbol{y}^0$ 都是最优解.

再证必要性.

因为 $\boldsymbol{x}^0,\boldsymbol{y}^0$ 都是可行解，所以

$$\boldsymbol{y}^0\boldsymbol{A}\boldsymbol{x}^0 = \sum_{j=1}^{n} (\boldsymbol{y}^0 \boldsymbol{p}_j) x_j^0 \geqslant \sum_{j=1}^{n} c_j x_j^0 = \boldsymbol{cx}^0$$

$$\boldsymbol{y}^0\boldsymbol{A}\boldsymbol{x}^0 = \sum_{i=1}^{m} y_i^0 (\boldsymbol{A}_i \boldsymbol{x}^0) \leqslant \sum_{i=1}^{m} y_i^0 b_i = \boldsymbol{y}^0 \boldsymbol{b}$$

又因为 $\boldsymbol{x}^0,\boldsymbol{y}^0$ 都是最优解，所以

$$\boldsymbol{cx}^0 = \boldsymbol{y}^0 \boldsymbol{b}$$

即

$$\boldsymbol{y}^0\boldsymbol{A}\boldsymbol{x}^0 = \sum_{j=1}^{n} (\boldsymbol{y}^0 \boldsymbol{p}_j) x_j^0 \geqslant \sum_{j=1}^{n} c_j x_j^0 = \boldsymbol{cx}^0 = \boldsymbol{y}^0 \boldsymbol{b} = \sum_{i=1}^{m} y_i^0 b_i$$

$$\geqslant \sum_{i=1}^{m} y_i^0 (\boldsymbol{A}_i \boldsymbol{x}^0) = \boldsymbol{y}^0 \boldsymbol{A} \boldsymbol{x}^0$$

于是

$$\sum_{j=1}^{n}(\boldsymbol{y}^0\boldsymbol{p}_j)x_j^0 = \sum_{j=1}^{n}c_jx_j^0 = \sum_{i=1}^{m}y_i^0b_i = \sum_{i=1}^{m}y_i^0(\boldsymbol{A}_i\boldsymbol{x}^0)$$

下面用反证法证明.

（1）假设存在某个 $i_0$，使得当 $\boldsymbol{A}_{i_0}\boldsymbol{x}^0 < b_{i_0}$ 时，有 $y_{i_0}^0 > 0$，则

$$\sum_{i=1}^{m}y_i^0(\boldsymbol{A}_i\boldsymbol{x}^0) < \sum_{i=1}^{m}y_i^0b_i$$

矛盾，所以当 $\boldsymbol{A}_i\boldsymbol{x}^0 < b_i$ 时，有 $y_i^0 = 0$；

（2）假设存在某个 $j_0$，使得当 $\boldsymbol{y}^0\boldsymbol{p}_{j_0} > c_{i_0}$ 时，有 $x_{i_0}^0 > 0$，则

$$\sum_{j=1}^{n}(\boldsymbol{y}^0\boldsymbol{p}_j)x_j^0 > \sum_{j=1}^{n}c_jx_j^0$$

矛盾，所以当 $\boldsymbol{A}_i\boldsymbol{x}^0 < b_i$ 时，有 $y_i^0 = 0$.

注：互补松弛定理说明，如果对偶规划有最优解，则松约束的对偶约束是紧的. 也就是说如果对应某一约束条件的对偶变量取值为非零，则该约束条件取严格的等式；反之，如果约束条件取严格的不等式，则其对应的对偶变量为零.

**例 3-8**　已知线性规划问题：

$$\max z = 2x_1 + 4x_2 + x_3 + x_4$$

$$\text{s. t.}\begin{cases} x_1 + 3x_2 \quad\ + x_4 \leqslant 8 \\ 2x_1 + \ x_2 \qquad\qquad \leqslant 6 \\ \quad\qquad x_2 + x_3 + x_4 \leqslant 6 \\ x_1 + \ x_2 + x_3 \qquad \leqslant 9 \\ x_1, x_2, x_3, x_4 \geqslant 0 \end{cases}$$

的最优解为 $\boldsymbol{x}^* = (2, 2, 4, 0)^{\mathrm{T}}$，根据对偶理论，直接求出对偶问题的最优解.

**解**　写出对偶问题

$$\min w = 8y_1 + 6y_2 + 6y_3 + 9y_4$$

$$\text{s. t.}\begin{cases} y_1 + 2y_2 \qquad\ + y_4 \geqslant 2 \\ 3y_1 + \ y_2 + y_3 + y_4 \geqslant 4 \\ \qquad\qquad\quad y_3 + y_4 \geqslant 1 \\ y_1 \qquad\ + y_3 \qquad \geqslant 1 \\ y_1, y_2, y_3, y_4 \geqslant 0 \end{cases}$$

由强对偶定理可知，对偶问题的最优值为

$$8y_1 + 6y_2 + 6y_3 + 9y_3 = 2 \times 2 + 4 \times 2 + 4 \qquad\qquad ①$$

将 $\boldsymbol{x}^* = (2, 2, 4, 0)^{\mathrm{T}}$ 代入原问题约束条件，得

$$\begin{cases} 2+3\times 2+0=8 \\ 2\times 2+2=6 \\ 2+4+0=6 \\ 2+2+4<9 \\ x_1=2>0 \\ x_2=2>0 \\ x_3=4>0 \\ x_4=0 \end{cases}$$

由于严格不等式有 $x_1+x_2+x_3<9$ 及 $x_1>0,x_2>0,x_3>0$，由互补松弛条件，相应对偶问题的约束条件有：

$$y_4=0 \qquad\qquad\qquad ②$$
$$y_1+2y_2+y_4=2 \qquad\qquad ③$$
$$3y_1+y_2+y_3+y_4=4 \qquad\qquad ④$$
$$y_3+y_4=1 \qquad\qquad\qquad ⑤$$

解由①～⑤组成的线性方程组，得对偶问题的最优解为

$$y_1=\frac{4}{5},y_2=\frac{3}{5},y_3=1,y_4=0$$

## §3  对偶单纯形法

### 一、对偶单纯形法的基本思想

设一个线性规划原问题 LP5：

$$\max z=\boldsymbol{cx}$$
$$\text{s. t.} \begin{cases} \boldsymbol{Ax}=\boldsymbol{b} \\ \boldsymbol{x}\geqslant\boldsymbol{0} \end{cases} \qquad\qquad (3\text{-}11)$$

则其对偶问题 DLP5：

$$\min w=\boldsymbol{yb}$$
$$\text{s. t.} \begin{cases} \boldsymbol{yA}\geqslant\boldsymbol{c} \\ \boldsymbol{y}\ \text{无约束} \end{cases} \qquad\qquad (3\text{-}12)$$

由对偶理论，有

（1）原问题 LP5 的一个基解 $\boldsymbol{x}^0$ 和相应基阵 $\boldsymbol{B}$，对应对偶问题 DLP5 的一个基解 $\boldsymbol{y}^0=\boldsymbol{c}_B\boldsymbol{B}^{-1}$；

（2）$\boldsymbol{x}^0$ 的检验数全部非正与 $\boldsymbol{y}^0$ 是对偶问题 DLP5 的基可行解等价.

利用单纯形法：从初始基可行解 $\boldsymbol{x}^{(0)}$ 开始，检查 $\boldsymbol{x}^{(0)}$ 的检验数 $\sigma_j$ 是否全部非

正. 如果存在某个 $\sigma_j > 0$, 则迭代到一个改进的基可行解 $\boldsymbol{x}^{(1)}$, 再检查 $\boldsymbol{x}^{(1)}$ 的检验数, 如此循环下去, 一直到某个基可行解 $\boldsymbol{x}^{(t)}$, 其检验数全部非正, 则 $\boldsymbol{x}^{(t)}$ 就是最优解. 在得到原问题 LP5 的基可行解 $\boldsymbol{x}^{(0)}, \boldsymbol{x}^{(1)}, \cdots, \boldsymbol{x}^{(t)}$ 的同时, 相应地也得到了对偶问题 DLP5 的基解 $\boldsymbol{y}^{(0)}, \boldsymbol{y}^{(1)}, \cdots, \boldsymbol{y}^{(t)}$. 检查原问题 LP5 的基可行解 $\boldsymbol{x}^{(0)}, \boldsymbol{x}^{(1)}, \cdots, \boldsymbol{x}^{(t)}$ 的检验数是否全部非正, 就是检查对偶问题 DLP5 的基解 $\boldsymbol{y}^{(0)}, \boldsymbol{y}^{(1)}, \cdots, \boldsymbol{y}^{(t)}$ 是否可行. 当 $\boldsymbol{x}^{(t)}$ 的检验数全部非正时, 对偶问题 DLP5 的基解 $\boldsymbol{y}^{(t)}$ 可行, 则原问题 DLP5 的基可行解 $\boldsymbol{x}^{(t)}$ 达到最优.

单纯形法的基本思想: 从一个基解开始迭代到另一个基解, 在迭代过程中保持它的可行性, 同时使对应的对偶问题的基解的不可行性逐步消失. 直到对偶问题的基解可行, 即原问题的所有检验数非正, 原问题的基可行解达到最优.

对偶单纯形法的基本思想: 根据对偶问题的对称性, 如果将"对偶问题"看成"原问题", 那么"原问题"便成为"对偶问题". 根据对称的思想, 令原问题的所有检验数保持全部非正, 即在对偶问题的基解可行的前提下, 通过迭代使原问题的基解的不可行性逐步消失. 最终原问题和对偶问题的基解同时达到可行时, 原问题的基可行解达到最优.

这种在对偶可行基的基础上进行的单纯形法, 即为对偶单纯形法. 其优点是原问题的初始解不要求是基可行解, 可以从非可行的基解开始迭代, 从而省去了引入人工变量的麻烦. 当然对偶单纯形法的应用也是有前提条件的, 这一前提条件就是对偶问题 DLP5 的解是基可行解, 也就是说原问题 LP5 所有变量的检验数必须全部为非正. 可以说应用对偶单纯形法的前提条件十分苛刻, 所以直接应用对偶单纯形法求解线性规划问题并不多见, 对偶单纯形法重要的作用是为接下来将要介绍的灵敏度分析提供工具.

注: (1) 如果原问题 LP5 的一个基解 $\boldsymbol{x}^0$ 对应的检验数全部非正, 即 $\boldsymbol{c} - \boldsymbol{c}_B \boldsymbol{B}^{-1} \boldsymbol{A} \leqslant \boldsymbol{0}$, 则称 $\boldsymbol{x}^0$ 为正则解(Regular Solution), 对应的基阵 $\boldsymbol{B}$ 称为正则基阵(Regular Basic Matrix);

(2) 对偶单纯形法求解是根据对偶理论设计的一种迭代方法, 求解的仍然是原问题, 而不是求解对偶问题.

## 二、对偶单纯形法的计算步骤

利用对偶单纯形法求原问题

$$\max z = \boldsymbol{c}\boldsymbol{x}$$
$$\text{s. t.} \begin{cases} \boldsymbol{A}\boldsymbol{x} = \boldsymbol{b} \\ \boldsymbol{x} \geqslant \boldsymbol{0} \end{cases}$$

的方法步骤如下:

第一步, 根据线性规划问题列出初始单纯形表, 要求所有的检验数非正, 而对

资源系数列向量 $b$ 无非负的要求. 若 $b$ 非负,则已得到最优解;若 $b$ 列还存在负分量,转入下一步.

第二步,选择出基变量. 在 $b$ 列的负分量中选取绝对值最大的分量,$\min\{b_i \mid b_i < 0\}$,该分量所在的行称为主行,主行所对应的基变量即为出基变量.

第三步,选择进基变量. 若主行中所有的元素均为非负,则问题无可行解;若主行中存在负元素,计算 $\theta = \min\left\{\dfrac{\sigma_j}{a_{ij}} \mid a_{ij} < 0\right\}$（这里的 $a_{ij}$ 为主行中的元素),最小比值发生的列所对应的变量即为进基变量.

第四步,迭代运算. 同单纯形法一样,对偶单纯形法的迭代过程也是以主元素为轴所进行的旋转运算.

第五步,重复 1~4 步,直到问题得到解决.

**例 3-9** 用对偶单纯形法求解下述 LP 问题:

$$\min z = x_1 + 4x_2 + 3x_4$$

$$\text{s. t.} \begin{cases} x_1 + 2x_2 - x_3 + x_4 \geqslant 3 \\ -2x_1 - x_2 + 4x_3 + x_4 \geqslant 2 \\ x_1, x_2, x_3, x_4 \geqslant 0 \end{cases}$$

**解** 引入松弛变量转换成如下的标准形式:

$$\max w = -x_1 - 4x_2 - 3x_4$$

$$\text{s. t.} \begin{cases} x_1 + 2x_2 - x_3 + x_4 - x_5 \qquad = 3 \\ -2x_1 - x_2 + 4x_3 + x_4 \qquad - x_6 = 2 \\ x_1, x_2, x_3, x_4, x_5, x_6 \geqslant 0 \end{cases}$$

将第一、第二约束条件方程两端同乘以"$-1$",取 $x_5$ 和 $x_6$ 为基变量可得表3-6所示的初始单纯形表,完成第一步.

表 3-6

| | $c_j$ | | $-1$ | $-4$ | $0$ | $-3$ | $0$ | $0$ |
|---|---|---|---|---|---|---|---|---|
| $c_B$ | $x_B$ | $b$ | $x_1$ | $x_2$ | $x_3$ | $x_4$ | $x_5$ | $x_6$ |
| $0$ | $x_5$ | $(-3)$ | $[-1]$ | $-2$ | $1$ | $-1$ | $1$ | $0$ |
| $0$ | $x_6$ | $-2$ | $2$ | $1$ | $-4$ | $-1$ | $0$ | $1$ |
| | $\sigma_j$ | | $-1$ | $-4$ | $0$ | $-3$ | $0$ | $0$ |
| | $\theta_j$ | | $(1)$ | $2$ | $-$ | $3$ | $-$ | $-$ |

表 3-6 给出了原问题一个非可行的基解 $x^{(0)} = (0,0,0,0,-3,-2)^{\mathrm{T}}$,转入第二步.

因为 $\min\{-3,-2\} = -3$,所以第一行为主行,$x_5$ 为出基变量,转入第三步.

$$\theta=\min\left\{\frac{-1}{-1},\frac{-4}{-2},-,\frac{-3}{-1},-,-\right\}=1,$$ 最小比值发生在第一列,故 $x_1$ 为进基变量,转入第四步.

迭代过程:① 主行除以主元素,目的是将主元素转换为"1";② 将主元所在列中除主元以外的元素均消为"0".迭代结果见表 3-7.

表 3-7

| $c_j$ | | | $-1$ | $-4$ | $0$ | $-3$ | $0$ | $0$ |
|---|---|---|---|---|---|---|---|---|
| $c_B$ | $x_B$ | $b$ | $x_1$ | $x_2$ | $x_3$ | $x_4$ | $x_5$ | $x_6$ |
| $-1$ | $x_1$ | 3 | 1 | 2 | $-1$ | 1 | $-1$ | 0 |
| 0 | $x_6$ | $(-8)$ | 0 | $-3$ | $[-2]$ | $-3$ | 2 | 1 |
| $\sigma_j$ | | | 0 | $-2$ | $-1$ | $-2$ | $-1$ | 0 |
| $\theta_j$ | | | — | 2/3 | (1/2) | 2/3 | — | — |

因 $b$ 列仍然存在负分量,所以需要继续迭代.同前可知,$x_6$ 为出基变量,$x_3$ 为进基变量,迭代结果见表 3-8.

表 3-8

| $c_j$ | | | $-1$ | $-4$ | $0$ | $-3$ | $0$ | $0$ |
|---|---|---|---|---|---|---|---|---|
| $c_B$ | $x_B$ | $b$ | $x_1$ | $x_2$ | $x_3$ | $x_4$ | $x_5$ | $x_6$ |
| $-1$ | $x_1$ | 7 | 1 | 7/2 | 0 | 5/2 | $-2$ | $-1/2$ |
| 0 | $x_3$ | 4 | 0 | 3/2 | 1 | 3/2 | $-1$ | $-1/2$ |
| $\sigma_j$ | | | 0 | $-1/2$ | 0 | $-1/2$ | $-2$ | $-1/2$ |

因表 3-8 中 $b$ 列已经不存在负分量,故表 3-8 给出了此问题的最优解 $\boldsymbol{x}^*=(7,0,4,0,0,0)^{\mathrm{T}}$,最优值 $z^*=7$.

### 三、对偶单纯形法中无可行解的识别

在对偶单纯形法中,总是存在着对偶问题的可行解,因此对于能用对偶单纯形法求解的线性规划来说,其解不存在无界的可能,即只能是有最优解或无可行解这两种情况中的一种.对偶单纯形法无可行解的识别是通过进基变量选择失败加以反映的,即当主行的所有元素均为非负时,就可得出问题无可行解的结论.

§4　灵敏度分析

灵敏度分析是指对系统因环境变化显示出来的敏感程度的分析.在线性规划

问题中讨论灵敏度分析,目的是描述一种能确定线性规划模型结构中元素变化对问题解的影响的分析方法.前面的讨论都假定价值系数、资源系数和技术系数向量或矩阵中的元素是常数,但实际上这些系数往往只是估计值,不可能十分准确和一成不变.这就是说,随着时间的推移或情况的改变,往往需要修改原线性规划问题中的若干参数.因此,求得线性规划的最优解,还不能说问题已得到了完全解决.决策者还需要获得两方面的信息:一是当这些系数有一个或几个发生变化时,已求得的最优解会有什么变化;二是这些系数在什么范围内变化时,线性规划问题的最优解(或最优基)不变.显然,当线性规划问题中的某些量发生变化时,原来已得的结果一般会发生变化.当然,为了寻求变化后的结果可以采用单纯形法重新进行计算,然而这样做既麻烦又没有必要.在单纯形法迭代时,每次运算都和矩阵 $B$ 有关,所以可以把发生变化的量经过一定计算,直接反映进最终单纯形表并按表 3-9 处理.

表 3-9

| 原问题 | 对偶问题 | 结论或继续计算的步骤 |
| --- | --- | --- |
| 可行解 | 可行解 | 最优解 |
| 可行解 | 非可行解 | 用单纯形法求解最优解 |
| 非可行解 | 可行解 | 用对偶单纯形法求解最优解 |
| 非可行解 | 非可行解 | 引入人工变量求解最优解 |

## 一、资源系数变化的分析

资源系数发生变化,即 $b$ 发生变化的灵敏度分析.该类问题关键是如何将 $b$ 的变化直接反映进原问题的最终单纯形表.显然,资源系数发生变化不会对线性规划问题的价值系数和资源系数产生影响,唯一影响的就是最终表格的右端项本身.

单纯形法的迭代过程,其实不过就是矩阵的初等变换过程;而根据线性代数的知识,对分块矩阵

$$(B \quad I)$$

进行初等变换,当矩阵 $B$ 变为单位矩阵 $I$ 时,单位矩阵 $I$ 将变为矩阵 $B^{-1}$,即

$$(I \quad B^{-1})$$

由此可知,如果已知最终单纯形表中基可行解所对应的基 $B$(最终单纯形表中的基变量在初始单纯形表中的列向量所构成的矩阵),即可在最终单纯形表中找到 $B^{-1}$(初始单纯形表中的单位矩阵 $I$ 在最终单纯形表中所对应的矩阵),而最终单纯形表中的每一列均可用其在初始单纯形表中的相应列左乘 $B^{-1}$ 来得到,即 $b' = B^{-1}b$.

**例 3-10** 已知 LP 问题：

$$\min w = -5x_1 - 12x_2 - 4x_3 + 0x_4 + Mx_5$$

$$\text{s. t.} \begin{cases} x_1 + 2x_2 + x_3 + x_4 = 5 \\ 2x_1 - x_2 + 3x_3 + x_5 = 2 \\ x_1, x_2, x_3, x_4, x_5 \geqslant 0 \end{cases}$$

利用单纯形法求解可得如表 3-10 所示的最终单纯形表，问：

(1) $b_2$ 在什么范围内变化时，最优解（在此实际上是最优基）保持不变？

(2) 若 $b_2$ 由 2 增加至 15，求新的最优解.

表 3-10

| $c_j$ | | | 5 | 12 | 4 | 0 | $-M$ |
|---|---|---|---|---|---|---|---|
| $c_B$ | $x_B$ | $b$ | $x_1$ | $x_2$ | $x_3$ | $x_4$ | $x_5$ |
| 12 | $x_2$ | 8/5 | 0 | 1 | $-1/5$ | 2/5 | $-1/5$ |
| 5 | $x_1$ | 9/5 | 1 | 0 | 7/5 | 1/5 | 2/5 |
| | $\sigma_j$ | | 0 | 0 | $-3/5$ | $-29/5$ | $2/5-M$ |

**解** (1) 给 $b_2$ 一个增量 $\Delta b_2$ 并利用 $b' = B^{-1}b$ 将变化直接反映进最终单纯形表.

$$b' = \begin{pmatrix} 2/5 & -1/5 \\ 1/5 & 2/5 \end{pmatrix} \begin{pmatrix} 5 \\ 2 + \Delta b_2 \end{pmatrix} = \begin{pmatrix} (8 - \Delta b_2)/5 \\ (9 + 2\Delta b_2)/5 \end{pmatrix}$$

为保持最优解不变，应有 $b' \geqslant 0$，即 $\dfrac{8 - \Delta b_2}{5} \geqslant 0$，$\dfrac{9 + 2\Delta b_2}{5} \geqslant 0$，所以 $b_2$ 的变化范围应在 $\left[-\dfrac{5}{2}, 10\right]$ 之内.

(2) 将 $b_2 = 15$ 直接反映进最终单纯形表，得表 3-11.

$$b' = \begin{pmatrix} 2/5 & -1/5 \\ 1/5 & 2/5 \end{pmatrix} \begin{pmatrix} 5 \\ 15 \end{pmatrix} = \begin{pmatrix} -1 \\ 7 \end{pmatrix}$$

表 3-11

| $c_j$ | | | 5 | 12 | 4 | 0 | $-M$ |
|---|---|---|---|---|---|---|---|
| $c_B$ | $x_B$ | $b$ | $x_1$ | $x_2$ | $x_3$ | $x_4$ | $x_5$ |
| 12 | $x_2$ | $(-1)$ | 0 | 1 | $[-1/5]$ | 2/5 | $-1/5$ |
| 5 | $x_1$ | 7 | 1 | 0 | 7/5 | 1/5 | 2/5 |
| | $\sigma_j$ | | 0 | 0 | $-3/5$ | $-29/5$ | $2/5-M$ |
| | $\theta_j$ | | — | — | (3) | — | $5M-2$ |

利用对偶单纯形法继续迭代，可得如表 3-12 所示的新的最优解.

表 3-12

| $c_B$ | $x_B$ | $b$ | $c_j$ 5 $x_1$ | 12 $x_2$ | 4 $x_3$ | 0 $x_4$ | $-M$ $x_5$ |
|---|---|---|---|---|---|---|---|
| 4 | $x_3$ | 5 | 0 | $-5$ | 1 | $-2$ | 1 |
| 5 | $x_1$ | 0 | 1 | 7 | 0 | 3 | $-1$ |
| | $\sigma_j$ | | 0 | $-3$ | 0 | $-7$ | $1-M$ |

表 3-12 给出了新的最优解 $x^* = (0,0,5,0,0)^{\mathrm{T}}$，新的最优值 $z^* = 20$.

## 二、价值系数变化的分析

价值系数的变化只会对最终单纯形表中的检验数发生影响，而与其他量无关. 因此，将变化的价值系数反映进最终单纯形表，只需对检验数行进行修正. 但是，根据检验数的计算公式 $\sigma_j = c_j - c_B B^{-1} p_j$ 可知，发生变化的价值系数类型的不同，对检验数产生的影响程度也不同.

**1. 价值系数发生变化的变量在最终单纯形表中为非基变量**

价值系数发生变化的变量在最终单纯形表中为非基变量，变化的价值系数反映进最终单纯形表只会影响此变量自身的检验数，而与其他变量的检验数无关.

**例 3-11** 已知 LP 问题：

$$\max z = 2x_1 + 3x_2 + x_3 + 0x_4 + 0x_5$$

$$\mathrm{s.\,t.} \begin{cases} x_1 + x_2 + x_3 + x_4 = 3 \\ x_1 + 4x_2 + 7x_3 + x_5 = 9 \\ x_1, x_2, x_3, x_4, x_5 \geqslant 0 \end{cases}$$

利用单纯形法求解可得如表 3-13 所示的最终单纯形表，问：

（1）$c_3$ 在什么范围内变化时，最优解保持不变？

（2）若 $c_3$ 由 1 增加至 6，求新的最优解.

表 3-13

| $c_B$ | $x_B$ | $b$ | $c_j$ 2 $x_1$ | 3 $x_2$ | 1 $x_3$ | 0 $x_4$ | 0 $x_5$ |
|---|---|---|---|---|---|---|---|
| 2 | $x_1$ | 1 | 1 | 0 | $-1$ | 4/3 | $-1/3$ |
| 3 | $x_2$ | 2 | 0 | 1 | 2 | $-1/3$ | 1/3 |
| | $\sigma_j$ | | 0 | 0 | $-3$ | $-5/3$ | $-1/3$ |

**解** （1）由于 $x_3$ 在最终单纯形表中是非基变量，因此 $c_3$ 的变化只会影响 $x_3$

自身的检验数 $\sigma_3$，而与其他变量的检验数无关．计算变化后的 $\sigma_3$ 并令其非负，即可求得保持最优解不变的 $c_3$ 的变化范围.

$$\sigma_3 = c_3 - (2,3)\binom{-1}{2} = c_3 - 4 \leqslant 0$$
$$c_3 \leqslant 4$$

即只要 $c_3 \leqslant 4$，就可以保持最优解不变.

（2）将 $c_3 = 6$ 直接反映进最终单纯形表，用单纯形法继续迭代即可得到新的最优解，过程见表 3-14.

表 3-14

| $c_j$ | | | 2 | 3 | 6 | 0 | 0 | $\theta_j$ |
|---|---|---|---|---|---|---|---|---|
| $c_B$ | $x_B$ | $b$ | $x_1$ | $x_2$ | $x_3$ | $x_4$ | $x_5$ | |
| 2 | $x_1$ | 1 | 1 | 0 | $-1$ | 4/3 | $-1/3$ | — |
| 3 | $x_2$ | 2 | 0 | 1 | [2] | $-1/3$ | 1/3 | (1) |
| | $\sigma_j$ | | 0 | 0 | (2) | $-5/3$ | $-1/3$ | |
| 2 | $x_1$ | 2 | 1 | 1/2 | 0 | 7/6 | $-1/6$ | |
| 6 | $x_2$ | 1 | 0 | 1/2 | 1 | $-1/6$ | 1/6 | |
| | $\sigma_j$ | | 0 | $-1$ | | $-4/3$ | $-2/3$ | |

表 3-14 给出了新的最优解 $x^* = (2,1,0,0,0)^T$，新的最优值 $z^* = 10$.

2. 价值系数发生变化的变量在最终单纯形表中为基变量

基变量的价值系数发生变化会引起 $c_B$ 的变化，进而可能引起所有非基变量检验数的变化.

**例 3-12** 对于例 3-11 中的线性规划问题，问：

（1）$c_1$ 在什么范围内变化时，最优解保持不变？

（2）若 $c_1$ 由 2 增加至 6，求新的最优解.

**解** （1）由最终单纯形表（表 3-13）可知，为保持原最优解不变，所有非基变量检验数都应小于等于 0，即

$$\sigma_3 = 1 - (c_1, 3)\binom{-1}{2} = c_1 - 5 \leqslant 0，\text{即 } c_1 \leqslant 5$$

$$\sigma_4 = 0 - (c_1, 3)\binom{4/3}{-1/3} = -\frac{4}{3}c_1 + 1 \leqslant 0，\text{即 } c_1 \geqslant \frac{3}{4}$$

$$\sigma_5 = 0 - (c_1, 3)\binom{-1/3}{1/3} = \frac{1}{3}c_1 - 1 \leqslant 0，\text{即 } c_1 \leqslant 3$$

即保持原最优解不变，应有 $c_1 \in \left[\frac{3}{4}, 3\right]$.

（2）将 $c_1=6$ 直接反映进最终单纯形表，用单纯形法继续迭代即可得到新的最优解，过程见表 3-15.

**表 3-15**

| $c_j$ | | | 6 | 3 | 1 | 0 | 0 | $\theta_j$ |
|---|---|---|---|---|---|---|---|---|
| $c_B$ | $x_B$ | $b$ | $x_1$ | $x_2$ | $x_3$ | $x_4$ | $x_5$ | |
| 6 | $x_1$ | 1 | 1 | 0 | $-1$ | 4/3 | $-1/3$ | — |
| 3 | $x_2$ | 2 | 0 | 1 | [2] | $-1/3$ | 1/3 | (1) |
| | $\sigma_j$ | | 0 | 0 | (1) | $-7$ | 1 | |
| 6 | $x_1$ | 2 | 1 | 1/2 | 0 | 7/6 | $-1/6$ | — |
| 1 | $x_3$ | 1 | 0 | 1/2 | 1 | $-1/6$ | [1/6] | [6] |
| | $\sigma_j$ | | 0 | $-1/2$ | 0 | $-41/6$ | (5/6) | |
| 6 | $x_1$ | 3 | 1 | 1 | 1 | 1 | 0 | |
| 0 | $x_5$ | 6 | 0 | 3 | 6 | $-1$ | 1 | |
| | $\sigma_j$ | | 0 | $-3$ | $-5$ | $-6$ | 0 | |

表 3-15 给出了新的最优解 $x^*=(3,0,0,0,6)^T$，新的最优值 $z^*=18$.

### 三、增加一个新的变量的分析

增加一个新的变量相当于在单纯形表中增加一列，只要新增变量在最终单纯形表中的检验数非正，原问题的最优解就不会改变，所以应首先计算新增变量的检验数. 在实际问题中，增加一个新的变量相当于增加一种新的产品，分析的是在资源不变的前提下，新产品是否值得进入产品组合.

**例 3-13** 对于例 3-11 中的线性规划问题，增加一个新的变量 $x_6$，已知该变量的价值系数 $c_6=3$，技术系数向量 $\boldsymbol{p}_6=(1,1)^T$，问原最优解是否改变？如果改变求新的最优解.

**解** 首先将新增加变量 $x_6$ 的技术系数向量 $\boldsymbol{p}_6$ 反映进最终单纯形表.

$$\boldsymbol{p}_6'=\begin{pmatrix} 4/3 & -1/3 \\ -1/3 & 1/3 \end{pmatrix}\begin{pmatrix} 1 \\ 1 \end{pmatrix}=\begin{pmatrix} 1 \\ 0 \end{pmatrix}$$

其次计算新增变量 $x_6$ 在最终单纯形表中的检验数.

$$\sigma_6=3-(2,3)\begin{pmatrix} 1 \\ 0 \end{pmatrix}=1$$

由于 $x_6$ 在最终单纯形表中的检验数 $\sigma_6=1$，所以原最优解发生变化，新的最优解的求解过程见表 3-16.

表 3-16

| $c_j$ | | | 2 | 3 | 1 | 0 | 0 | 3 | $\theta_j$ |
|---|---|---|---|---|---|---|---|---|---|
| $c_B$ | $x_B$ | $b$ | $x_1$ | $x_2$ | $x_3$ | $x_4$ | $x_5$ | $x_6$ | |
| 2 | $x_1$ | 1 | 1 | 0 | $-1$ | $4/3$ | $-1/3$ | $[1]$ | (1) |
| 3 | $x_2$ | 2 | 0 | 1 | 2 | $-1/3$ | $1/3$ | 0 | — |
| | $\sigma_j$ | | 0 | 0 | $-3$ | $-5/3$ | $-1/3$ | (1) | |
| 3 | $x_6$ | 1 | 1 | 0 | $-1$ | $4/3$ | $-1/3$ | 1 | |
| 3 | $x_2$ | 2 | 0 | 1 | 2 | $-1/3$ | $1/3$ | 0 | |
| | $\sigma_j$ | | $-1$ | 0 | $-2$ | $-3$ | 0 | 0 | |

表 3-16 给出了新的最优解 $x^* = (0,2,0,0,0,1)^T$，新的最优值 $z^* = 9$。由于非基变量 $x_5$ 的检验数为 0，所以此最优解为无穷最优解中的一个。

### 四、增加一个新的约束条件的分析

若原最优解满足新增加的约束条件，因为增加约束条件不会使目标函数的最优值得到改善，所以它一定仍然是最优解；若原最优解已不能使新增加的约束条件成立，则需对问题做进一步的处理。

**例 3-14**　对于例 3-11 中的线性规划问题，分别增加如下约束条件：

(1) $x_1 + 2x_2 + x_3 \leqslant 10$；

(2) $x_1 + 2x_2 + x_3 \leqslant 4$。

试分析其对最优解的影响。

**解**　(1) 将原问题的最优解 $x^* = (1,2,0,0,0)^T$ 代入新增加的约束条件 $x_1 + 2x_2 + x_3 \leqslant 10$，由于原最优解 $x^* = (1,2,0,0,0)^T$ 可以使新增约束成立，所以最优解不变。

(2) 将原问题的最优解 $x^* = (1,2,0,0,0)^T$ 代入新增约束 $x_1 + 2x_2 + x_3 \leqslant 4$，新增约束已不成立，所以原最优解要发生变化。

在新增约束 $x_1 + 2x_2 + x_3 \leqslant 4$ 中引入松弛变量 $x_6$，这一过程称为标准化过程。让 $x_6$ 充当基变量，将新增约束直接反映进最终单纯形表。由于在最终单纯形表中增加了一行，原来基变量的单位列向量可能遭到破坏，因此，首先需要将基变量所对应的系数列向量变为单位向量，这一过程称为规范化过程，处理过程见表 3-17。

表 3-17

| $c_j$ | | | 2 | 3 | 1 | 0 | 0 | 0 |
|---|---|---|---|---|---|---|---|---|
| $c_B$ | $x_B$ | $b$ | $x_1$ | $x_2$ | $x_3$ | $x_4$ | $x_5$ | $x_6$ |
| 2 | $x_1$ | 1 | 1 | 0 | $-1$ | $4/3$ | $-1/3$ | 0 |
| 3 | $x_2$ | 2 | 0 | 1 | 2 | $-1/3$ | $1/3$ | 0 |
| 0 | $x_6$ | 4 | 1 | 2 | 1 | 0 | 0 | 1 |
| 2 | $x_1$ | 1 | 1 | 0 | $-1$ | $4/3$ | $-1/3$ | 0 |
| 3 | $x_2$ | 2 | 0 | 1 | 2 | $-1/3$ | $1/3$ | 0 |
| 0 | $x_6$ | $(-1)$ | 0 | 0 | $-2$ | $-2/3$ | $[-1/3]$ | 1 |
| $\sigma_j$ | | | 0 | 0 | $-3$ | $-5/3$ | $-1/3$ | 0 |
| $\theta_j$ | | | — | — | $3/2$ | $5/2$ | $(1)$ | — |
| 2 | $x_1$ | 2 | 1 | 0 | 1 | 2 | 0 | $-1$ |
| 3 | $x_2$ | 1 | 0 | 1 | 0 | $-1$ | 1 | 1 |
| 0 | $x_5$ | 3 | 0 | 0 | 6 | 2 | 1 | $-3$ |
| $\sigma_j$ | | | 0 | 0 | $-1$ | $-1$ | 0 | $-1$ |

表 3-17 给出了新的最优解 $\boldsymbol{x}^* = (2,1,0,0,3,0)^{\mathrm{T}}$,新的最优值 $z^* = 7$.

# 习题三

一、写出下列线性规划的对偶问题.

(1) $\max z = x_1 + 2x_2 + 3x_3$

s. t. $\begin{cases} 2x_1 + x_2 - 2x_3 \leqslant 10 \\ 3x_1 - x_2 - 4x_3 \leqslant 12 \\ x_1, x_2, x_3 \geqslant 0 \end{cases}$

(2) $\min z = 5x_1 + 21x_2$

s. t. $\begin{cases} x_1 - x_2 + 6x_3 \geqslant 2 \\ x_1 + x_2 + 2x_3 \geqslant 1 \\ x_1, x_2, x_3 \geqslant 0 \end{cases}$

(3) $\max z = 2x_1 + x_2 + 3x_3 + x_4$

s. t. $\begin{cases} x_1 + x_2 + x_3 + x_4 \leqslant 5 \\ 2x_1 - x_2 + 3x_3 = -4 \\ x_1 - x_3 + x_4 \geqslant 1 \\ x_1, x_2 \geqslant 0, x_3 \text{ 无约束}, x_4 \leqslant 0 \end{cases}$

(4) $\min z = 4x_1 + 2x_2 + 3x_3$

s. t. $\begin{cases} 4x_1 + 5x_2 - 6x_3 = 7 \\ 8x_1 - 9x_2 + 10x_3 \geqslant 11 \\ 12x_1 + 13x_3 \leqslant 14 \\ x_1 \leqslant 0, x_2 \text{ 无约束}, x_3 \geqslant 0 \end{cases}$

二、判断下列说法是否正确,并说明原因.

(1) 若线性规划的原问题存在可行解,则其对偶问题也一定存在可行解;

(2) 若线性规划的对偶问题无可行解,则原问题也一定无可行解;

（3）在互为对偶的一对原问题与对偶问题中,不管原问题是求解极大或极小,原问题可行解的目标函数值一定不超过其对偶问题的可行解的目标函数值；

（4）任何线性规划问题具有唯一的对偶问题.

三、给定下述线性规划：

$$\max z = x_1 + 2x_2 + 3x_3 + 4x_4$$

$$\text{s. t.} \begin{cases} 2x_1 + x_2 + 3x_3 + 2x_4 \leqslant 20 \\ x_1 + 2x_2 + 2x_3 + 3x_4 \leqslant 20 \\ x_1, x_2, x_3, x_4 \geqslant 0 \end{cases}$$

其对偶问题的最优解为 $\boldsymbol{y}^* = (y_1, y_2) = (0.2, 1.2)$,试用对偶理论求其最优解.

四、给定下述线性规划原问题 LP：

$$\min z = 2x_1 + 3x_2 + 5x_3 + 6x_4$$

$$\text{s. t.} \begin{cases} x_1 + 2x_2 + 3x_3 + x_4 \geqslant 2 \\ -2x_1 + x_2 - x_3 + 3x_4 \leqslant -3 \\ x_1, x_2, x_3, x_4 \geqslant 0 \end{cases}$$

（1）写出其对偶问题 DLP；

（2）用图解法求解对偶问题 DLP；

（3）利用（2）的结果及对偶理论求原问题 LP 的最优解.

五、试利用对偶理论证明下述线性规划问题具有无界解.

$$\max z = x_1 + x_2$$

$$\text{s. t.} \begin{cases} -x_1 + x_2 + x_3 \leqslant 2 \\ -2x_1 + x_2 - x_3 \leqslant 1 \\ x_1, x_2, x_3 \geqslant 0 \end{cases}$$

六、给定下述线性规划原问题 LP：

$$\max z = 2x_1 + 4x_2 + x_3 + x_4$$

$$\text{s. t.} \begin{cases} x_1 + 3x_2 + x_4 \leqslant 8 \\ 2x_1 + x_2 \leqslant 6 \\ x_2 + x_3 + x_4 \leqslant 6 \\ x_1 + x_2 + x_3 \leqslant 9 \\ x_1, x_2, x_3, x_4 \geqslant 0 \end{cases}$$

（1）写出其对偶问题 DLP；

（2）已知原问题 LP 的最优解为 $\boldsymbol{x}^* = (2, 2, 4, 2)^{\text{T}}$,试用对偶理论求对偶问题 DLP 的最优解.

七、已知表 3-18 是制订生产计划问题的一张 LP 最优单纯形表（极大化问题,约束条件均为"$\leqslant$"型不等式）,其中 $x_3, x_4, x_5$ 为松弛变量.

表 3-18

| $x_B$ | $b$ | $x_1$ | $x_2$ | $x_3$ | $x_4$ | $x_5$ |
|-------|-----|-------|-------|-------|-------|-------|
| $x_4$ | 3 | 0 | 0 | $-2$ | 1 | 3 |
| $x_1$ | 4/3 | 1 | 0 | $-1/3$ | 0 | 23 |
| $x_2$ | 1 | 0 | 1 | 0 | 0 | $-1$ |
| $\sigma_j$ | | 0 | 0 | $-5$ | 0 | $-23$ |

(1) 写出 $\boldsymbol{B}^{-1}$；

(2) 写出对偶问题的最优解.

八、用对偶单纯形法求解下列线性规划问题.

(1) $\min z = 5x_1 + 2x_2 + 4x_3$

$$\text{s. t.} \begin{cases} 3x_1 + x_2 + 2x_3 \geqslant 2 \\ 6x_1 + 3x_2 + 5x_3 \geqslant 10 \\ x_1, x_2, x_3 \geqslant 0 \end{cases}$$

(2) $\max z = -3x_1 - 4x_2 - 5x_3$

$$\text{s. t.} \begin{cases} x_1 + 2x_2 + 3x_3 \geqslant 5 \\ 2x_1 + 2x_2 + x_3 \geqslant 6 \\ x_1, x_2, x_3 \geqslant 0 \end{cases}$$

(3) $\min z = 3x_1 + 2x_2 + x_3$

$$\text{s. t.} \begin{cases} x_1 + x_2 + x_3 \leqslant 6 \\ x_1 \qquad - x_3 \geqslant 4 \\ \qquad x_2 - x_3 \geqslant 3 \\ x_1, x_2, x_3 \geqslant 0 \end{cases}$$

九、给定下述线性规划原问题 LP：

$$\min z = 3x_1 + 2x_2 + 4x_3$$

$$\text{s. t.} \begin{cases} 3x_1 + 2x_2 + x_3 \geqslant 2 \\ 4x_1 + x_2 + 3x_3 \geqslant 4 \\ 2x_1 + 2x_2 + 2x_3 \geqslant 3 \\ x_1, x_2, x_3 \geqslant 0 \end{cases}$$

(1) 用单纯形法求解其对偶问题 DLP；

(2) 写出其对偶问题 DLP；

(3) 用对偶单纯形法求解原问题 LP；

(4) 比较(1)和(3)中每步计算得到的结果.

十、给定线性规划问题：

$$\max z = -5x_1 + 5x_2 + 13x_3$$

$$\text{s. t.} \begin{cases} -x_1 + x_2 + 3x_3 \leqslant 20 \\ 12x_1 + 4x_2 + 10x_3 \leqslant 90 \\ x_1, x_2, x_3 \geqslant 0 \end{cases}$$

(3-13a)

(3-13b)

（1）求解上述线性规划问题；

（2）分析上述线性规划条件分别按下列要求单独变化时，最优解的变化：

    ① 约束方程 3-13b 的右端项由 90 变为 70；

    ② 目标函数中 $x_3$ 的系数由 13 变为 8；

    ③ 变量 $x_1$ 的系数由 $(-5,-1,12)^T$ 变为 $(-2,0,5)^T$；

    ④ 约束方程 3-13b 变为 $10x_1+5x_2+10x_3 \leqslant 100$；

    ⑤ 增加一个约束条件 $2x_1+3x_2+5x_3 \leqslant 50$.

十一、给定下述线性规划问题：

$$\max z = 2x_1 - x_2 + x_3$$

$$\text{s.t.} \begin{cases} x_1 + x_2 + 3x_3 \leqslant 6 \\ -x_1 + 2x_2 \leqslant 4 \\ x_1,x_2,x_3 \geqslant 0 \end{cases}$$

用单纯形法求得最优单纯形表如表 3-19 所示.

表 3-19

| $c_j$ | | | 2 | -1 | 1 | 0 | 0 |
|---|---|---|---|---|---|---|---|
| $c_B$ | $x_B$ | $b$ | $x_1$ | $x_2$ | $x_3$ | $x_4$ | $x_5$ |
| 2 | $x_1$ | 6 | 1 | 1 | 1 | 1 | 0 |
| 0 | $x_5$ | 10 | 0 | 3 | 1 | 1 | 1 |
| $\sigma_j$ | | | 0 | -3 | -1 | -2 | 0 |

试分析在下列各种条件单独变化的情况下，最优解将如何变化.

（1）目标函数变为 $\max z = 2x_1 + 3x_2 + x_3$；

（2）约束条件右端项由 $(6,4)^T$ 变为 $(3,4)^T$；

（3）增加一个新的约束 $-x_1 + 2x_3 \geqslant 2$.

十二、考虑下列线性规划：

$$\max z = 3x_1 + 5x_2 + x_3$$

$$\text{s.t.} \begin{cases} 4x_1 + 2x_2 + x_3 \leqslant 14 \\ x_1 + x_2 + x_3 \leqslant 4 \\ x_j \geqslant 0, j = 1,2,3 \end{cases}$$

其最优单纯形表见表 3-20.

表 3-20

| $c_B$ | $x_B$ | $b$ | $x_1$ | $x_2$ | $x_3$ | $x_4$ | $x_5$ |
|---|---|---|---|---|---|---|---|
| 0 | $x_4$ | 6 | 2 | 0 | -1 | 1 | -2 |
| 5 | $x_2$ | 4 | 1 | 1 | 1 | 0 | 1 |
| | $-z$ | -20 | -2 | 0 | -4 | 0 | -5 |

（1）写出此线性规划的最优解、最优值；

（2）求线性规划的对偶问题的最优解；

（3）试求 $c_2$ 在什么范围内，此线性规划的最优解不变；

（4）若 $b_1$ 由 14 变为 9，则最优解及最优值变为多少？

# 第四章　运输问题

运输问题(Transportation Problem)是一种特殊的线性规划问题,这类问题最早是在物资运输问题中提出的.物资运输问题是研究把某种商品从若干个产地运至若干个销地而使总运费最小的一类问题,是一种特殊的线性规划问题,其技术系数矩阵具有特殊的结构.从更广义上讲,把具有这种同类型的一定模型特征的线性规划问题统称为运输问题.它不仅可以用来求解商品的调运问题,还可以解决诸多非商品调运问题.运输问题可以用单纯形法求解,但由于其技术系数矩阵具有特殊的结构,因此需要寻求比一般单纯形法更简便高效的求解方法.

运输型问题可分为 6 类:① 典型运输问题,又称康托洛维奇-希奇柯克问题,简称 H 问题;② 网络运输问题,又称图上运输问题,简称 T 问题;③ 最大流量问题,简称 F 问题;④ 最短路径问题,简称 S 问题;⑤ 任务分配问题,又称指派问题,简称 A 问题;⑥ 生产计划问题,又称日程计划问题,简称 CPS 问题.其中典型运输问题、任务分配问题和生产计划问题通常都可以用表上作业法求解,而网络运输问题、最大流量问题和最短路径问题一般可用图上作业法或利用网络技术求解.本章主要讨论表上作业法.

## §1　运输问题的数学模型

**例 4-1**　某公司经营某种产品,该公司下设 $A$、$B$ 2 个生产厂,甲、乙、丙 3 个销售点.公司每天把两个工厂生产的产品分别运往 3 个销售点,由于各工厂到各销售点的路程不同,所以单位产品的运费也就不同.各工厂每日的产量、各销售点每日的销量,以及从各工厂到各销售点单位产品的运价如表 4-1 所示.问该公司应如何调运产品,才能在满足各销售点需要的前提下,使总运费最小?

表 4-1

| 运价　　　销地<br>产地 | 甲 | 乙 | 丙 | 产量 |
|---|---|---|---|---|
| $A$ | 3 | 11 | 3 | 7 |
| $B$ | 1 | 9 | 2 | 8 |
| 销量 | 4 | 6 | 5 | 15 |

**解** 设 $x_{ij}$ 代表从第 $i$ 个产地到第 $j$ 个销地的运输量($i=1,2,3;j=1,2,3,4$),用 $c_{ij}$ 代表从第 $i$ 个产地到第 $j$ 个销地的运价,于是可构造如下数学模型:

$$\min z = 3x_{11} + 11x_{12} + 3x_{13} + x_{21} + 9x_{22} + 2x_{23}$$

$$\text{s. t.} \begin{cases} x_{11} + x_{12} + x_{13} = 7 \\ x_{21} + x_{22} + x_{23} = 8 \\ x_{11} + x_{21} = 4 \\ x_{12} + x_{22} = 6 \\ x_{13} + x_{23} = 5 \\ x_{ij} \geqslant 0 \quad (i=1,2;j=1,2,3) \end{cases}$$

通过该引例的数学模型,我们可以得出运输问题是一种特殊的线性规划问题的结论,其特殊性就在于技术系数矩阵是由"1"和"0"两个元素构成的.

一般的运输问题可以表述为:

设某种物资有 $m$ 个产地(Shipping Origins)$A_1,A_2,\cdots,A_m$,产量分别为 $a_1,a_2,\cdots,a_m$,有 $n$ 个销地(Shipping Destinations)$B_1,B_2,\cdots,B_n$,销量分别是 $b_1,b_2,\cdots,b_n$. 假设产销平衡,即总产量等于总销量,从产地 $A_i$ 向销地 $B_j$ 运输一个单位物品的运价为 $c_{ij}(i=1,2,\cdots,m;j=1,2,\cdots,n)$,如表 4-2(运输问题的数据表). 如何组织运输才能使得总运费最省?

表 4-2

| 运价　　　销地<br>产地 | $B_1$ | $B_2$ | $\cdots$ | $B_n$ | 产量 |
|---|---|---|---|---|---|
| $A_1$ | $c_{11}$ | $c_{12}$ | $\cdots$ | $c_{1n}$ | $a_1$ |
| $A_2$ | $c_{21}$ | $c_{22}$ | $\cdots$ | $c_{2n}$ | $a_2$ |
| $\vdots$ | $\vdots$ | $\vdots$ | | $\vdots$ | $\vdots$ |
| $A_m$ | $c_{m1}$ | $c_{m2}$ | $\cdots$ | $c_{mn}$ | $a_m$ |
| 销量 | $b_1$ | $b_2$ | $\cdots$ | $b_n$ | $\sum\limits_{i=1}^{m} a_i = \sum\limits_{j=1}^{n} b_j$ |

设 $x_{ij}$ 为产地 $A_i$ 供应销地 $B_j$ 的数量($i=1,2,\cdots,m;j=1,2,\cdots,n$),建立线性规划模型为

$$\min z = \sum_{i=1}^{m} \sum_{j=1}^{n} c_{ij} x_{ij}$$

$$\text{s. t.} \begin{cases} \sum\limits_{j=1}^{n} x_{ij} = a_i \quad (i=1,2,\cdots,m) \\ \sum\limits_{i=1}^{m} x_{ij} = b_j \quad (j=1,2,\cdots,n) \\ x_{ij} \geqslant 0 \quad (i=1,2,\cdots,m;j=1,2,\cdots,n) \end{cases} \tag{4-1}$$

注:在此仅探讨总产量等于总销量的产销平衡运输问题,而产销不平衡运输问题将在本章的后续内容中探讨.

运输问题(4-1)中共有 $mn$ 个变量,$m+n$ 个方程,约束条件的系数矩阵为

$$
\begin{array}{ccccccccccccc}
x_{11} & x_{12} & \cdots & x_{1n} & x_{21} & x_{22} & \cdots & x_{2n} & \cdots & \cdots & x_{m1} & x_{m2} & \cdots & x_{mn}
\end{array}
$$

$$
\begin{pmatrix}
1 & 1 & \cdots & 1 & & & & & & & & & & \\
& & & & 1 & 1 & \cdots & 1 & & & & & & \\
& & & & & & & & \ddots & & & & & \\
& & & & & & & & & & 1 & 1 & \cdots & 1 \\
1 & & & & 1 & & & & \cdots & & 1 & & & \\
& 1 & & & & 1 & & & \cdots & & & 1 & & \\
& & \ddots & & & & \ddots & & & & & & \ddots & \\
& & & 1 & & & & 1 & & \cdots & & & & 1
\end{pmatrix} \quad (4\text{-}2)
$$

该矩阵具有的特点如下:

(1) 矩阵的元素均为 1 或 0;

(2) 每一列只有两个元素为 1,其余元素均为 0;

(3) 列向量 $\boldsymbol{p}_{ij}=(0,\cdots,0,1,0,\cdots,0,1,0,\cdots,0)^{\mathrm{T}}$,其中两个元素 1 分别处于第 $i$ 行和第 $m+j$ 行.

(4) 将该矩阵分块,特点是:前 $m$ 行构成 $m$ 个 $m\times n$ 阶矩阵,而且第 $k$ 个矩阵只有第 $k$ 行元素全为 1,其余元素全为 $0(k=1,\cdots,m)$;后 $n$ 行构成 $m$ 个 $n$ 阶单位阵.

通过对系数矩阵的上述分析,可得如下定理:

**定理 4-1**　运输问题的基变量总数是 $m+n-1$ 个.

这是由于前 $m$ 行相加之和减去后 $n$ 行相加之和结果是零向量,说明 $m+n$ 个行向量线性相关,因此系数矩阵的秩小于等于 $m+n-1$;又由于矩阵的第 2 至 $m+n$ 行和前 $n$ 列及 $x_{21},\cdots,x_{n1}$ 对应的列交叉处元素构成的 $m+n-1$ 阶方阵 $\boldsymbol{D}$ 非奇异,因此,系数矩阵的秩为 $m+n-1$.

那么如何选取 $m+n-1$ 个变量构成基变量呢?可由闭回路来判断.

**闭回路(Closed Path)**　给定互不相同的 $i_1,\cdots,i_s$ 与 $j_1,\cdots,j_s$,变量的下述排列

$$x_{i_1j_1},x_{i_1j_2},x_{i_2j_2},x_{i_2j_3},\cdots,x_{i_sj_s},x_{i_sj_1} \text{ 或 } x_{i_1j_1},x_{i_2j_1},x_{i_2j_2},x_{i_3j_2},\cdots,x_{i_sj_s},x_{i_1j_s}$$

称为一个闭回路,闭回路中的变量称为闭回路的顶点.相邻两个变量的连线为闭回路的边.

闭回路可在运输问题的数据表上画出,它是一条封闭的折线,折线的每一条

边或者是水平的，或者是垂直的．并且，对于一条给定的闭回路，数据表上的每一行、每一列至多只有两个变量是闭回路的顶点．

如表 4-3 所示，$x_{11},x_{12},x_{32},x_{33},x_{43},x_{41}$ 为一个闭回路．

表 4-3

|  | $B_1$ | $B_2$ | $B_3$ |
|---|---|---|---|
| $A_1$ | $x_{11}$ | $x_{12}$ |  |
| $A_2$ |  |  |  |
| $A_3$ |  | $x_{32}$ | $x_{33}$ |
| $A_4$ | $x_{41}$ |  | $x_{43}$ |

对运输问题(4-1)，设 $x_{i_1j_1},x_{i_1j_2},x_{i_2j_2},x_{i_2j_3},\cdots,x_{i_sj_s},x_{i_sj_1}$ 是一条闭回路，显然容易验证

$$p_{i_1j_1}-p_{i_1j_2}+p_{i_2j_2}-p_{i_2j_3}+\cdots+p_{i_sj_s}-p_{i_sj_1}=0 \tag{4-3}$$

式(4-3)说明对应一条闭回路上变量的列向量组线性相关．所以如果变量组 $x_{i_1j_1},x_{i_2j_2},\cdots,x_{i_rj_r}$ 包括一条闭回路，则其对应的列向量组 $p_{i_1j_1},p_{i_2j_2},\cdots,p_{i_rj_r}$ 线性相关．由此，得出运输问题的基的一条性质：

**定理 4-2** $m+n-1$ 个变量构成基变量的充要条件是它们不包括闭回路．

利用这个定理可以得出运输问题的初始基可行解的方法．

**定理 4-3** 运输问题(4-1)存在可行解．

**证明** 记 $A=\sum_{i=1}^{m}a_i=\sum_{j=1}^{n}b_j$，对每个 $i,j$，令 $x_{ij}^0=\dfrac{a_ib_j}{A}$，显然 $x_{ij}^0\geqslant 0$，又因为

$$\sum_{i=1}^{m}x_{ij}^0=\sum_{i=1}^{m}\frac{a_ib_j}{A}=\frac{b_j\sum_{i=1}^{m}a_i}{A}=b_j$$

$$\sum_{j=1}^{n}x_{ij}^0=\sum_{j=1}^{n}\frac{a_ib_j}{A}=\frac{a_i\sum_{j=1}^{n}b_j}{A}=a_i$$

所以 $x_{ij}^0(i=1,2,\cdots,m;j=1,2,\cdots,n)$ 是问题(4-1)的可行解．

**推论 1** 运输问题(4-1)存在基可行解．

这是由于线性规划问题有可行解，则必有基可行解．后面将讨论用最小元素法或伏格尔法求运输问题的基可行解．

**推论 2** 运输问题(4-1)必有最优解．

由于运输问题中价值系数 $c_{ij}\geqslant 0$，故任意可行解对应的目标函数值非负，所以目标函数值不可能任意小，存在下界，所以必有最优解．

**推论 3**　如果运输问题(4-1)的所有产量 $a_i$ 和销量 $b_j$ 都是整数,则它的每个基可行解都是整数解,从而最优解也是整数解.

运输问题解的整数性可由表上作业法来保证,本书不作证明.

注:推论 3 的结论很重要,它是求解整数运输问题的基础.

根据运输问题数学模型结构上具有的上述特征,在单纯形法的基础上,逐渐创造出一种专门用来求解运输问题线性规划模型的运输单纯形法,称为表上作业法.

# §2　表上作业法

运输问题的求解采用表上作业法 (Table-manipulation Method),该方法是单纯形法求解运输问题的一种特定形式,其实质是单纯形法.既然表上作业法是一种特定形式的单纯形法,它自然与单纯形法有着完全相同的解题步骤,所不同的只是完成各步采用的具体形式.表上作业法的基本步骤可参照单纯形法归纳如下:

第一步,找出初始基可行解.即要在 $m \times n$ 阶产销平衡表上给出 $m+n-1$ 个数字格(基变量).

第二步,判断当前解是否为最优解.求各非基变量(空格)的检验数,判断当前的基可行解是否是最优解.如已得到最优解,则停止计算,否则转到下一步.

第三步,对方案做调整.

(1)确定进基变量,若 $\min\{\sigma_{ij} | \sigma_{ij} < 0\} = \sigma_{lk}$,那么选取 $x_{lk}$ 为进基变量;

(2)确定出基变量,找出进基变量的闭合回路,在闭合回路上最大限度地增加进基变量的值,那么闭合回路上首先减少为"0"的基变量即为出基变量;

(3)在表上用闭合回路法调整运输方案.

第四步,重复第二、三步,直到得到最优解.

**一、初始基可行解的确定**

由定理 4-3 及其推论知,产销平衡的运输问题一定具有可行解、基可行解和最优解.确定初始基可行解的方法有很多,在此介绍比较简单但能给出较好初始方案的最小元素法、西北角法和伏格尔法.

1. 最小元素法(the Least Cost Rule)

最小元素法的基本思想是就近供应,即从单位运价表中最小的运价开始确定产销关系,依此类推,直到给出基本方案为止.

**例 4-2**　已知一个运输问题,数据表见表 4-4,给出调运方案.

表 4-4

| 运价　销地<br>产地 | 甲 | 乙 | 丙 | 丁 | 产量 |
|---|---|---|---|---|---|
| A | 3 | 11 | 3 | 10 | 7 |
| B | 1 | 9 | 2 | 8 | 4 |
| C | 7 | 4 | 10 | 5 | 9 |
| 销量 | 3 | 6 | 5 | 6 | |

**解**　利用最小元素法,步骤如下:第一步,从表 4-4 中找出最小运价"1",这表示先将 B 生产的产品供应给甲. 由于 B 每天生产 4 个单位产品,甲每天需求 3 个单位产品,即 B 每天生产的产品除满足甲的全部需求外,还可多余 1 个单位产品. 在 (B,甲) 的交叉格处填上"3",形成表 4-5,并对 B 产地的产量和甲的销量做修正,由于销地甲的需求变为"0",可以划去销地甲.

表 4-5

| 运价　销地<br>产地 | 甲 | 乙 | 丙 | 丁 | 产量 |
|---|---|---|---|---|---|
| A | 3 | 11 | 3 | 10 | 7 |
| B | **3**　1 | 9 | 2 | 8 | ~~4~~ 1 |
| C | 7 | 4 | 10 | 5 | 9 |
| 销量 | ~~3~~ 0 | 6 | 5 | 6 | |

第二步,在表 4-5 的未被划掉的元素中再找出最小运价"2",最小运价所确定的供应关系为 (B,丙),即将 B 余下的 1 个单位产品供应给丙,划去 B 行的运价,划去 B 行表明 B 所生产的产品已全部运出,对产地 B 和销地丙的数据做调整,并划去产地 B. 表 4-5 转换成表 4-6.

表 4-6

| 运价　销地<br>产地 | 甲 | 乙 | 丙 | 丁 | 产量 |
|---|---|---|---|---|---|
| A | 3 | 11 | 3 | 10 | 7 |
| ~~B~~ | **3**　1 | 9 | **1**　2 | 8 | ~~4~~ ~~1~~ 0 |
| C | 7 | 4 | 10 | 5 | 9 |
| 销量 | ~~3~~ 0 | 6 | ~~5~~ 4 | 6 | |

第三步,在表 4-6 中再找出最小运价"3",重复上述步骤,得表 4-7.

表 4-7

| 运价＼销地　产地 | 甲 | 乙 | 丙 | 丁 | 产量 |
|---|---|---|---|---|---|
| A |  ⌐3 | ⌐11  4 | ⌐3 | ⌐10 | ~~7~~ 3 |
| B | 3  ⌐ | ⌐9  1 | ⌐2 | ⌐8 | ~~4~~ ~~1~~ 0 |
| C | ⌐7 | ⌐4 | ⌐10 | ⌐5 | 9 |
| 销量 | ~~3~~ 0 | 6 | ~~5~~ ~~4~~ 0 | 6 | |

第四步,在表 4-7 中再找出最小运价"4",重复上述步骤,得表 4-8.

表 4-8

| 运价＼销地　产地 | 甲 | 乙 | 丙 | 丁 | 产量 |
|---|---|---|---|---|---|
| A | ⌐3 | ⌐11  4 | ⌐3 | ⌐10 | ~~7~~ 3 |
| B | 3  ⌐ | ⌐9  1 | ⌐2 | ⌐8 | ~~4~~ ~~1~~ 0 |
| C | ⌐7  6 | ⌐4 | ⌐10 | ⌐5 | ~~9~~ 3 |
| 销量 | ~~3~~ 0 | ~~6~~ 0 | ~~5~~ ~~4~~ 0 | 6 | |

第五步,在表 4-8 中再找出最小运价"5",重复上述步骤,得表 4-9.

表 4-9

| 运价＼销地　产地 | 甲 | 乙 | 丙 | 丁 | 产量 |
|---|---|---|---|---|---|
| A | ⌐3 | ⌐11  4 | ⌐3 | ⌐10 | ~~7~~ 3 |
| B | 3  ⌐ | ⌐9  1 | ⌐2 | ⌐8 | ~~4~~ ~~1~~ 0 |
| C | ⌐7  6 | ⌐4 | ⌐10  3 | ⌐5 | ~~9~~ ~~3~~ 0 |
| 销量 | ~~3~~ 0 | ~~6~~ 0 | ~~5~~ ~~4~~ 0 | ~~6~~ 3 | |

第六步,在表 4-9 中再找出最小运价"10",重复上述步骤,得表 4-10.

表 4-10

| 运价　销地<br>产地 | 甲 | | 乙 | | 丙 | | 丁 | | 产量 |
|---|---|---|---|---|---|---|---|---|---|
| A | | 3 | | 11　4 | | 3　3 | | 10 | 7̶　3 |
| B̶ | 3 | 1 | | 9　1 | | 2 | | 8 | 4̶　1　0 |
| C̶ | | 7　6 | | 4 | | 10　3 | | 5 | 9̶　3　0 |
| 销量 | 3̶　0 | | 6̶　0 | | 5̶　4̶　0 | | 6̶　3 | | |

此时单位运价表上的所有元素均被划去，表示在产销平衡表上已得到一个调运方案：$x_{13}=4$，$x_{14}=3$，$x_{21}=3$，$x_{23}=1$，$x_{32}=6$，$x_{34}=3$，这一方案的总运费为 86 个单位.

**2. 西北角法（Northwest-Corner Rule）**

西北角法又称左上角法，是优先对运价表的西北角（即左上角）的变量赋值，当行或列分配完毕后，再在表中余下部分的西北角赋值，依此类推，直到右下角元素分配完毕.（当出现同时分配完一行和一列时，在相应的行或列上选一个变量作为基变量，以保证最后的基变量等于 $m+n-1$）.下面仍用例 4-2 说明西北角法的应用.

第一步，从表 4-4 中找出运价表的最西北角（即最左上角）的运价，这表示先将 A 生产的产品供应给甲. 由于 A 每天生产 7 个单位产品，甲每天需求 3 个单位产品，即 A 每天生产的产品除满足甲的全部需求外，还可多余 4 个单位产品. 在（A，甲）的交叉格处填上"3"，形成表 4-11，并对 A 产地的产量和甲的销量做修正. 由于销地甲的需求变为"0"，可以划去销地甲.

表 4-11

| 运价　销地<br>产地 | 甲 | | 乙 | | 丙 | | 丁 | | 产量 |
|---|---|---|---|---|---|---|---|---|---|
| A | 3 | 3 | | 11 | | 3 | | 10 | 7̶　4 |
| B | | 1 | | 9 | | 2 | | 8 | 4 |
| C | | 7 | | 4 | | 10 | | 5 | 9 |
| 销量 | 3̶　0 | | 6 | | 5 | | 6 | | |

第二步，在表 4-11 的未被划掉的元素中再找出最西北的位置"11"，西北角所确定的供应关系为（A，乙），即将 A 余下的 4 个单位产品供应给乙，划去 A 行的运价，表明 A 所生产的产品已全部运出，对产地 A 和销地乙的数据做调整，并划去产地 A. 表 4-11 转换成表 4-12.

表 4-12

| 运价＼销地＼产地 | 甲 | 乙 | 丙 | 丁 | 产量 |
|---|---|---|---|---|---|
| A | 3 ⌐3 | 4 ⌐11 | ⌐3 | ⌐10 | 7 4 0 |
| B | ⌐1 | ⌐9 | ⌐2 | ⌐8 | 4 |
| C | ⌐7 | ⌐4 | ⌐10 | ⌐5 | 9 |
| 销量 | 3 0 | 6 2 | 5 | 6 | |

第三步,在表 4-12 中再找出最西北位置"9",重复上述步骤,得表 4-13.

表 4-13

| 运价＼销地＼产地 | 甲 | 乙 | 丙 | 丁 | 产量 |
|---|---|---|---|---|---|
| A | 3 ⌐3 | 4 ⌐11 | ⌐3 | ⌐10 | 7 4 0 |
| B | ⌐1 2 | ⌐9 | ⌐2 | ⌐8 | 4 2 |
| C | ⌐7 | ⌐4 | ⌐10 | ⌐5 | 9 |
| 销量 | 3 0 | 6 2 0 | 5 | 6 | |

第四步,在表 4-13 中再找出最西北位置"2",重复上述步骤,得表 4-14.

表 4-14

| 运价＼销地＼产地 | 甲 | 乙 | 丙 | 丁 | 产量 |
|---|---|---|---|---|---|
| A | 3 ⌐3 | 4 ⌐11 | ⌐3 | ⌐10 | 7 4 0 |
| B | ⌐1 2 | ⌐9 2 | ⌐2 | ⌐8 | 4 2 0 |
| C | ⌐7 | ⌐4 | ⌐10 | ⌐5 | 9 |
| 销量 | 3 0 | 6 2 | 5 3 | 6 | |

第五步,在表 4-14 中再找出最西北位置"10",重复上述步骤,得表 4-15.

表 4-15

| 运价＼销地＼产地 | 甲 | 乙 | 丙 | 丁 | 产量 |
|---|---|---|---|---|---|
| A | 3 ⌐3 | 4 ⌐11 | ⌐3 | ⌐10 | 7 4 0 |
| B | ⌐1 2 | ⌐9 2 | ⌐2 2 | ⌐8 | 4 2 0 |
| C | ⌐7 | ⌐4 | 3 ⌐10 | ⌐5 | 9 6 |
| 销量 | 3 0 | 6 2 0 | 5 3 0 | 6 | |

第六步，在表 4-15 中再找出最西北位置"5"，重复上述步骤，得表 4-16.

表 4-16

| 运价＼销地＼产地 | 甲 | | 乙 | | 丙 | | 丁 | | 产量 | | |
|---|---|---|---|---|---|---|---|---|---|---|---|
| A | 3 | 3 | 4 | 11 | | 3 | | 10 | 7 | 4 | 0 |
| B | | 2 | 2 | 9 | 2 | 2 | | 8 | 4 | 2 | 0 |
| C | | 7 | | 4 | 3 | 10 | 6 | 5 | 9 | 6 | 0 |
| 销量 | 3 | 0 | 6 | 2 | 0 | 5 | 3 | 0 | 6 | 0 | |

此时单位运价表上的所有元素均被划去，表示在产销平衡表上已得到一个调运方案：$x_{11}=3$，$x_{12}=4$，$x_{22}=2$，$x_{23}=2$，$x_{33}=3$，$x_{34}=6$，这一方案的总运费为 135 个单位.

**3. 伏格尔法**（Vogel's Approximation Method）

最小元素法的缺点是只考虑了就近的问题却没有考虑就近所付出的机会成本，可能造成总体的不合理. 西北角法的缺点在于基变量取值的局部性，这同样可能造成总体的不合理. 伏格尔法又称差值法，该方法考虑到某产地的产品如不能按最小运费就近供应，就考虑次小运费，这就有一个差额. 差额越大，说明不能按最小运费调运时，运费增加越多，因而对差额最大处，就应采用最小运费调运. 因此伏格尔法把费用增量定义为给定行或列次小元素与最小元素的差（如果存在两个或两个以上的最小元素费用增量定义为 0）. 最大差对应的行或列中的最小元素确定了产品的供应关系，即优先避免最大的费用增量发生. 当产地或销地中的一方在数量上供应完毕或得到满足时，划去运价表中对应的行或列，再重复上述步骤，即可得到一个初始的基可行解. 仍以例 4-2 来说明伏格尔法.

第一步，在表 4-4 中找出每行、每列最小和次小元素的差额，并填入该表的最右列和最下行，见表 4-17.

表 4-17

| 运价＼销地＼产地 | 甲 | 乙 | 丙 | 丁 | 产量 | 行罚数 1 |
|---|---|---|---|---|---|---|
| A | 3 | 11 | 3 | 10 | 7 | 0 |
| B | 1 | 9 | 2 | 8 | 4 | 1 |
| C | 7 | 4 | 10 | 5 | 9 | 1 |
| 销量 | 3 | 6 | 5 | 6 | | |
| 列罚数 1 | 2 | **5** | 1 | 3 | | |

第二步,从行和列的差额中选出最大者,选择它所在的行或列中的最小元素的位置确定供应关系.在表 4-17 中乙列是最大差额"5"所在的列,乙列中的最小元素是"4",从而确定了 $C$ 与乙之间的供应关系,表 4-18 即反映了这一供应关系.同最小元素法一样,由于乙的需求已得到了满足,将运价表中的乙列划去.

表 4-18

| 运价\销地\产地 | 甲 | 乙 | 丙 | 丁 | 产量 | 行罚数 1 |
|---|---|---|---|---|---|---|
| $A$ | 3 | 11 | 3 | 10 | 7 | 0 |
| $B$ | 1 | 9 | 2 | 8 | 4 | 1 |
| $C$ | 7 | 6 4 | 10 | 5 | 9 3 | 1 |
| 销量 | 3 | 6 0 | 5 | 6 | | |
| 列罚数 1 | 2 | (5) | 1 | 3 | | |

第三步,运价表中未划去的元素再分别计算出各行、各列最小和次小元素的差,并填入该表的最右列和最下行,从而确定下一个基变量及运量,见表 4-19.

表 4-19

| 运价\销地\产地 | 甲 | 乙 | 丙 | 丁 | 产量 | 行罚数 2 |
|---|---|---|---|---|---|---|
| $A$ | 3 | 11 | 3 | 10 | 7 | 0 |
| $B$ | 1 | 9 | 2 | 8 | 4 | 1 |
| ~~$C$~~ | 7 6 | 4 | 10 3 | 5 | 9 3 0 | 2 |
| 销量 | 3 | 6 0 | 5 | 6 3 | | |
| 列罚数 2 | 2 | | 1 | (3) | | |

当行罚数和列罚数都相等时,通常根据优先遇到原则,选择第一个最大的罚数作为基变量选择的依据,见表 4-20.

表 4-20

| 运价\销地\产地 | 甲 | 乙 | 丙 | 丁 | 产量 | 行罚数 3 |
|---|---|---|---|---|---|---|
| $A$ | 3 | 11 | 3 | 10 | 7 | 0 |
| $B$ | 3 1 | 9 | 2 | 8 | 4 1 | 1 |
| ~~$C$~~ | 7 6 | 4 | 10 3 | 5 | 9 3 0 | |
| 销量 | 3 0 | 6 0 | 5 | 6 3 | | |
| 列罚数 3 | (2) | | 1 | 2 | | |

重复第一、二两步,处理过程见表 4-21～表 4-22.

表 4-21

| 运价＼销地＼产地 | 甲 | 乙 | 丙 | 丁 | 产量 | 行罚数4 |
|---|---|---|---|---|---|---|
| A | 3 | 11　5 | 3 | 10　7̶ 2 | | (7) |
| B | 3　1 | 9 | 2 | 8　4̶ 1 | | 6 |
| C | 7̶ 6 | 4̶ | 10　3 | 5̶ 9̶3̶0̶ | | |
| 销量 | 3̶ 0 | 6̶ 0 | 5̶ 0 | 6̶ 3 | | |
| 列罚数4 | | | 1 | 2 | | |

表 4-22

| 运价＼销地＼产地 | 甲 | 乙 | 丙 | 丁 | 产量 | 行罚数5 |
|---|---|---|---|---|---|---|
| A | 3 | 11　5 | 3 | 10　7̶ 2 | | 0 |
| B | 3 1 | 9 | 2 1 | 8 4̶1̶ 0 | | 0̶ |
| C | 7̶ 6 | 4̶ | 10　3 | 5̶ 9̶3̶0̶ | | |
| 销量 | 3̶ 0 | 6̶ 0 | 5̶ 0 | 6̶ 3̶ 2 | | |
| 列罚数5 | | | | (2) | | |

当最后只剩一个位置没有被划去时,选择该位置作为基变量,如图 4-23 所示.

表 4-23

| 运价＼销地＼产地 | 甲 | 乙 | 丙 | 丁 | 产量 |
|---|---|---|---|---|---|
| A | 3 | 11　5 | 3　2 | 10 | 7̶ 2̶ 0̶ |
| B | 3 1 | 9 | 2 1 | 8 | 4̶1̶ 0̶ |
| C | 7̶ 6 | 4̶ | 10　3 | 5̶ | 9̶3̶0̶ |
| 销量 | 3̶ 0 | 6̶ 0 | 5̶ 0 | 6̶ 3̶ 2̶ 0 | |

此时单位运价表上的所有元素均被划去,表示在产销平衡表上已得到一个调运方案:$x_{13}=5,x_{14}=2,x_{21}=3,x_{24}=1,x_{32}=6,x_{34}=3$,这一方案的总运费为 85 个单位.

由以上解法可见,伏格尔法同最小元素法除在确定供求关系的原则上不同外,其余步骤是完全相同的.伏格尔法给出的初始解比最小元素法给出的初始解一般来讲会更接近最优解,其缺点在于需要额外的空间来存储罚数值.

用上述方法求初始解,其实质为在运价表中划掉的行或列是需求得到满足的列或产品被调空的行.一般情况下,每填入一个数相应地划掉一行或一列,这样最终将得到一个具有 $m+n-1$ 个数字格(基变量)的初始基可行解.然而,问题并非总是如此,有时也会出现这样的情况:在供需关系格 $(i,j)$ 处填入一个数字,刚好使第 $i$ 个产地的产品调空,同时也使第 $j$ 个销地的需求得到满足.按照前述的处理方法,此时需要在运价表上相应地划去第 $i$ 行和第 $j$ 列.这种现象称为退化.填入一个数字的同时划去了一行和一列,如果不加入任何补救措施,那么最终必然无法得到一个具有 $m+n-1$ 个数字格(基变量)的初始基可行解.为了使产销平衡表上有 $m+n-1$ 个数字格,这时需要在第 $i$ 行或第 $j$ 列此前未被划掉的任意一个空格上填一个"0".填"0"格虽然所反映的运输量同空格没有什么分别,但它所对应的变量却是基变量,而空格所对应的变量是非基变量.

将例 4-2 的各工厂的产量做适当调整(调整结果见表 4-24),就会出现此类特殊情况.以最小元素法为例求初始方案.

表 4-24

| 运价 \ 销地<br>产地 | 甲 | 乙 | 丙 | 丁 | 产量 |
|---|---|---|---|---|---|
| A | 3 | 11 | 3 | 10 | 4 |
| B | 1 | 9 | 2 | 8 | 4 |
| C | 7 | 4 | 10 | 5 | 12 |
| 销量 | 3 | 6 | 5 | 6 | |

第一步在 $(B,甲)$ 处填入"3",划去甲列运价,对产地 $B$ 的数据做修正;第二步在 $(B,丙)$ 处填入"1",划去 $B$ 行运价.这两步的结果见表 4-25.

表 4-25

| 运价 \ 销地<br>产地 | 甲 | 乙 | 丙 | 丁 | 产量 |
|---|---|---|---|---|---|
| A | 3 | 11 | 3 | 10 | 4 |
| B | **3** ~~1~~ | 9 | **1** 2 | ~~8~~ | ~~4~~ 1 |
| C | 7 | 4 | 10 | 5 | 12 |
| 销量 | ~~3~~ 0 | 6 | ~~5~~ 4 | 6 | |

第三步在$(A,丙)$处填入"4",划去 $A$ 行和丙列,此步的结果见表 4-26.

表 4-26

| 运价 销地<br>产地 | 甲 | 乙 | 丙 | 丁 | 产量 |
|---|---|---|---|---|---|
| A | \|3 | \|11  4 | \|3 | \|10 | ~~4~~ 0 |
| B | 3 \|1 | \|9 | \|2 | \|8 | ~~4~~ 1 |
| C | \|7 | \|4 | \|10 | \|5 | 12 |
| 销量 | ~~3~~ 0 | 6 | ~~5~~ ~~4~~ 0 | 6 | |

这时会导致退化现象的出现.因此选择 $A$ 行和丙列中的任意位置作为基变量的位置添加"0",见表 4-27.

表 4-27

| 运价 销地<br>产地 | 甲 | 乙 | 丙 | 丁 | 产量 |
|---|---|---|---|---|---|
| A | 0 \|3 | \|11  4 | \|3 | \|10 | ~~4~~ 0 |
| B | 3 \|1 | \|9 | \|2 | \|8 | ~~4~~ 1 |
| C | \|7 | \|4 | \|10 | \|5 | 12 |
| 销量 | ~~3~~ 0 | 6 | ~~5~~ ~~4~~ 0 | 6 | |

用西北角法和伏格尔法求初始方案时,若出现退化现象,同样通过添加"0"来处理.

## 二、基可行解的最优性判断

求出一组基可行解后,判断该解是否为最优解,仍然是通过检验数来判断,求最小值的运输问题的最优判别准则是:所有非基变量的检验数都非负,则运输方案最优.

非基变量的检验数可以通过闭回路法和位势法两种基本方法求得.闭回路法具体、直接,并为方案调整指明了方向;位势法具有批处理的功能,可以提高计算效率.

### 1. 闭回路法(Cycle Method)

判断基可行解的最优性,需计算非基变量的检验数.闭回路法即通过闭回路求非基变量检验数的方法(显然,非基变量的位置即为空格的位置).

构造闭回路的方式是:以非基变量为起点,按照横平竖直的原则构造闭回路,要求该回路的其他顶点都为基变量.

下面以表 4-10 中给出的初始基可行解(最小元素法所给出的初始方案)为例讨论闭回路法.从表 4-10 给定的初始方案的任一空格出发寻找闭合回路,如对于空格$(A,甲)$,向下在$(B,甲)$的位置存在唯一的一个基变量,因此以$(B,甲)$作为下一个闭回路的顶点;从基变量$(B,甲)$出发,向右到$(B,丙)$的位置存在唯一的基变量,因此以$(B,丙)$作为下一个闭回路的顶点;从基变量$(B,丙)$出发,向上在$(A,丙)$的位置存在唯一的一个基变量,因此以$(A,丙)$作为下一个闭回路的顶点;最后回到$(A,甲)$的位置就构成了一个闭回路,如表 4-28 所示.

表 4-28

| 运价＼销地　产地 | 甲 | 乙 | 丙 | 丁 | 产量 |
|---|---|---|---|---|---|
| $A$ |  | ⌐- - - - - ⌐ | **4** | 3 | 7 |
| $B$ | **3** | ⌐- - - - - ⌐ | **1** |  | 4 |
| $C$ |  | 6 |  | 3 | 9 |
| 销量 | 3 | 6 | 5 | 6 |  |

显然,当$(A,甲)$从非基变量变成基变量,运送物资的量就从 0 变成一个大于 0 的数,不妨设为 1,则甲这个销地所需的从 $B$ 运送的物资的量就减少 1 个单位;由于产地 $B$ 的产量是确定的,因此运送到$(B,丙)$物资的量就增加了 1 个单位;最后,销地丙所需的从 $A$ 运送的物资的量就减少 1 个单位.由此,可对闭回路的各个顶点做符号标定,$(A,甲)$位置的符号为"＋",$(B,甲)$位置的符号为"－",$(B,丙)$位置的符号为"＋",$(A,丙)$位置的符号为"－".

对于这样的方案调整,相应的运费会有什么变化呢?可以看出在$(A,甲)$处增加 1 个单位,运费增加 3 个单位;在$(A,丙)$处减少 1 个单位,运费减少 3 个单位;在$(B,丙)$处增加 1 个单位,运费增加 2 个单位;在$(B,甲)$处减少 1 个单位,运费减少 1 个单位.增减相抵后,总的运费增加了 1 个单位.由检验数的经济含义可知,$(A,甲)$处单位运量调整所引起的运费增量就是$(A,甲)$的检验数,即 $\sigma_{11}=1$.

因此计算检验数的公式为

$$\sigma_{ij}＝符号为正的顶点运价之和－符号为负的顶点运价之和$$

仿照上述步骤可以计算初始方案中所有空格的检验数,表 4-29～表 4-34 展示了各检验数的计算过程,表 4-34 给出了最终结果.可以证明,对初始方案中的每一个空格来说,"闭合回路存在且唯一".

表 4-29

| 运价\销地<br>产地 | 甲 | 乙 | 丙 | 丁 | 产量 |
|---|---|---|---|---|---|
| A | $\sigma_{11}=1$ | （+11） | 4 | 3（−10） | 7 |
| B | 3 | | 1 | | 4 |
| C | | 6（−4） | | 3（+5） | 9 |
| 销量 | 3 | 6 | 5 | 6 | |

表 4-30

| 运价\销地<br>产地 | 甲 | 乙 | 丙 | 丁 | 产量 |
|---|---|---|---|---|---|
| A | $\sigma_{11}=1$ | $\sigma_{12}=2$ | 4（+3） | 3（−10） | 7 |
| B | 3 | （+9） | 1（−2） | | 4 |
| C | | 6（−4） | | 3（+5） | 9 |
| 销量 | 3 | 6 | 5 | 6 | |

表 4-31

| 运价\销地<br>产地 | 甲 | 乙 | 丙 | 丁 | 产量 |
|---|---|---|---|---|---|
| A | $\sigma_{11}=1$ | $\sigma_{12}=2$ | 4（+3） | 3（−10） | 7 |
| B | 3 | $\sigma_{22}=1$ | 1（−2） | （+8） | 4 |
| C | | 6 | | 3 | 9 |
| 销量 | 3 | 6 | 5 | 6 | |

表 4-32

| 运价\销地<br>产地 | 甲 | 乙 | 丙 | 丁 | 产量 |
|---|---|---|---|---|---|
| A | $\sigma_{11}=1$ | $\sigma_{12}=2$ | 4（−3） | 3（+10） | 7 |
| B | 3 | $\sigma_{22}=1$ | 1 | $\sigma_{24}=-1$ | 4 |
| C | | 6 | （+10） | 3（−5） | 9 |
| 销量 | 3 | 6 | 5 | 6 | |

表 4-33

| 运价 销地<br>产地 | 甲 | 乙 | 丙 | 丁 | 产量 |
|---|---|---|---|---|---|
| $A$ | $\sigma_{11}=1$ | $\sigma_{12}=2$ | **4**$(-3)$ | **3**$(+10)$ | 7 |
| $B$ | **3**$(-1)$ | $\sigma_{22}=1$ | **1**$(+2)$ | $\sigma_{24}=-1$ | 4 |
| $C$ | $(+7)$ | 6 | $\sigma_{33}=12$ | **3**$(-5)$ | 9 |
| 销量 | 3 | 6 | 5 | 6 | |

表 4-34

| 运价 销地<br>产地 | 甲 | 乙 | 丙 | 丁 | 产量 |
|---|---|---|---|---|---|
| $A$ | $\sigma_{11}=1$ | $\sigma_{12}=2$ | **4** | **3** | 7 |
| $B$ | **3** | $\sigma_{22}=1$ | **1** | $\sigma_{24}=-1$ | 4 |
| $C$ | $\sigma_{31}=10$ | **6** | $\sigma_{33}=12$ | **3** | 9 |
| 销量 | 3 | 6 | 5 | 6 | |

如果检验数表中所有数字均大于等于零,表明对调运方案做出任何改变都将导致运费的增加,即给定的方案是最优方案.在表 4-34 中,$\sigma_{24}=-1$,说明方案需要进一步改进.

2. 位势法(Potential Method)

用闭回路法判断一个运输方案是否为最优方案,需要找出所有非基变量的闭回路,并求出相应的检验数.当问题的规模比较大时,非基变量比较多,计算检验数的工作十分繁重.下面介绍比较简便的方法——位势法.

位势法也称为对偶变量法,标准运输问题的对偶问题一般可表示为

$$\max w = \sum_{i=1}^{m} a_i u_i + \sum_{i=1}^{m} b_j v_j$$

$$\text{s. t.} \begin{cases} u_i + v_j \leqslant c_{ij} \\ i=1,\cdots,m \\ j=1,\cdots,n \end{cases}$$

由线性规划问题检验数的计算公式,有

$$\sigma_{ij} = c_{ij} - \boldsymbol{c}_B \boldsymbol{B}^{-1} \boldsymbol{p}_{ij} = c_{ij} - (u_1,\cdots,u_m,v_1,\cdots,v_n)\boldsymbol{p}_{ij} = c_{ij} - u_i - v_j$$

由于变量是与产地和销地相对应的,因此对于特定的调运方案的每一行 $i$ 给出一个因子 $u_i$(称为行位势),每一列给出一个因子 $v_j$(称为列位势),使对于目前

解的每一个基变量 $x_{ij}$ 有 $c_{ij}=u_i+v_j$,这里的 $u_i$ 和 $v_j$ 可正可负,也可以为 0.那么任一非基变量 $x_{ij}$ 的检验数就是

$$\sigma_{ij}=c_{ij}-(u_i+v_j)$$

对于一个具有 $m$ 个产地、$n$ 个销地的运输问题,应有 $m$ 个行位势、$n$ 个列位势,即具有 $m+n$ 个位势.运输问题基变量的个数只有 $m+n-1$ 个,所以利用基变量所对应的 $m+n-1$ 个方程,求出 $m+n$ 个位势,进而计算各非基变量的检验数是不现实的.通常可以通过在这些方程中对任意一个因子假定一个任意的值(如 $u_1=0$ 等),再求解其余的 $m+n-1$ 个未知因子,这样就可求得所有非基变量的检验数.仍以表 4-10 中给出的初始基可行解(最小元素法所给出的初始方案)为例,讨论位势法求解非基变量检验数的过程.

第一步,把方案表中基变量格填入其相应的运价;为使每一个基变量 $x_{ij}$ 都满足 $c_{ij}=u_i+v_j$,可构造一组线性方程:

$$\begin{cases} u_1+v_3=3 \\ u_1+v_4=10 \\ u_2+v_1=1 \\ u_2+v_3=2 \\ u_3+v_2=4 \\ u_3+v_4=5 \end{cases}$$

令 $u_1=0$,求解上述线性方程组,如表 4-35 所示.

表 4-35

| 运价 销地 \ 产地 | 甲 | 乙 | 丙 | 丁 | 产量 |
|---|---|---|---|---|---|
| $A$ | | | 3 | 10 | 0 |
| $B$ | 1 | | 2 | | —1 |
| $C$ | | 4 | | 5 | —5 |
| $v_j$ | 2 | 9 | 3 | 10 | |

第二步,利用 $\sigma_{ij}=c_{ij}-(u_i+v_j)$ 计算各非基变量 $x_{ij}$ 的检验数,结果见表 4-34.

## 三、调运方案的修正

与单纯形法一样,当检验数都大于等于 0 时,当前的基可行解为最优解;否则在负检验数中找出最小的检验数对应的变量 $x_{lk}$,利用闭回路法对该基可行解进行修正.

具体过程为:以 $x_{lk}$ 和基变量为顶点找一个闭回路,分别标号"+""—";取标号

为"一"的最小的运量为调整量,在闭回路上进行调整,标"＋"的加,标"一"的减;当存在 $x_{sf}$ 的运量为 0 时,该变量为出基变量,得到一个新的基可行解,再求检验数.以表 4-34 为例说明上述过程.在表 4-34 中,$\min\{\sigma_{ij}|\sigma_{ij}<0\}=\sigma_{24}=-1$,故选择 $x_{24}$ 为进基变量.在进基变量 $x_{24}$ 所处的闭回路上标定符号,如表 4-36 所示.

表 4-36

| 运价\销地<br>产地 | 甲 | 乙 | 丙 | 丁 | 产量 |
|---|---|---|---|---|---|
| $A$ | $\sigma_{11}=1$ | $\sigma_{12}=2$ | **4**＋ ┄ 一 **3** | | 7 |
| $B$ | **3** | $\sigma_{22}=1$ | **1**一 ┄ ＋ $\sigma_{24}=-1$ | | 4 |
| $C$ | $\sigma_{31}=10$ | **6** | $\sigma_{33}=12$ | **3** | 9 |
| 销量 | 3 | 6 | 5 | 6 | |

闭回路上符号为负的基变量中运量最小为 1,因此赋予 $x_{24}$ 最大的增量"1",相应地有 $x_{23}$ 出基,$x_{13}=5$,$x_{14}=2$.利用闭回路法或位势法计算各非基变量的检验数,可得表 4-37.

表 4-37

| 运价\销地<br>产地 | 甲 | 乙 | 丙 | 丁 | 产量($a_i$) |
|---|---|---|---|---|---|
| $A$ | $\sigma_{11}=1$ | $\sigma_{12}=2$ | **5** | **2** | 7 |
| $B$ | **3** | $\sigma_{22}=2$ | $\sigma_{23}=1$ | **1** | 4 |
| $C$ | $\sigma_{31}=9$ | **6** | $\sigma_{33}=12$ | **3** | 9 |
| 销量($b_j$) | 3 | 6 | 5 | 6 | |

由于表 4-37 中的检验数均大于等于零,所以表 4-37 给出的方案是最优方案,这个最优方案的运费是 85 个单位.

## 四、几点说明

(1) 若运输问题的某一基可行解有多个非基变量的检验数为负,在继续进行迭代时,取它们中的任一变量为进基变量均可使目标函数值得到改善,但通常取 $\sigma_{ij}<0$ 中最小者对应的变量作为进基变量.

(2) 当迭代到运输问题的最优解时,如果有某非基变量的检验数等于 0,则说明该运输问题有多个最优解.

(3) 当运输问题出现退化现象,即在迭代过程中有可能在某个位置填入一个运量时须同时划去运输表的一行和一列. 为了使表上作业法的迭代能顺利进行下去, 退化时应在同时划去的一行或一列中的某个格处填入数字 0, 表示该位置的变量是取值为 0 的基变量, 使迭代过程中基变量的个数恰好为 $m+n-1$ 个.

# §3  非标准运输问题的讨论

表上作业法不仅能够处理产销平衡的运输问题, 对于产销不平衡的运输问题也同样能够处理. 本节将对这些运输问题的拓展问题进行讨论.

## 一、产大于销的运输问题

总产量大于总销量的运输问题即为产大于销的运输问题. 在实际问题中, 产大于销意味着某些产品被积压在仓库中.

如果把仓库也看成一个假想的销地, 令其销量等于总产量与总销量的差; 那么, 产大于销的运输问题就转换成产销平衡的运输问题了.

假想一个销地, 相当于在原产销关系表上增加一列. 由于假想的销地代表的是仓库, 而我们优化的运费是产地与销地间的运输费用, 并不包括厂内的运输费用, 所以假想列所对应的运价都取为"0".

至此, 我们已经将产大于销的运输问题转换成产销平衡的运输问题, 进一步的求解可利用表上作业法来完成.

**例 4-3**  将表 4-35 所示的产大于销的运输问题转换成产销平衡的运输问题, 见表 4-38.

表 4-38

| 运价　销地 产地 | 甲 | 乙 | 丙 | 丁 | 产量($a_i$) |
|---|---|---|---|---|---|
| $A$ | 3 | 11 | 3 | 10 | 7 |
| $B$ | 1 | 9 | 2 | 8 | 4 |
| $C$ | 7 | 4 | 10 | 5 | 12 |
| 销量($b_i$) | 3 | 6 | 5 | 6 | |

此运输问题的总产量为 23、总销量为 20, 所以假想一个销地"戊", 令其销量刚好等于总产量与总销量的差"3". 取假想的"戊"列所对应的运价都为"0", 可得表 4-39 所示的产销平衡运输问题.

表 4-39

| 运价 销地<br>产地 | 甲 | 乙 | 丙 | 丁 | 戊 | 产量($a_i$) |
|---|---|---|---|---|---|---|
| $A$ | 3 | 11 | 3 | 10 | **0** | 7 |
| $B$ | 1 | 9 | 2 | 8 | **0** | 4 |
| $C$ | 7 | 4 | 10 | 5 | **0** | 12 |
| 销量($b_j$) | 3 | 6 | 5 | 6 | **3** | |

## 二、销大于产的运输问题

总销量大于总产量的运输问题即销大于产的运输问题. 同产大于销的问题一样, 假想一个产地, 令其产量刚好等于总销量与总产量的差, 则销大于产的运输问题就转换成产销平衡的运输问题.

假想的产地并不存在, 各销地从假想产地所得到的运量, 实际上所表示的是其未满足的需求. 由于假想的产地与各销地之间并不存在实际的运输, 因此假想的产地行所有的运价都应该是"0".

**例 4-4**　将表 4-40 所示的销大于产的运输问题转换成产销平衡的运输问题, 见表 4-40.

表 4-40

| 运价 销地<br>产地 | 甲 | 乙 | 丙 | 丁 | 产量($a_i$) |
|---|---|---|---|---|---|
| $A$ | 3 | 11 | 3 | 10 | 7 |
| $B$ | 1 | 9 | 2 | 8 | 4 |
| $C$ | 7 | 4 | 10 | 5 | 9 |
| 销量($b_j$) | 11 | 6 | 5 | 6 | |

此运输问题的总产量为 20、总销量为 28, 所以假设一个虚拟产地"$D$", 令其产量刚好等于总销量与总产量的差"8". 令假想的"$D$"行所对应的运价均为"0", 可得表 4-41 所示的产销平衡运输问题.

表 4-41

| 运价＼销地＼产地 | 甲 | 乙 | 丙 | 丁 | 产量($a_i$) |
|---|---|---|---|---|---|
| $A$ | 3 | 11 | 3 | 10 | 7 |
| $B$ | 1 | 9 | 2 | 8 | 4 |
| $C$ | 7 | 4 | 10 | 5 | 9 |
| $D$ | 0 | 0 | 0 | 0 | 8 |
| 销量($b_j$) | 11 | 6 | 5 | 6 | |

### 三、求极大值问题

若运输问题的目标函数不再要求总运费最低，而是求利润最大或营业额最大等问题，其数学模型表示为

$$\max z = \sum_{i=1}^{m} \sum_{j=1}^{n} c_{ij} x_{ij}$$

$$\text{s. t.} \begin{cases} \sum_{j=1}^{n} x_{ij} = a_i & (i=1,\cdots,m) \\ \sum_{i=1}^{m} x_{ij} = b_j & (j=1,\cdots,n) \\ x_{ij} \geqslant 0 & (i=1,\cdots,m; j=1,\cdots,n) \end{cases}$$

将极大化问题转化为极小化问题．设极大化问题的运价表为 $C$，用一个较大的数 $M(M \geqslant \max c_{ij})$ 去减每一个 $c_{ij}$ 得到矩阵 $C'$，其中 $C' = (M - c_{ij}) \geqslant 0$，将 $C'$ 作为极小化问题的运价表，用表上作业法求出最优解．

**例 4-5** 已知矩阵 $C$（见表 4-42）是 $A_i$ 到 $B_j (i=1,2,3; j=1,2,3,4)$ 的吨公里利润，运输部门应如何安排运输方案才能使总利润最大？

表 4-42

| 运价＼销地＼产地 | $B_1$ | $B_2$ | $B_3$ | 产量 |
|---|---|---|---|---|
| $A_1$ | 2 | 5 | 8 | 9 |
| $A_2$ | 9 | 10 | 7 | 10 |
| $A_3$ | 6 | 5 | 4 | 12 |
| 销量 | 8 | 14 | 9 | |

**解** 取 $M = \max c_{ij} = 10$，$c'_{ij} = 10 - c_{ij}$，得到新的最小化运输问题，如表 4-43

所示,用表上作业法处理即可(此处略).

表 4-43

| 运价　　销地<br>产地 | $B_1$ | $B_2$ | $B_3$ | 产量 |
|---|---|---|---|---|
| $A_1$ | 8 | 5 | 2 | 9 |
| $A_2$ | 1 | 0 | 3 | 10 |
| $A_3$ | 4 | 5 | 6 | 12 |
| 销量 | 8 | 14 | 9 | |

## *§4　运输问题的进一步讨论

前面讨论运输问题时,仅考虑了决定总运费的 3 个基本因素,即产量、销量和运价.但在实际的运输问题中,为制定切实可行的调运方案,还要考虑其他的经济因素或非经济因素,如运输能力、物资中转、政府政策、社会效益等.这样在求解这种类型的运输问题的数学模型中,不仅含有产量约束和销量约束,还要增加一些相应的约束条件以反映上述因素对总运费的影响.于是该模型不再为狭义的运输问题.但在许多情况下,可以通过一些特殊的处理方法使之转化为运输问题,从而可应用表上作业法求解.

### 一、禁运与封锁

在实际的物资运输管理中常遇到以下情况:某种物资不能从产地 $A_i$ 运往销地 $B_j$,或者销地 $B_j$ 不接收从产地 $A_i$ 调入的物资,称前者为 $A_i$ 对 $B_j$ 的禁运,后者为 $B_j$ 对 $A_i$ 的封锁.造成禁运或封锁的因素很多,例如,$A_i$ 与 $B_j$ 之间没有运输线路,或者由于自然灾害造成了原有交通运输线的中断,这样就形成了 $A_i$ 对 $B_j$ 的禁运.如果物资需通过铁路、航运运输,但由于运输能力有限,有关部门暂时禁止这批物资通过他们所管辖的路段,也人为地造成了 $A_i$ 对 $B_j$ 的禁运.由于某经济原因,如质量问题或合同约束,销地 $B_j$ 拒绝接收产地 $A_i$ 的物资,从而形成 $B_j$ 对 $A_i$ 的封锁.

禁运和封锁给物资运输管理工作带来的后果是在制定物资调运方案时,必须使物资从 $A_i$ 到 $B_j$ 的调运量为零.也就是说,在数学模型中要增加约束条件 $x_{ij}=0$,去掉这个约束条件使模型转化为运输问题的方法是:将 $A_i$ 到 $B_j$ 的运价 $c_{ij}$ 修改为一个充分大的正数 $M$,从而使得任意一个含有 $x_{ij}\neq0$ 的调运方案均不可能成为最优方案,这样在得到了相应的运输问题的最优调运方案时,约束条件 $x_{ij}=0$ 自动地得到了满足.

**例 4-6** 供需双方在协商后签订了一个供货合同,合同规定供给方向 6 个地区 $B_1,B_2,B_3,B_4,B_5,B_6$ 提供某种物资并负责物资的运输,同时规定 $B_2$ 和 $B_4$ 的物资只能由产地 $A_1$ 或 $A_2$ 调入.各地的供给量、需求量及运价由表 4-44 给出.求满足合同要求的最优调运方案.

表 4-44

| 销地<br>产地 | $B_1$ | $B_2$ | $B_3$ | $B_4$ | $B_5$ | $B_6$ | 供给量 |
|---|---|---|---|---|---|---|---|
| $A_1$ | 3 | 5 | 7 | 9 | 2 | 8 | 150 |
| $A_2$ | 1 | 3 | 2 | 6 | 4 | 5 | 180 |
| $A_3$ | 2 | 2 | 6 | 3 | 4 | 6 | 120 |
| 需求量 | 70 | 80 | 40 | 140 | 60 | 60 | 450 |

**解** 合同要求 $B_2$ 和 $B_4$ 的物资只能由 $A_1$ 或 $A_2$ 供给,这形成了 $B_2$ 和 $B_4$ 对 $A_3$ 的封锁.将 $c_{32}$ 和 $c_{34}$ 改为 $M$（在应用计算机计算时 $M$ 可取一个确定的数,如 $M=50$）,根据供需平衡表（见表 4-45）,对这个问题应用表上作业法可得最优调运方案,该方案由最优调运方案表（见表 4-46）给出.

表 4-45

| 销地<br>产地 | $B_1$ | $B_2$ | $B_3$ | $B_4$ | $B_5$ | $B_6$ | 供给量 |
|---|---|---|---|---|---|---|---|
| $A_1$ | 3 | 5 | 7 | 9 | 2 | 8 | 150 |
| $A_2$ | 1 | 3 | 2 | 6 | 4 | 5 | 180 |
| $A_3$ | 2 | $M$ | 6 | $M$ | 4 | 6 | 120 |
| 需求量 | 70 | 80 | 40 | 140 | 60 | 60 | 450 |

表 4-46

| | $B_1$ | $B_2$ | $B_3$ | $B_4$ | $B_5$ | $B_6$ |
|---|---|---|---|---|---|---|
| $A_1$ | 10 | 80 | | | 60 | |
| $A_2$ | | | 40 | 140 | | |
| $A_3$ | 60 | | | | | 60 |

## 二、运输能力限制

在制定物资调运方案时,管理人员应该考虑物资所经路段的运输能力.设 $A_i$

与 $B_j$ 的路段的运输能力为 $d_{ij}$,如果 $A_i$ 的供应量和 $B_j$ 的需求量都大于 $d_{ij}$,则从 $A_i$ 到 $B_j$ 的物资调运量至多为 $d_{ij}$,也就是说,在物资调运时 $A_i$ 到 $B_j$ 的路段存在运输能力的限制.此时应在相应的数学模型中增加运输能力约束,即有 $x_{ij} \leqslant d_{ij}$. 为将这种类型的问题转化为运输问题模型,可将 $B_j$ 想象为两个销地 $B_j'$ 和 $B_j''$,规定 $B_j'$ 的需求量为 $d_{ij}$,从而使得 $A_i$ 到 $B_j'$(实际上为 $A_i$ 到 $B_j$)路段不再有运输能力的限制,同时规定 $B_j''$ 的需求量为 $b_j - d_{ij}$,且 $B_j''$ 对 $A_i$ 封锁,这样就不会有多于 $d_{ij}$ 的物资经过 $A_i$ 到 $B_j$ 的路段.

**例 4-7** 某运输公司可承担某种物资的运输任务,供需关系与单位成本由表 4-47 给出,$c_{ij}$ 表示单位物资从 $A_i$ 到 $B_j$ 的成本.有关部门在 $A_1$ 到 $B_3$、$A_2$ 到 $B_1$、$A_2$ 到 $B_4$ 这 3 个路段给出该公司的物资通过限量分别为 15、15 和 10.应如何制定物资调运方案,才能使运输的总成本最小?

表 4-47

| 产地＼销地 | $B_1$ | $B_2$ | $B_3$ | $B_4$ | 供给量 |
|---|---|---|---|---|---|
| $A_1$ | 9 | 5 | 3 | 10 | 25 |
| $A_2$ | 6 | 3 | 7 | 2 | 55 |
| $A_3$ | 3 | 8 | 4 | 2 | 20 |
| 需求量 | 45 | 15 | 20 | 20 | 100 |

**解** 由于 $A_2$ 的供应量和 $B_1$ 的需求量都大于该路段的限制量,上述问题在 $A_2$ 到 $B_1$ 路段具有运输能力限制.为建立该问题的运输问题模型,将 $B_1$ 视为两个销地 $B_1'$ 和 $B_1''$,需求量分别为 15 和 30,且 $B_1''$ 对 $A_2$ 封锁.同样可处理另两个有运输能力限制的路段,$A_1$ 到 $B_3$ 和 $A_2$ 到 $B_4$.具体的模型见供需平衡表(表 4-48).

表 4-48

| 产地＼销地 | $B_1'$ | $B_1''$ | $B_2$ | $B_3'$ | $B_3''$ | $B_4'$ | $B_4''$ | 供给量 |
|---|---|---|---|---|---|---|---|---|
| $A_1$ | 9 | 9 | 5 | 3 | $M$ | 10 | 10 | 25 |
| $A_2$ | 6 | $M$ | 3 | 7 | 7 | 2 | $M$ | 55 |
| $A_3$ | 3 | 3 | 8 | 4 | 4 | 2 | 2 | 20 |
| 需求量 | 15 | 30 | 15 | 15 | 5 | 10 | 10 | 100 |

应用表上作业法求解,结果如表 4-49 所示.将 $B_j'$ 和 $B_j''$ 合并视为 $B_j$($j=1,3,4$),就得到可操作的调运方案,见表 4-50.

表 4-49

|  | $B_1'$ | $B_1''$ | $B_2$ | $B_3'$ | $B_3''$ | $B_4'$ | $B_4''$ |
|---|---|---|---|---|---|---|---|
| $A_1$ |  | 20 |  | 5 |  |  |  |
| $A_2$ | 15 |  | 15 | 10 | 5 | 10 |  |
| $A_3$ |  | 10 |  |  |  |  | 10 |

表 4-50

|  | $B_1$ | $B_2$ | $B_3$ | $B_4$ |
|---|---|---|---|---|
| $A_1$ | 20 |  | 5 |  |
| $A_2$ | 15 | 15 | 15 | 10 |
| $A_3$ | 10 |  |  | 10 |

### 三、有界需求

我们已经知道，在物资调运中，如果总供应量小于总需求量，需要虚拟一个产地以达到形式上的供需平衡. 但如果仅考虑运输总费用最小这一经济目标，就可能使得一个或一些销地的需求全部由虚拟的产地供给，而实际上这些销地将得不到任何物资. 若这种物资是很重要的工业原料或者是日常生活中的必需品，上述情况的出现将会对这些销地的经济发展和人民生活需求带来重大影响. 为避免出现这种情况，政府或有关部门应该给予干预. 也就是说，应从经济利益和社会利益等诸多方面统筹安排，以供物资在各个销地得到合理的分配. 其中的一个方法是对分配给一些销地的物资数量适当地加以限制，如限制销地 $B_j$ 的物资数量在 $L_j$ 和 $U_j$ 之间，其中 $0 \leqslant L_j \leqslant U_j$. 称这种类型的问题为具有有界需求的物资调运（分配）问题，称 $L_j$ 和 $U_j$ 分别为销地 $B_j$ 的最低需求量和最高需求量.

在物资分配时，$L_j$ 和 $U_j$ 将起到协调作用，它们的取值应由政府或有关部门根据各地的实际情况给出，也可由各销地充分协商后确定. 但是 $L_j$ 和 $U_j$ 应满足如下条件：

$$\sum_{j=1}^{n} L_j < \sum_{i=1}^{m} a_i < \sum_{j=1}^{n} U_j$$

即使总供应量介于最低需求总量和最高需求总量之间. 因为从经济学的角度，如果总供应量与其中任意一个量相等，将使物资分配成为一种简单的运输问题. 具有有界需求的物资调运（分配）问题含有约束条件：

$$L_j \leqslant \sum_{i=1}^{m} x_{ij} \leqslant U_j \quad (j = 1, 2, \cdots, n)$$

为建立它的运输问题模型可采用以下方法：将每个销地 $B_j$ 视为两个销地 $B_j'$ 和

$B_j''$,令 $L_j$ 为 $B_j'$ 的需求量,且 $B_j'$ 对虚拟产地 $A_{m+1}$ 封锁以满足 $B_j$ 的最低需求.$B_j''$ 的需求量为 $U_j-L_j$,$B_j''$ 的物资可由 $A_{m+1}$ 供给,即 $A_{m+1}$ 到 $B_j''$ 的运价为 0. 由于从总体上物资是供不应求的,每个销地实际得到的物资量不会超过该地的最高需求量.这样使得上述约束条件隐含于运输问题模型之中.

**例 4-8** 某商业公司为下属 4 个商场 $B_1,B_2,B_3,B_4$ 采购某种商品,由于资源紧张,采购部门仅能从产地 $A_1,A_2$ 和 $A_3$ 处得到有限的订货量,不能充分满足各商场的实际需要.管理部门决定对各商场实行限量供应.根据表 4-51,制定一个分配方案,使得在满足各个商场的最低需求的条件下公司付出的总运输费用最少.

表 4-51

| | $B_1$ | $B_2$ | $B_3$ | $B_4$ | 订货量 |
|---|---|---|---|---|---|
| $A_1$ | 16 | 13 | 22 | 17 | 50 |
| $A_2$ | 14 | 13 | 19 | 15 | 60 |
| $A_3$ | 19 | 20 | 23 | $M$ | 50 |
| 最低需求量 | 30 | 70 | 无 | 10 | |
| 最高需求量 | 50 | 70 | 30 | 无 | |

**解** 首先补足数据表中缺失的数据,考虑到 $B_3$ 无最低需求的要求,可以设定它的最低需求量满足 $L_3=0$,这样 4 个销地的最低需求总量 $L=110$. 由于在最低需求时总订货量 $S=110$,在满足各商场的最低需求后,商品还多出 50,可设想全部分配给 $B_4$,从而 $B_4$ 的最高需求量为 $U_4=60$.现在 4 个商场的最高需求量为 210,因此虚拟在产地 $A_4$ 处的订货量为 $a_4=50$.根据前面的分析可得出该问题的运输问题模型,如表4-52所示.

表 4-52

| 产地\销地 | $B_1'$ | $B_1''$ | $B_2'$ | $B_3''$ | $B_4'$ | $B_4''$ | $a_i$ |
|---|---|---|---|---|---|---|---|
| $A_1$ | 16 | 16 | 13 | 22 | 17 | 17 | 50 |
| $A_2$ | 14 | 14 | 13 | 19 | 15 | 15 | 60 |
| $A_3$ | 19 | 19 | 20 | 23 | $M$ | $M$ | 50 |
| $A_4$ | $M$ | 0 | $M$ | 0 | $M$ | 0 | 50 |
| $b_j$ | 30 | 20 | 70 | 30 | 10 | 50 | 210 |

模型中不含 $B_2''$ 和 $B_3'$,这是由于 $U_2-L_2=0,L_3=0$.之后可求得最优分配方案,如表 4-53 所示.

表 4-53

| | $B_1'$ | $B_1''$ | $B_2'$ | $B_3''$ | $B_4'$ | $B_4''$ |
|---|---|---|---|---|---|---|
| $A_1$ | | | 50 | | | |
| $A_2$ | | | 20 | | 10 | 30 |
| $A_3$ | 30 | 20 | 0 | | | |
| $A_4$ | | | | 30 | | 20 |

而实际分配方案由表 4-54 给出.

表 4-54

| | $B_1$ | $B_2$ | $B_3$ | $B_4$ |
|---|---|---|---|---|
| $A_1$ | | 50 | | |
| $A_2$ | | 20 | | 40 |
| $A_3$ | 50 | | | |

## 四、转运运输

在运输管理中,经常要处理物资的中转运输问题. 例如,物资从产地运到销地必须使用不同的运输工具时,就需要首先将物资从产地运到某地(称为中转站),更换运输工具后再运往销地. 又如,由于运输能力的限制或价格因素(转运运价小于直接运价),需要将不同产地的物资首先集中到某个中转站,再由中转站发往销地. 需要中转站的运输称为转运运输.

首先讨论一次转运问题. 其一般提法是:设有 $r$ 个中转站 $T_1, T_2, \cdots, T_r$. 物资的运输过程是先从产地 $A_i$ 运到某个中转站 $T_k$,再运往销地 $B_j$. 已知 $A_i$ 到 $T_k$ 的运价为 $c_{ik}$, $T_k$ 到 $B_j$ 的运价为 $c_{kj}$,$A_i$ 的供给量为 $a_j$,通过 $T_k$ 的最大运输能力为 $d_k$, $B_j$ 的需求量为 $b_j$. 不妨设

$$\sum_{i=1}^{m} a_i = \sum_{j=1}^{n} b_j, \quad \sum_{i=1}^{m} a_i \leqslant \sum_{k=1}^{r} d_k$$

也就是说,供需是平衡的且所有的物资经转运后都到达销地. 现在要求得一个转运方案,使得运输的总费用最少.

为建立转运问题的线性规划模型,设决策变量为

$x_{ik}$:从 $A_i$ 到 $T_k$ 的调运量,$i=1,2,\cdots,m; k=1,2,\cdots,r;$

$x_{kj}$:从 $T_k$ 到 $B_j$ 的调运量,$j=1,2,\cdots,n; k=1,2,\cdots,r.$

对每个变量均有非负要求. 目标函数为两个阶段费用之和达到最小,即

$$\min z = \sum_{i=1}^{m} \sum_{k=1}^{r} c_{ik} x_{ik} + \sum_{j=1}^{n} \sum_{k=1}^{r} c_{kj} x_{kj}$$

约束条件分为以下几组：

$$（供给约束）\quad \sum_{k=1}^{r} x_{ik} = a_i,\ i = 1,2,\cdots,m$$

$$（运输能力约束）\quad \sum_{i=1}^{m} x_{ik} = d_k,\ k = 1,2,\cdots,r$$

$$（中转站平衡）\quad \sum_{i=1}^{m} x_{ik} = \sum_{j=1}^{n} x_{kj},\ k = 1,2,\cdots,r$$

$$（需要约束）\quad \sum_{k=1}^{r} x_{kj} = b_j,\ j = 1,2,\cdots,n$$

有转运问题模型的结构，也可转化为运输问题模型求解．其方法是，将每个中转站 $T_k$ 既看成产地又看成销地，从而形成一个有 $m+r$ 个产地（按 $A_1,A_2,\cdots,A_m,T_1,T_2,\cdots,T_r$ 排序）、$r+n$ 个销地（按 $T_1,T_2,\cdots,T_r,B_1,B_2,\cdots,B_n$ 排序）的运输问题．由于物资不能由 $A_i$ 直接到达 $B_j$，故 $B_j$ 对 $A_i$ 封锁．同样，不同的中转站之间也互相封锁．$T_k$（这里需要三指标变量以区分变量表示的是从产地到中转站，还是从中转站到销地，两指标变量不能做到这点）的供给量和需求量均为 $d_k$，从而总供给量为 $\sum_{i=1}^{m} a_i + \sum_{k=1}^{r} d_k$，总需求量为 $\sum_{j=1}^{n} b_j + \sum_{k=1}^{r} d_k$，以实现供需平衡．在转运问题的运输问题模型中，我们实际上已将运输能力化为等式约束，即在该不等式中增加一个松弛变量 $x_{(i+k)k}$，它的实际意义为物资从 $T_k$ 到 $T_k$ 的调运量．当 $x_{(i+k)k} > 0$ 时，即从各产地运到 $T_k$ 的物资总量小于 $d_k$ 时，虚拟这个调运量 $x_{(i+k)k}$ 以达到供需平衡．因此 $T_k$ 到 $T_k$ 的运价为 0．该运输问题的最优方案将处于封锁状态下是调运量为 0，从而自动满足转运问题的所有约束条件．

**例 4-9** 将某种物资从 $A_1,A_2,A_3$ 运往 $B_1,B_2,B_3,B_4,B_5$ 5 个销地，物资必须经过 $T_1,T_2,T_3,T_4$ 中的任意一个中转站转运，有关数据由表 4-55 和表 4-56 给出．求这个转运问题的运输问题模型．

表 4-55

| 中转站／产地 | $T_1$ | $T_2$ | $T_3$ | $T_4$ | 供给量 |
|---|---|---|---|---|---|
| $A_1$ | 4 | 5 | 7 | 6 | 70 |
| $A_2$ | 7 | 12 | 10 | 11 | 80 |
| $A_3$ | 6 | 11 | 8 | 9 | 90 |
| 中转站的运输能力 | 60 | 90 | 120 | 70 | 340 ／ 240 |

表 4-56

| 中转站 ＼ 产地 | $B_1$ | $B_2$ | $B_3$ | $B_4$ | $B_5$ |
|---|---|---|---|---|---|
| $T_1$ | 4 | 3 | 7 | 3 | 7 |
| $T_2$ | 8 | 3 | 4 | 9 | 11 |
| $T_3$ | 4 | 3 | 4 | 7 | 7 |
| $T_4$ | 6 | 2 | 2 | 8 | 8 |
| 销地需求量 | 30 | 20 | 80 | 50 | 60 |

**解** 该转运问题可转化为具有 7 个产地和 9 个销地的运输问题，数学模型可由转运问题供需平衡表（表 4-57）表示.

表 4-57

| | $T_1$ | $T_2$ | $T_3$ | $T_4$ | $B_1$ | $B_2$ | $B_3$ | $B_4$ | $B_5$ | $a_i$ |
|---|---|---|---|---|---|---|---|---|---|---|
| $A_1$ | 4 | 5 | 7 | 6 | $M$ | $M$ | $M$ | $M$ | $M$ | 70 |
| $A_2$ | 7 | 12 | 10 | 11 | $M$ | $M$ | $M$ | $M$ | $M$ | 80 |
| $A_3$ | 6 | 11 | 8 | 9 | $M$ | $M$ | $M$ | $M$ | $M$ | 90 |
| $T_1$ | 0 | $M$ | $M$ | $M$ | 4 | 3 | 7 | 3 | 7 | 60 |
| $T_2$ | $M$ | 0 | $M$ | $M$ | 8 | 3 | 4 | 9 | 11 | 90 |
| $T_3$ | $M$ | $M$ | 0 | $M$ | 4 | 3 | 4 | 7 | 7 | 120 |
| $T_4$ | $M$ | $M$ | $M$ | 0 | 6 | 2 | 2 | 8 | 8 | 70 |
| $b_j$ | 60 | 90 | 120 | 70 | 30 | 20 | 80 | 50 | 60 | 580 |

应用表上作业法可得最优调运方案，如表 4-58 所示.

表 4-58

| | $T_1$ | $T_2$ | $T_3$ | $T_4$ | $B_1$ | $B_2$ | $B_3$ | $B_4$ | $B_5$ |
|---|---|---|---|---|---|---|---|---|---|
| $A_1$ | | | | 70 | | | | | |
| $A_2$ | 60 | | 20 | | | | | | |
| $A_3$ | | | 90 | | | | | | |
| $T_1$ | | | | | | 10 | | 50 | |
| $T_2$ | | 90 | | | | 0 | | | |
| $T_3$ | | | | | 30 | 10 | 10 | | 60 |
| $T_4$ | | | 10 | | | | 70 | | |

由上表不难得出转运方案,如图 4-1 所示.

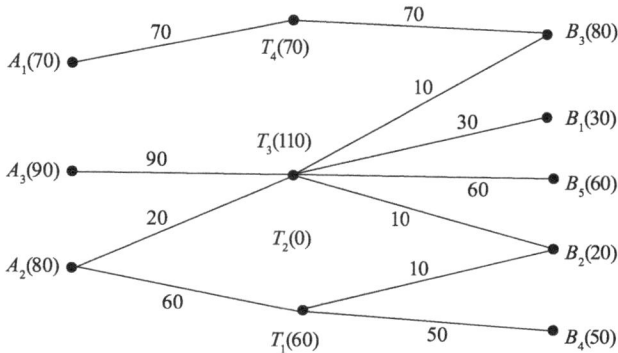

图 4-1

实际运输过程中物资可能需要多次中转,这种类型的转运问题的线性规划比较复杂,但将它转化为运输问题模型时,与一次转运问题具有相同的形式.处理时只需适当掌握好禁运与封锁原则,即当物资不能从一个产地或中转站直接到达另一个中转站或销地时,就应当对这两地实行禁运与封锁.例如,在某个运输过程中,物资从产地 $A_2$ 经汽车运往火车站 $T_1$ 或 $T_2$,经铁路运输到港口 $T_3$ 或 $T_4$,最后海运到销地 $B_3$.此时 $A_2$ 应对 $T_3$ 和 $T_4$ 禁运,$B_3$ 应对 $A_2$,$T_1$ 和 $T_2$ 封锁.由于运输问题的目标函数的优化方向为极小,在最优转运方案中不会出现物资的逆向流动.例如,一个方案中既含有物资从 $T_1$ 到 $T_2$ 的调运(设调运量为 20),又有物资从 $T_2$ 到 $T_1$ 的调运(设调运量为 10),则该问题一定不是最优方案,因为只要将 $T_1$ 到 $T_2$ 的调运量改为 10,$T_1$ 到 $T_1$ 的虚拟调运量也为 10,则总费用必然要减少.

根据实际情况,某些产地或销地也可作为中转站,此时在运输问题模型中应以产地的原有供给量与运输能力之和作为模型中的供给量,并以运输能力作为它的需求量,同时,销地的原有需求量与运输能力之和作为模型中的需求量,以运输能力作为它的供给量.这样仍然保持原有的供需平衡.当转运问题中无运输能力约束时,可以以总供给量作为每个中转站的运输能力限制.

**例 4-10** 某种物资在 3 个产地 $A_1$,$A_2$ 和 $A_3$ 的供给量分别是 9,4 和 7,在 4 个销地 $B_1$,$B_2$,$B_3$,$B_4$ 的需求量分别是 6,6,5,3.物资从产地到销地需转运,连接各地的交通图如图 4-2 所示,图中连线上方的数字表示两地之间的运价.给出这个转运问题的运输问题模型.

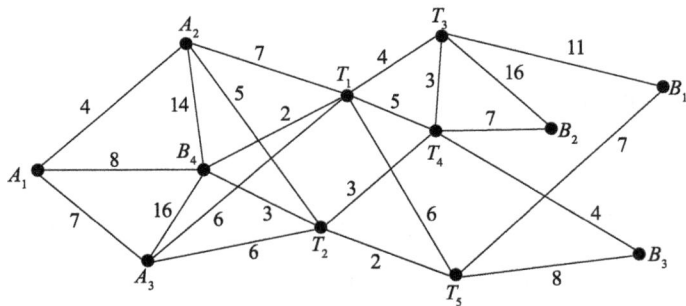

图 4-2

**解** 由图 4-2 可知，$A_2$，$A_3$ 和 $B_4$ 均可作为中转站，这样共有 8 个中转站，转运问题的运输问题模型中共有 9 个产地和 11 个销地．由于各地均设有运输能力约束，因此以 $a=20$ 作为每个中转站的运输能力限制．由图中各地间的关系可确定两地间是否需要禁运与封锁，如此可得下面的模型，如表 4-59 所示．

表 4-59

| | $A_2$ | $A_3$ | $T_1$ | $T_2$ | $T_3$ | $T_4$ | $T_5$ | $B_1$ | $B_2$ | $B_3$ | $B_4$ | $a_i$ |
|---|---|---|---|---|---|---|---|---|---|---|---|---|
| $A_1$ | 4 | 7 | $M$ | $M$ | $M$ | $M$ | $M$ | $M$ | $M$ | $M$ | 8 | 9 |
| $A_2$ | 0 | $M$ | 7 | 5 | $M$ | $M$ | $M$ | $M$ | $M$ | $M$ | 14 | 24 |
| $A_3$ | $M$ | 0 | 2 | 6 | $M$ | $M$ | $M$ | $M$ | $M$ | $M$ | 16 | 27 |
| $T_1$ | 7 | 2 | 0 | $M$ | 4 | 5 | 6 | $M$ | $M$ | $M$ | 2 | 20 |
| $T_2$ | 5 | 6 | $M$ | 0 | $M$ | 3 | 2 | $M$ | $M$ | $M$ | 3 | 20 |
| $T_3$ | $M$ | $M$ | 4 | $M$ | 0 | 3 | $M$ | 11 | 16 | $M$ | $M$ | 20 |
| $T_4$ | $M$ | $M$ | 5 | 3 | 3 | 0 | $M$ | $M$ | 7 | 4 | $M$ | 20 |
| $T_5$ | $M$ | $M$ | 6 | 2 | $M$ | $M$ | 0 | 7 | $M$ | 8 | $M$ | 20 |
| $B_4$ | 14 | 16 | 2 | 3 | $M$ | $M$ | $M$ | $M$ | $M$ | $M$ | 0 | 20 |
| $b_j$ | 20 | 20 | 20 | 20 | 20 | 20 | 20 | 6 | 6 | 5 | 23 | 180 |

一般来讲，多过程的转运问题都可以用一个图表示（见图 4-2），称这个图为网络．因此，多过程转运问题也可归结为网络分析中的"最小费用最大流"问题．

# 习题四

一、思考题：运输问题中，若出现退化情形，应该在什么地方补"0"？

二、判断题．

运输问题是一种特殊的线性规划模型,因而求解结果也可能出现下列 4 种情况之一:有唯一最优解、有无穷多最优解、有无界解和无可行解. 　　　　(　　)

三、选择题.

(1)在产销平衡运输问题中,设产地为 $m$ 个,销地为 $n$ 个,那么解中非零变量的个数(　　).

A. 不能大于 $m+n-1$ 　　　　B. 不能小于 $m+n-1$

C. 等于 $m+n-1$ 　　　　D. 不确定

(2)在运输问题中,每次迭代时,如果有某非基变量的检验数等于零,则该运输问题(　　).

A. 无最优解 　　　　B. 有无穷多个最优解

C. 有唯一最优解 　　　　D. 出现退化解

四、判断表 4-60a,b,c 中给出的调运方案能否作为作业法求解时的初始解?为什么?

表 4-60(a)

| 销地 产地 | $B_1$ | $B_2$ | $B_3$ | $B_4$ | $B_5$ | $B_6$ | 产量 |
|---|---|---|---|---|---|---|---|
| $A_1$ | 20 | 10 | | | | | 30 |
| $A_2$ | | 30 | 20 | | | | 50 |
| $A_3$ | | | 10 | 10 | 50 | 5 | 75 |
| $A_4$ | | | | | | 20 | 20 |
| 销量 | 20 | 40 | 30 | 10 | 50 | 25 | |

表 4-60(b)

| 销地 产地 | $B_1$ | $B_2$ | $B_3$ | $B_4$ | $B_5$ | $B_6$ | 产量 |
|---|---|---|---|---|---|---|---|
| $A_1$ | | | | | 30 | | 30 |
| $A_2$ | 20 | 30 | | | | | 50 |
| $A_3$ | | 10 | 30 | 10 | | 25 | 75 |
| $A_4$ | | | | | 20 | | 20 |
| 销量 | 20 | 40 | 30 | 10 | 50 | 25 | |

表 4-60(c)

| 销地\产地 | $B_1$ | $B_2$ | $B_3$ | $B_4$ | $B_5$ | 产量 |
|---|---|---|---|---|---|---|
| $A_1$ | 5 | 20 | | | | 25 |
| $A_2$ | | 18 | 12 | | | 30 |
| $A_3$ | 15 | | 5 | | 20 | 40 |
| $A_4$ | | | | 20 | | 20 |
| 销量 | 20 | 38 | 17 | 20 | 20 | |

五、已知某运输问题的产销平衡表及给出的一个调运方案(表 4-61a)单位运价表(表 4-61b)，判断所给出的调运方案是否为最优？说明理由.

表 4-61(a)

| 销地\产地 | $B_1$ | $B_2$ | $B_3$ | $B_4$ | $B_5$ | $B_6$ | 产量 |
|---|---|---|---|---|---|---|---|
| $A_1$ | | 40 | | | 10 | | 50 |
| $A_2$ | 5 | 10 | 20 | | 5 | | 40 |
| $A_3$ | 25 | | | 24 | | 11 | 60 |
| $A_4$ | | | | 16 | 15 | | 31 |
| 销量 | 25 | 25 | 20 | 20 | 20 | 71 | |

表 4-61(b)

| 销地\产地 | $B_1$ | $B_2$ | $B_3$ | $B_4$ | $B_5$ | $B_6$ |
|---|---|---|---|---|---|---|
| $A_1$ | 2 | 1 | 3 | 3 | 2 | 5 |
| $A_2$ | 3 | 2 | 2 | 4 | 3 | 4 |
| $A_3$ | 3 | 5 | 4 | 2 | 4 | 1 |
| $A_4$ | 4 | 2 | 2 | 1 | 2 | 2 |

六、已知某公司运输问题的产销平衡表与单位运价表如表 4-62 所示.

表 4-62

| 销地<br>产地 | A | B | C | D | E | 产量 |
|---|---|---|---|---|---|---|
| Ⅰ | 10 | 15 | 20 | 20 | 40 | 50 |
| Ⅱ | 20 | 40 | 15 | 30 | 30 | 100 |
| Ⅲ | 30 | 35 | 40 | 25 | 150 | 150 |
| 销量 | 25 | 115 | 60 | 30 | 70 | |

（1）求最优调拨方案；

（2）如产地Ⅲ的产量变为 130，又 B 地区需要的 115 单位必须满足，试重新确定最优调拨方案.

七、表 4-62a,b 分别是一个具有无穷多最优解的运输问题的产销平衡表、单位运价表. 表 4-62a 给出了一个最优解，要求再找出两个不同的最优解.

表 4-62(a)

| 销地<br>产地 | $B_1$ | $B_2$ | $B_3$ | $B_4$ | 产量 |
|---|---|---|---|---|---|
| $A_1$ | 4 | 14 | | | 18 |
| $A_2$ | | | 24 | | 24 |
| $A_3$ | 2 | | 4 | | 6 |
| $A_4$ | | | 7 | 5 | 12 |
| 销量 | 6 | 14 | 35 | 30 | |

表 4-62(b)

| 销地<br>产地 | $B_1$ | $B_2$ | $B_3$ | $B_4$ |
|---|---|---|---|---|
| $A_1$ | 9 | 8 | 13 | 14 |
| $A_2$ | 10 | 10 | 12 | 14 |
| $A_3$ | 8 | 9 | 11 | 13 |
| $A_4$ | 10 | 7 | 11 | 12 |

八、表 4-63 所示的问题中，若产地 $i$（$i=1,2,3$）有一个单位物资未运出，则

将发生储存费用.假定产地 1,2,3 单位物资储存费用分别为 5,4,3.又假定产地 2 的物资至少运出 38 个单位,产地 3 的物资至少运出 27 个单位,试求解此运输问题的最优解.

表 4-63

| 产地＼销地 | A | B | C | 产量 |
|---|---|---|---|---|
| 1 | 1 | 2 | 2 | 20 |
| 2 | 1 | 4 | 5 | 40 |
| 3 | 2 | 3 | 3 | 30 |
| 销量 | 30 | 20 | 20 | 70 ＼ 90 |

## 第五章　整数规划

　　整数规划(Integer Programming,IP)是指一类要求问题中的全部或一部分变量为整数的数学规划.整数规划是从 1958 年由美国学者戈梅里(R. E. Gomory)提出割平面法之后形成独立分支,近 30 年来发展起来的规划论的一个分支.从目标函数与约束条件的构成又可细分为线性和非线性的整数规划.由于目前所流行的求解整数规划的方法往往只适用于整数线性规划,所以本书所讨论的主要是整数线性规划.

### §1　整数规划的数学模型

**一、整数规划的提出**

　　**例 5-1**　现有甲、乙两种货物拟用集装箱托运,每件货物的体积、重量、可获利润,以及集装箱的托运限制如表 5-1,试确定集装箱中托运甲、乙货物的件数,使托运利润最大.

表 5-1

| 货物 | 体积 | 重量 | 利润 |
|------|------|------|------|
| 甲 | 5 | 2 | 20 |
| 乙 | 4 | 5 | 10 |
| 托运限制 | 24 | 13 | |

　　**解**　设 $x_1,x_2$ 分别表示甲、乙货物托运的件数(整数),则该问题的数学模型为

$$\max z = 20x_1 + 10x_2$$

$$\text{s. t.} \begin{cases} 5x_1 + 4x_2 \leqslant 24 \\ 2x_1 + 5x_2 \leqslant 13 \\ x_1, x_2 \geqslant 0, x_1, x_2 \text{ 取整数} \end{cases}$$

由于货物的件数只能是整数,所以这是一个整数规划问题.

　　**例 5-2**　某公司拟在市东、南、西 3 个行政区建立销售部,有 7 个位置可供选

择，$S_j(j=1,2,\cdots,7)$. 经过市场调查与预测，确定如下原则：

　　(1) 在东区的 3 个点 $S_1,S_2,S_3$ 中至多选两个，至少选一个；

　　(2) 在南区的 2 个点 $S_4,S_5$ 中至少选一个；

　　(3) 在西区的 2 个点 $S_6,S_7$ 中至少选一个.

　　如选择点 $S_j$，建设投资估计为 $I_j$ 元，每年可获利润估计为 $P_j$ 元，具体的数据如表 5-2 所示. 公司现有可用投资为 500 万元，问应选择哪几个点才能在符合上述原则要求的前提下，使年利润最大？

表 5-2

万元

| $S_j$ | $S_1$ | $S_2$ | $S_3$ | $S_4$ | $S_5$ | $S_6$ | $S_7$ |
|---|---|---|---|---|---|---|---|
| $I_j$ | 85 | 100 | 95 | 120 | 90 | 110 | 105 |
| $P_j$ | 25 | 35 | 30 | 45 | 30 | 40 | 35 |

　　**解**　设 $x_j=0$ 或 1，其中 $x_j=0$ 代表点 $S_j$ 未入选，$x_j=1$ 代表点 $S_j$ 入选. 于是可构造如下的数学模型：

$$\max z = \sum_{j=1}^{7} P_j x_j$$

$$\text{s. t.} \begin{cases} \sum_{j=1}^{7} I_j x_j \leqslant 500 \\ 1 \leqslant x_1 + x_2 + x_3 \leqslant 2 \\ x_4 + x_5 \geqslant 1 \\ x_6 + x_7 \geqslant 1 \\ x_j = 0 \text{ 或 } 1; j = 1, 2, \cdots, 7 \end{cases}$$

　　由于决策变量只能取 0 或 1，所以这是一个整数规划中的 0-1 规划问题.

## 二、整数规划的数学模型

　　部分或全部变量要求取整数的规划问题称为整数规划. 整数规划中，如果所有变量都限制为整数，则称为纯整数规划；如果仅一部分变量限制为整数，则称为混合整数规划. 整数规划的一种特殊情形是 0-1 规划，它的变量仅限于 0 或 1. 若整数规划的目标函数与约束条件是线性函数，则称为整数线性规划（Integer Linear Programming），简称整数规划 IP. 其数学模型为

$$\max (\min) z = cx$$

$$\text{s. t.} \begin{cases} Ax \leqslant (=, \geqslant) b \\ x \geqslant 0, \text{且 } x \text{ 部分或全部为整数} \end{cases} \tag{5-1}$$

　　如果不考虑整数规划 IP 问题中的条件：$x$ 部分或全部为整数，由余下的目标

函数和约束条件构成一个线性规划问题 LP：

$$\max(\min)\ z = \boldsymbol{c}\boldsymbol{x}$$

$$\text{s. t.} \begin{cases} \boldsymbol{A}\boldsymbol{x} \leqslant (=,\geqslant)\boldsymbol{b} \\ \boldsymbol{x} \geqslant \boldsymbol{0} \end{cases} \tag{5-2}$$

称为整数规划问题的松弛问题(Slack Problem).

能否通过求整数规划的松弛问题(线性规划)最优解再取整来求整数规划的最优解呢？下面按这种思路求解例 5-1 看是否可行.

若先不考虑整数限制，则该问题是一个线性规划问题，即原整数规划的松弛问题：

$$\max\ z = 20x_1 + 10x_2$$

$$\text{s. t.} \begin{cases} 5x_1 + 4x_2 \leqslant 24 \\ 2x_1 + 5x_2 \leqslant 13 \\ x_1, x_2 \geqslant 0 \end{cases}$$

由图解法，如图 5-1，线性规划的可行域为凸多边形 $OABC$，目标函数值在点 $A(4.8,0)$ 达到最大，即线性规划问题的最优解为 $x_1 = 4.8, x_2 = 0, z_{\max} = 96$.但由于解中的 $x_1 = 4.8$ 不符合整数要求，所以该解不是整数规划的最优解.

是否可以将非整数解用"四舍五入"方法处理呢？事实上，如果将 $x_1 = 4.8$，$x_2 = 0$ 近似为 $x_1 = 5, x_2 = 0$，该解不符合体积限制条件：$5x_1 + 4x_2 \leqslant 24$，因而它不是最优解.

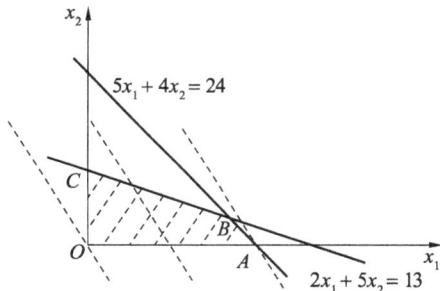

图 5-1

那么用"舍尾取整"方法处理又如何呢？将 $x_1 = 4.8, x_2 = 0$"舍尾取整"为 $x_1 = 4$，$x_2 = 0$，显然满足各约束条件，因而它是整数规划问题的可行解，但它不是整数最优解.因为它对应的目标函数值 $z = 80$，而 $x_1 = 4, x_2 = 1$ 这个解亦是可行解，且它对应的目标函数值 $z = 90$.

显然，直接用图解法或单纯形法都无法找出整数规划问题的最优解来.这就需要研究整数规划问题的特殊方法.

若按线性规划的方法来求解整数规划问题，有时最优解可能是分数或小数，但对于某些具体问题常要求答案必须是整数.例如所求解是机器的台数、工作的人数或装货的车数等.为了满足整数的要求，初看起来似乎只要把已得的非整数解化整就可以了.但实际上化整后的解不见得是可行解和最优解，例 5-1 就揭示了这个现象.不同于线性规划问题，整数和 0—1 规划问题至今尚未找到一般的多项式解法.

解整数规划最典型的做法是逐步生成一个相关的问题,称它是原问题的衍生问题.对每个衍生问题又伴随一个比它更易于求解的松弛问题(衍生问题称为松弛问题的源问题).通过松弛问题的解来确定它的源问题的归宿,即源问题应被舍弃,还是再生成一个或多个它本身的衍生问题来替代它.随即,再选择一个尚未被舍弃或替代的原问题的衍生问题,重复以上步骤直至不再剩有未解决的衍生问题.目前比较成功又流行的方法是分支定界法和割平面法,它们都是在上述框架下形成的.

0—1规划在整数规划中占有重要地位,一方面是因为许多实际问题,例如指派问题、选地问题、送货问题都可归结为此类规划;另一方面,任何有界变量的整数规划都与0—1规划等价,用0—1规划方法还可以把多种非线性规划问题表示成整数规划问题,所以不少人致力于这个方向的研究.求解0—1规划的常用方法是分支定界法,对各种特殊问题还有一些特殊方法,如求解指派问题的匈牙利法.

组合最优化通常都可表述为整数规划问题.两者都是在有限个可供选择的方案中,寻找满足一定约束的最好方案.有许多典型的问题反映整数规划的广泛背景.例如,背袋(或装载)问题、固定费用问题、和睦探险队问题(组合学的对集问题)、有效探险队问题(组合学的覆盖问题)、旅行推销员问题、车辆路径问题等.因此整数规划的应用范围也是极其广泛的.它不仅在工业和工程设计与科学研究方面有许多应用,而且在计算机设计、系统可靠性、编码和经济分析等方面也有新的应用.

本书主要讨论分支定界法、割平面法、分配问题与匈牙利法.

## §2  分支定界法

在求解整数规划时,如果可行域是有界的,首先想到要采用的方法就是枚举法(Enumeration),即枚举出变量的所有可行的整数组合,然后比较它们的目标函数值以定出最优解.对于小型的问题,当变量数很少,可行解的整数组合数也很少时,这种方法是可行的,也是有效的.但是对于大型的问题,分支定界法(Branch and Bound Method)是求解整数规划常用的一种方法,它是一种隐枚举法(Implicit Enumeration Method),是在枚举法基础上的改进方法,具有灵活且便于用计算机求解等优点.分支定界法的关键是分支和定界.

分支定界法的解题步骤如下:

第一步,寻找替代问题并求解.先求整数规划问题的松弛问题(即线性规划问题)的最优解,若该最优解为一整数解,则为整数规划问题的最优解;否则,以该最优解为上界,0为下界进行定界.

第二步,分支与定界.选择一个非整数的分量进行分支.不妨假定 $x_k$ 是一个有取整约束的变量,而其线性规划的最优解 $x_k^*$ 是非整数;由于在 $[x_k^*]$(表示 $x_k^*$ 的取整值)和 $[x_k^*]+1$ 之间不可能包括任何可行的整数解.因此,$x_k$ 的可行整数值必然满足 $x_k \leqslant [x_k^*]$ 或 $x_k \geqslant [x_k^*]+1$ 之一.把这两个条件分别加到原线性规划的约束条件上,产生两个互斥的线性规划子问题.采用与原问题相同的目标函数,继续求解每一个线性规划子问题.如果没有子问题具有整数最优解,优先选择目标值最大(目标函数求极大)作为上界取代原来的上界,下界保持不变,并对该子问题进行"分支";如果某一子问题具有整数最优解,那么这个整数解及其所对应的目标值将作为下界取代原来的下界.当出现整数可行解时,需要做剪支和分支的操作.

第三步,剪支的情形.(1)比下界小的整数解分支需剪支;(2)比下界小的非整数解分支需剪支.若存在某一分支的目标函数值比下界大,则需要继续分支.在"分支"求解过程中,出现一个新的子问题有更大的整数解值,则用新的整数解值代替原有记录的整数解值.当所有的非整数解值都小于被记录下来的整数解值时,当前记录下来的整数最优值就是整数规划的最优值,对应的最优解就是整数规划的最优解.分支的过程只要合适就继续下去,直到每一子问题均得到一个整数解或者明显看出不能产生一个更好的整数解为止.

下面通过一个例子,具体说明如何用分支定界法求解整数规划问题.

**例 5-3** 求解整数规划问题:

$$\max z = 3x_1 + 2x_2$$
$$\text{s. t.} \begin{cases} 2x_1 + 3x_2 \leqslant 14 \\ x_1 + 0.5x_2 \leqslant 4.5 \\ x_1, x_2 \geqslant 0 \text{ 且取整数} \end{cases}$$

**解** (1)求解对应的松弛问题 B:

$$\max z = 3x_1 + 2x_2$$
$$\text{s. t.} \begin{cases} 2x_1 + 3x_2 \leqslant 14 \\ x_1 + 0.5x_2 \leqslant 4.5 \\ x_1, x_2 \geqslant 0 \end{cases}$$

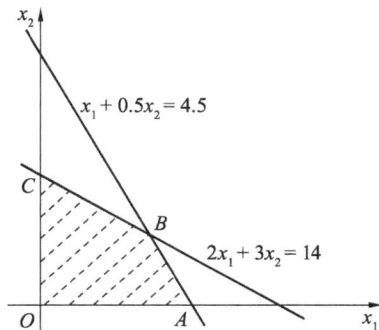

图 5-2

如图 5-2,可行域为 $OABC$,目标函数在点 $B(3.25, 2.5)$ 处取得最大值,所以最优解为 $x_1 = 3.25, x_2 = 2.5, z_{\max} = 14.75$.

(2)定界.目前最优值为 $z = 14.75$,令 $\bar{z} = 14.75$;现在还没有任何整数解,可以令 $(0,0)$ 作为初始整数解,因此有 $\underline{z} = 0$.

(3)将线性规划问题 $B$ 分为两支.在 $B$ 的最优解中,任选一个非整数变量,如 $x_2 = 2.5$;因 $x_2$ 的最优整数解只可能是 $x_2 \leqslant 2$ 或 $x_2 \geqslant 3$,故在 $B$ 中分别增加约束条件:$B$ 加上约束条件 $x_2 \leqslant 2$,记为 $B_1$;$B$ 加上约束条件 $x_2 \geqslant 3$,记为 $B_2$.这样,将 $B$ 分解成了两个子问题 $B_1$ 和 $B_2$(即两支).

$$B_1: \max z = 3x_1 + 2x_2$$

$$\text{s. t.} \begin{cases} 2x_1 + 3x_2 \leqslant 14 \\ x_1 + 0.5x_2 \leqslant 4.5 \\ x_2 \leqslant 2 \\ x_1, x_2 \geqslant 0 \end{cases}$$

$$B_2: \max z = 3x_1 + 2x_2$$

$$\text{s. t.} \begin{cases} 2x_1 + 3x_2 \leqslant 14 \\ x_1 + 0.5x_2 \leqslant 4.5 \\ x_2 \geqslant 3 \\ x_1, x_2 \geqslant 0 \end{cases}$$

$B_1$ 和 $B_2$ 两个子问题的可行域如图 5-3 所示，$B_1$ 的最优解为点 $E(3.5, 2)$，即 $x_1 = 3.5$，$x_2 = 2$，$z = 14.5$；$B_2$ 的最优解为点 $F(2.5, 3)$，即 $x_1 = 2.5$，$x_2 = 3$，$z = 13.5$。

（4）定界。这时两个问题的最优值中较大的一个是 14.5，比原来的上界要小，因此修改上界，令 $\bar{z} = 14.5$；又由于目前没有出现更好的整数界，所以下界仍然是 0。

（5）分支。选取最优值较大的子问题优先进行分支，将 $B_1$ 分解为 $B_{11}$ 和 $B_{12}$ 两个子问题。

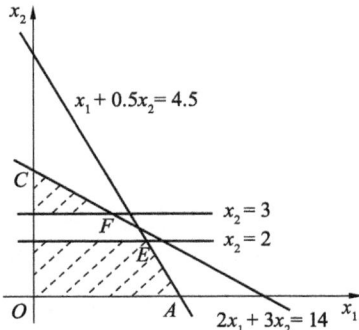

图 5-3

$$B_{11}: \max z = 3x_1 + 2x_2$$

$$\text{s. t.} \begin{cases} 2x_1 + 3x_2 \leqslant 14 \\ x_1 + 0.5x_2 \leqslant 4.5 \\ x_2 \leqslant 2 \\ x_1 \leqslant 3 \\ x_1, x_2 \geqslant 0 \end{cases}$$

$$B_{12}: \max z = 3x_1 + 2x_2$$

$$\text{s. t.} \begin{cases} 2x_1 + 3x_2 \leqslant 14 \\ x_1 + 0.5x_2 \leqslant 4.5 \\ x_2 \leqslant 2 \\ x_1 \geqslant 4 \\ x_1, x_2 \geqslant 0 \end{cases}$$

$B_{11}$ 和 $B_{12}$ 两个子问题的可行域如图 5-4 所示，$B_{11}$ 的最优解为点 $G(3, 2)$，即 $x_1 = 3$，$x_2 = 2$，$z = 13$；$B_{12}$ 的最优解为点 $H(4, 1)$，即 $x_1 = 4$，$x_2 = 1$，$z = 14$。

这两个解都为整数解，选择比较大的整数解作为下界，另一个整数解进行剪支。由于 $B_2$ 的最优解比下界小，对 $B_2$ 再进行分支，即使可以得到整数解，也比当前的下界小，因此对 $B_2$ 剪支。此时对于所有的分支，要么为下界，要么被剪支，因此下界对应的解即为该整数规划的最优解。如图 5-5，该过程可以用二叉树来表示。

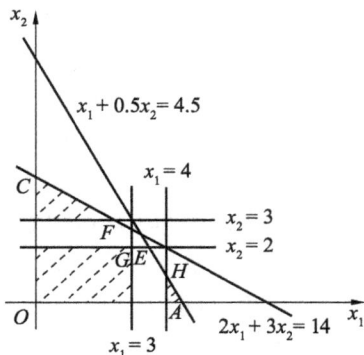

图 5-4

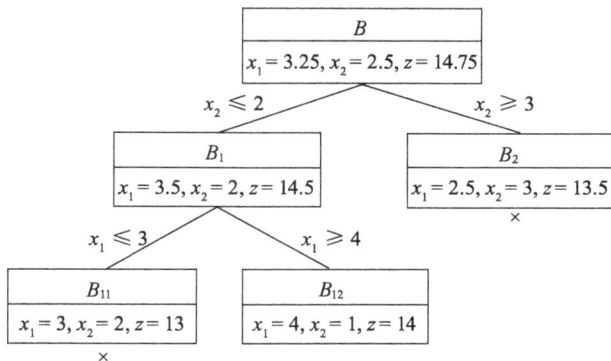

图 5-5

上述过程使用图解法来求解各个线性规划问题的各个分支,但图解法仅对于含有两个决策变量的 LP 成立,对于含有多个决策变量的 LP 问题必须采用单纯形法进行求解.

**例 5-4** 求解整数规划:

$$\max z = 2x_1 + 3x_2 + x_3$$

$$\text{s. t.} \begin{cases} x_1 + x_2 + x_3 \leqslant 8 \\ x_1 + 4x_2 + 7x_3 \leqslant 9 \\ x_1, x_2, x_3 \geqslant 0, \text{且取整数} \end{cases}$$

去掉整数条件,并引入松弛变量 $x_4, x_5$,得松弛问题的标准型为

$$L_0: \max z = 2x_1 + 3x_2 + x_3$$

$$\text{s. t.} \begin{cases} x_1 + x_2 + x_3 + x_4 = 8 \\ x_1 + 4x_2 + 7x_3 + x_5 = 9 \\ x_1, x_2, x_3, x_4, x_5 \geqslant 0 \end{cases}$$

用单纯形法求解,可得如表 5-3 所示的最终单纯形表.

表 5-3

| | $c_j$ | | 2 | 3 | 1 | 0 | 0 |
|---|---|---|---|---|---|---|---|
| $c_B$ | $x_B$ | $b$ | $x_1$ | $x_2$ | $x_3$ | $x_4$ | $x_5$ |
| 2 | $x_1$ | 23/3 | 1 | 0 | $-1$ | 4/3 | $-1/3$ |
| 3 | $x_2$ | 1/3 | 0 | 1 | 3 | $-1/3$ | 1/3 |
| | $\sigma_j$ | | 0 | 0 | $-6$ | $-5/3$ | $-1/3$ |

其最优解为 $z = \dfrac{49}{3}$,取上界为 $\bar{z} = \dfrac{49}{3}$,下界为 $\underline{z} = 0$.

在 $L_0$ 的基础上，分别增加约束条件 $x_1 \leqslant 7$ 和 $x_1 \geqslant 8$，分支形成两个子问题 $L_1$ 和 $L_2$，即

$$L_1 : \max z = 2x_1 + 3x_2 + x_3$$

$$\text{s. t.} \begin{cases} x_1 + x_2 + x_3 + x_4 \qquad = 8 \\ x_1 + 4x_2 + 7x_3 \qquad + x_5 = 9 \\ x_1 \qquad\qquad\qquad\quad \leqslant 7 \\ x_i \geqslant 0, i = 1, \cdots, 5 \end{cases}$$

$$L_2 : \max z = 2x_1 + 3x_2 + x_3$$

$$\text{s. t.} \begin{cases} x_1 + x_2 + x_3 + x_4 \qquad = 8 \\ x_1 + 4x_2 + 7x_3 \qquad + x_5 = 9 \\ x_1 \qquad\qquad\qquad\quad \geqslant 8 \\ x_i \geqslant 0, i = 1, \cdots, 5 \end{cases}$$

将 $L_1$ 和 $L_2$ 中新增加的约束条件 $x_1 \leqslant 7$ 和 $x_1 \geqslant 8$ 分别引入松弛变量转换为 $x_1 + x_6 = 7$ 和 $-x_1 + x_6 = -8$，反映进表 5-3 所示的单纯形表. 通过初等变换并利用对偶单纯形法求解，可分别求得 $L_1$ 和 $L_2$ 的最优解和最优值（如表 5-4 和表 5-5 所示）.

表 5-4

| $c_j$ | | | 2 | 3 | 1 | 0 | 0 | 0 |
|---|---|---|---|---|---|---|---|---|
| $c_B$ | $x_B$ | $b$ | $x_1$ | $x_2$ | $x_3$ | $x_4$ | $x_5$ | $x_6$ |
| 2 | $x_1$ | 23/3 | 1 | 0 | $-1$ | 4/3 | $-1/3$ | 0 |
| 3 | $x_2$ | 1/3 | 0 | 1 | 3 | $-1/3$ | 1/3 | 0 |
| 0 | $x_6$ | 7 | 1 | 0 | 0 | 0 | 0 | 1 |
| 2 | $x_1$ | 23/3 | 1 | 0 | $-1$ | 4/3 | $-1/3$ | 0 |
| 3 | $x_2$ | 1/3 | 0 | 1 | 3 | $-1/3$ | 1/3 | 0 |
| 0 | $x_6$ | $[-2/3]$ | 0 | 0 | 1 | $[-4/3]$ | 1/3 | 1 |
| | $\sigma_j$ | | 0 | 0 | $-6$ | $-5/3$ | $-1/3$ | 0 |
| | $\theta_j$ | | — | — | — | $[5/4]$ | — | — |
| 2 | $x_1$ | 7 | 1 | 0 | 0 | 0 | 0 | 1 |
| 3 | $x_2$ | 1/2 | 0 | 1 | 11/4 | 0 | 1/4 | $-1/4$ |
| 0 | $x_4$ | 1/2 | 0 | 0 | $-3/4$ | 1 | $-1/4$ | $-3/4$ |
| | $\sigma_j$ | | 0 | 0 | $-29/4$ | 0 | $-3/4$ | $-5/4$ |

表 5-5

| $c_j$ | | | 2 | 3 | 1 | 0 | 0 | 0 |
|---|---|---|---|---|---|---|---|---|
| $c_B$ | $x_B$ | $b$ | $x_1$ | $x_2$ | $x_3$ | $x_4$ | $x_5$ | $x_6$ |
| 2 | $x_1$ | 23/3 | 1 | 0 | $-1$ | 4/3 | $-1/3$ | 0 |
| 3 | $x_2$ | 1/3 | 0 | 1 | 3 | $-1/3$ | 1/3 | 0 |
| 0 | $x_6$ | $-8$ | $-1$ | 0 | 0 | 0 | 0 | 1 |
| 2 | $x_1$ | 23/3 | 1 | 0 | $-1$ | 4/3 | $-1/3$ | 0 |
| 3 | $x_2$ | 1/3 | 0 | 1 | 3 | $-1/3$ | 1/3 | 0 |
| 0 | $x_6$ | $[-1/3]$ | 0 | 0 | $-1$ | 4/3 | $[-1/3]$ | 1 |
| $\sigma_j$ | | | 0 | 0 | $-6$ | $-5/3$ | $-1/3$ | 0 |
| $\theta_j$ | | | — | — | 6 | — | $[1]$ | — |
| 2 | $x_1$ | 8 | 1 | 0 | 0 | 0 | 0 | $-1$ |
| 3 | $x_2$ | 0 | 0 | 1 | 2 | 1 | 0 | 1 |
| 0 | $x_5$ | 1 | 0 | 0 | 3 | $-4$ | 1 | $-3$ |
| $\sigma_j$ | | | 0 | 0 | $-5$ | $-3$ | 0 | $-1$ |

$L_1: \boldsymbol{x}^{(1)} = (7,1/2,0)^{\mathrm{T}}, z^{(1)} = 31/2$；$L_2: \boldsymbol{x}^{(2)} = (8,0,0)^{\mathrm{T}}, z^{(2)} = 16.$

$L_2$ 是整数最优解，所以其最优值 $z^{(2)} = 16$ 是整数规划最优值的下界. 利用该下界可以对 $L_1$ 进行剪支. 整数规划的最优解 $\boldsymbol{x}^* = (8,0,0)^{\mathrm{T}}$，最优值 $z^* = 16$. 此例的求解过程可用图 5-6 表示.

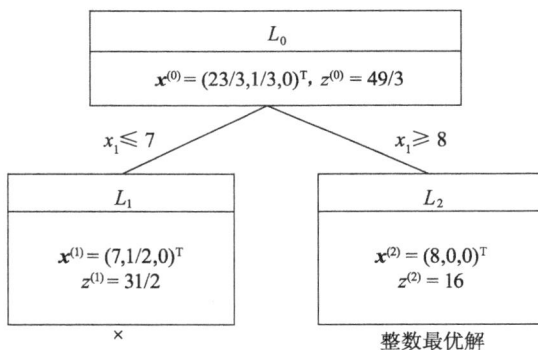

图 5-6

## §3　割平面法

割平面法（Cutting Plan Approach）是求解整数规划的一个最早的方法，1958年由美国学者戈梅里（R. E. Gomory）提出. 其基本思想和分支定界法大致相同，是在与整数规划相对应的松弛问题（线性规划）中逐步增加线性约束条件（称为割平面），每增加一个割平面，都切除可行域中的一部分，切除的这部分只包含非整数解，没有切割掉任何整数可行解，使得线性规划的可行域缩小，同时保持整数规划的可行解集合不变；然后求解增加约束后的线性规划，如果得到整数解则停止；如果没有找到整数最优解，就再增加割平面，直到得到或证明无整数最优解为止.

设整数规划问题：

$$\max z = \sum_{j=1}^{n} c_j x_j \tag{5-3a}$$

$$\text{s. t.} \begin{cases} \sum_{j=1}^{n} a_{ij} x_j = b_i & (i=1,2,\cdots,m) \tag{5-3b} \\ x_j \geqslant 0 & (j=1,2,\cdots,n) \tag{5-3c} \\ x_j \ \text{取整数} & (j=1,2,\cdots,n) \tag{5-3d} \end{cases}$$

其中 $a_{ij}(i=1,2,\cdots,m;j=1,2,\cdots,n)$，$b_i(i=1,2,\cdots,m)$ 为整数. 去掉约束(5-3d)得其松弛问题为

$$\max z = \sum_{j=1}^{n} c_j x_j$$

$$\text{s. t.} \begin{cases} \sum_{j=1}^{n} a_{ij} x_j = b_i & (i=1,2,\cdots,m) \\ x_j \geqslant 0 & (j=1,2,\cdots,n) \end{cases} \tag{5-4}$$

用单纯形法求解式(5-4)，得到的最优单纯形表中，$m$ 个基变量的下标集合记为 $Q$，$n-m$ 个非基变量的下标集合记为 $K$，则 $m$ 个约束方程为

$$x_i + \sum_{j \in K} \overline{a_{ij}} x_j = \overline{b_i} \quad (i=1,2,\cdots,m) \tag{5-5}$$

对应的最优解为

$$\boldsymbol{x}^* = (x_1^*, x_2^*, \cdots, x_n^*)^{\mathrm{T}} \tag{5-6}$$

其中

$$x_j^* = \begin{cases} \overline{b_j}, & j \in Q \\ 0, & j \in K \end{cases} \tag{5-7}$$

若 $\overline{b_j} \ (j \in Q)$ 均为整数，则式(5-6)为原整数规划的最优解.

若 $\overline{b_j} \ (j \in Q)$ 不全为整数，则式(5-6)不是原整数规划的可行解，从而不是最优

解.这时从 $x^*$ 的非整数分量中选取一个设为 $\overline{b_{i_0}}$（$i_0 \in Q$）,在式(5-5)中对应的约束方程为

$$x_{i_0} + \sum_{j \in K} \overline{a_{i_0 j}} x_j = \overline{b_{i_0}} \tag{5-8}$$

分解 $\overline{a_{i_0 j}}$ 和 $\overline{b_{i_0}}$ 成两部分,一部分是不超过该数的最大整数,另一部分是余下的小数.即

$$\overline{a_{i_0 j}} = N_{i_0 j} + f_{i_0 j}, N_{i_0 j} \leqslant \overline{a_{i_0 j}} \text{ 且为整数}, 0 \leqslant f_{i_0 j} < 1 \ (j \in K) \tag{5-9}$$

$$\overline{b_{i_0}} = N_{i_0} + f_{i_0}, N_{i_0} < \overline{b_{i_0}} \text{ 且为整数}, 0 \leqslant f_{i_0} < 1 \tag{5-10}$$

将式(5-9)和式(5-10)代入式(5-8),移项后得

$$x_{i_0} + \sum_{j \in K} N_{i_0 j} x_j - N_{i_0} = f_{i_0} - \sum_{j \in K} f_{i_0 j} x_j \tag{5-11}$$

式(5-11)中,左边是一个整数,右边是一个小于1的数,因此有 $f_{i_0} - \sum_{j \in K} f_{i_0 j} x_j \leqslant 0$,即

$$-\sum_{j \in K} f_{i_0 j} x_j \leqslant -f_{i_0} \tag{5-12}$$

式(5-12)称为松弛问题(5-4)的一个割平面,它可以从松弛问题(5-4)的最终单纯形表中直接产生.从几何意义上看,式(5-12)对松弛问题(5-4)的可行域 $D$ 作了一次"切割",保留了原整数规划的所有整数可行解,而切割掉了不符合整数要求的 $x^*$.随着切割过程的不断继续,整数规划最优解最终称为某个线性规划可行域的顶点,即该线性规划的最优解而解得.

注:从松弛问题的最终单纯形表中选取具有最大的小数部分的非整数分量所在行构造割平面,往往可以提高切割效果,减少切割次数.

**例 5-5**　用割平面法求解纯整数规划:

$$\max z = x_2$$
$$\text{s.t.} \begin{cases} 3x_1 + 2x_2 \leqslant 6 \\ -3x_1 + 2x_2 \leqslant 0 \\ x_1, x_2 \geqslant 0, \text{且为整数} \end{cases}$$

**解**　去掉整数约束,并引入松弛变量 $x_3, x_4$,得松弛问题的标准型为

$$\max z = x_2$$
$$\text{s.t.} \begin{cases} 3x_1 + 2x_2 + x_3 = 6 \\ -3x_1 + 2x_2 + x_4 = 0 \\ x_1, x_2, x_3, x_4 \geqslant 0 \end{cases}$$

应用单纯形法计算,得到初始单纯形表和最优单纯形表(见表5-6).

表 5-6

| | $c_j$ | | | 0 | 1 | 0 | 0 |
|---|---|---|---|---|---|---|---|
| | $c_B$ | $x_B$ | $b$ | $x_1$ | $x_2$ | $x_3$ | $x_4$ |
| 初始表 | 0 | $x_3$ | 6 | 3 | 2 | 1 | 0 |
| | 0 | $x_4$ | 0 | $-3$ | 2 | 0 | 1 |
| | $-z$ | | 0 | 0 | 1 | 0 | 0 |
| 最终表 | 0 | $x_1$ | 1 | 1 | 0 | 1/6 | $-1/6$ |
| | 1 | $x_2$ | 3/2 | 0 | 1 | 1/4 | 1/4 |
| | $-z$ | | $-3/2$ | 0 | 0 | $-1/4$ | $-1/4$ |

松弛问题的最优解为：$x^{(0)}=(1,3/2)^{\mathrm{T}}$，不满足整数要求，需引入割平面. 由于 $x_2=3/2$ 不满足整数要求，故以 $x_2$ 所在行 $x_2+\frac{1}{4}x_3+\frac{1}{4}x_4=\frac{3}{2}$ 为源行生成割平面，即

$$x_2-1=\frac{1}{2}-\left(\frac{1}{4}x_3+\frac{1}{4}x_4\right) \tag{5-13}$$

由于 $x_3,x_4\geqslant0$，故 $\frac{1}{2}-\left(\frac{1}{4}x_3+\frac{1}{4}x_4\right)\leqslant\frac{1}{2}$，由于 $x_2-1$ 为整数，

$$\frac{1}{4}x_3+\frac{1}{4}x_4\geqslant\frac{1}{2} \tag{5-14}$$

式(5-14)即为所求割平面，引入剩余变量，变为

$$-\frac{1}{4}x_1-\frac{1}{4}x_2+x_5=-\frac{1}{2} \tag{5-15}$$

将式(5-15)加到表 5-7 中.

表 5-7

| | $c_j$ | | | 0 | 1 | 0 | 0 | 0 |
|---|---|---|---|---|---|---|---|---|
| $c_B$ | $x_B$ | | $b$ | $x_1$ | $x_2$ | $x_3$ | $x_4$ | $x_5$ |
| 0 | $x_1$ | | 1 | 1 | 0 | 1/6 | $-1/6$ | 0 |
| 1 | $x_2$ | | 3/2 | 0 | 1 | 1/4 | 1/4 | 0 |
| 0 | $x_5$ | | $-1/2$ | 0 | 0 | $-1/4$ | $-1/4$ | 1 |
| | $-z$ | | $-3/2$ | 0 | 0 | $-1/4$ | $-1/4$ | 0 |

应用对偶单纯形法计算，从而得表 5-8.

表 5-8

| $c_j$ | | | 0 | 1 | 0 | 0 | 0 |
|---|---|---|---|---|---|---|---|
| $c_B$ | $x_B$ | $b$ | $x_1$ | $x_2$ | $x_3$ | $x_4$ | $x_5$ |
| 0 | $x_1$ | 1 | 1 | 0 | 1/6 | $-1/6$ | 0 |
| 1 | $x_2$ | 3/2 | 0 | 1 | 1/4 | 1/4 | 0 |
| 0 | $x_5$ | $(-1/2)$ | 0 | 0 | $[-1/4]$ | $-1/4$ | 1 |
| $-z$ | | $-3/2$ | 0 | 0 | $-1/4$ | $-1/4$ | 0 |
| $\theta_j$ | | | — | — | (1) | 1 | — |
| 0 | $x_1$ | 2/3 | 1 | 0 | 0 | $-1/3$ | 0 |
| 1 | $x_2$ | 1 | 0 | 1 | 0 | 0 | 1 |
| 0 | $x_3$ | 2 | 0 | 0 | 1 | 1 | $-4$ |
| $-z$ | | $-1$ | 0 | 0 | 0 | 0 | $-1$ |

此时, $\boldsymbol{x}^{(1)} = (3/2, 1/2)$ 仍不是整数解. 继续以 $x_1$ 为源行生成割平面为

$$\frac{2}{3}x_4 + \frac{2}{3}x_5 \geqslant \frac{2}{3} \tag{5-16}$$

将生成的割平面式(5-16)加入松弛变量变为

$$-\frac{2}{3}x_4 - \frac{2}{3}x_5 + x_6 = -\frac{2}{3} \tag{5-17}$$

将式(5-17)加到表 5-9 中.

表 5-9

| $c_j$ | | | 0 | 1 | 0 | 0 | 0 | 0 |
|---|---|---|---|---|---|---|---|---|
| $c_B$ | $x_B$ | $b$ | $x_1$ | $x_2$ | $x_3$ | $x_4$ | $x_5$ | $x_6$ |
| 0 | $x_1$ | 2/3 | 1 | 0 | 0 | $-1/3$ | 0 | 0 |
| 1 | $x_2$ | 1 | 0 | 1 | 0 | 0 | 1 | 0 |
| 0 | $x_3$ | 2 | 0 | 0 | 1 | 1 | $-4$ | 0 |
| 0 | $x_6$ | $-2/3$ | 0 | 0 | 0 | $-2/3$ | $-2/3$ | 1 |
| $-z$ | | $-1$ | 0 | 0 | 0 | 0 | $-1$ | 0 |

应用对偶单纯形法计算,从而得到表 5-10.

表 5-10

| $c_j$ | | | 0 | 1 | 0 | 0 | 0 | 0 |
|---|---|---|---|---|---|---|---|---|
| $c_B$ | $x_B$ | $b$ | $x_1$ | $x_2$ | $x_3$ | $x_4$ | $x_5$ | $x_6$ |
| 0 | $x_1$ | 2/3 | 1 | 0 | 0 | $-1/3$ | 0 | 0 |
| 1 | $x_2$ | 1 | 0 | 1 | 0 | 0 | 1 | 0 |
| 0 | $x_3$ | 2 | 0 | 0 | 1 | 1 | $-4$ | 0 |
| 0 | $x_6$ | $(-2/3)$ | 0 | 0 | 0 | $[-2/3]$ | $-2/3$ | 1 |
| $-z$ | | $-1$ | 0 | 0 | 0 | 0 | $-1$ | 0 |
| $\theta_j$ | | | — | — | — | (0) | 2/3 | — |
| 0 | $x_1$ | 1 | 1 | 0 | 0 | 0 | 1/3 | $-1/2$ |
| 1 | $x_2$ | 1 | 0 | 1 | 0 | 0 | 1 | 0 |
| 0 | $x_3$ | 1 | 0 | 0 | 1 | 0 | $-5$ | 3/2 |
| 0 | $x_4$ | 1 | 0 | 0 | 0 | 1 | 1 | $-3/2$ |
| $-z$ | | | 0 | 0 | 0 | 0 | $-1$ | 0 |

至此得到最优表,其最优解为 $x^* = (1,1)^T, z^* = 1$,这也是原问题的最优解.

## §4  0—1 型整数规划

0—1 型整数规划是一般线性整数规划的特例,它的决策变量 $x_j$ 仅取 0 或 1,
这时 $x_j$ 称为 0—1 变量(二进制变量或逻辑变量). $x_j$ 仅取 0 或 1 两个值可表示为
$\{x_j \leqslant 1, x_j \geqslant 0, x_j$ 取整$\}$;因此,0—1 型整数规划与一般线性整数规划模型在形式
上是一致的. 如例 5-2 就是一个 0—1 规划问题.

0—1 型整数规划是一种特殊形式的线性整数规划,当整数规划含有 $n$ 个决策
分量时,可能产生 $2^n$ 个可能的变量组合. 只需将所有的变量组合一一枚举,然后判
断其是否满足约束条件,若满足,即为可行解,这种方法称为枚举法. 然而,当 $n$ 较
大时,采用完全枚举法解题几乎是不可能的. 用枚举法求解例 5-2,一共有 $2^7$ 种变
量组合,这是不利于计算的. 因此可以对 $2^n$ 种变量进行组合,只检查其中一部分,
这种方法称为隐枚举法.

用隐枚举法求解 0—1 整数规划问题需将模型做如下处理:

(1) 目标函数取为 min 问题;

(2) 约束条件取"$\geqslant$"的不等式;

(3) 目标函数中变量的系数都要 $\geqslant 0$,且按系数由小到大的顺序排列;

(4) 约束条件中的变量按目标函数中变量的顺序排列.

隐枚举法的算法步骤如下:

(1) 令所有的变量都为"0",检验"零解"是否是可行解,如果是可行解,那么它一定就是最优解;如果不是可行解,转入下一步.

(2) 按照排列顺序依次令各变量取"1"或"0",计算其边界值,然后检查是否满足所有约束,若满足,转下一步;否则重复(2).

(3) 在得到一个可行解后,分支过程中要进行以下步骤:

① 对可行解,保留边界值最小的一支 $z_{\min}$,其余全部剪掉;

② 对边界值大于 $z_{\min}$ 的分支,剪支;

③ 能判断出无可行解的分支,剪掉;

④ 非上述情况,转(2).

下面通过例子说明隐枚举法的具体步骤.

**例 5-6**　用隐枚举法求解 0—1 规划问题:

$$\max z = 3x_1 + x_2 + 5x_3$$
$$\text{s.t.} \begin{cases} 2x_1 + 2x_2 - x_3 \leqslant 2 \\ x_1 - 4x_2 + x_3 \leqslant 4 \\ x_j = 0 \text{ 或 } 1; j = 1,2,3 \end{cases}$$

**解**　(1) 目标函数极小化,约束条件取"$\geqslant$"的形式.

$$\min w = -3x_1 - x_2 - 5x_3$$
$$\text{s.t.} \begin{cases} -2x_1 - 2x_2 + x_3 \geqslant -2 \\ -x_1 + 4x_2 - x_3 \geqslant -4 \\ x_j = 0,1; j = 1,2,3 \end{cases}$$

(2) 目标函数系数非负化.

为保持决策变量的 0—1 取值,如果目标函数中变量 $x_j$ 的系数为负值,可令 $x_j' = 1 - x_j$;在此令 $x_1' = 1 - x_1, x_2' = 1 - x_2, x_3' = 1 - x_3$.

$$\min w = 3x_1' + x_2' + 5x_3' - 9$$
$$\text{s.t.} \begin{cases} 2x_1' + 2x_2' - x_3' \geqslant 1 \\ x_1' - 4x_2' + x_3' \geqslant -6 \\ x_j' = 0,1; j = 1,2,3 \end{cases}$$

(3) 变量按其在目标函数中的系数从小到大排列.

$$\min w = x_2' + 3x_1' + 5x_3' - 9$$
$$\text{s.t.} \begin{cases} 2x_2' + 2x_1' - x_3' \geqslant 1 \\ -4x_2' + x_1' + x_3' \geqslant -6 \\ x_j' = 0,1; j = 1,2,3 \end{cases}$$

① 令所有的变量都为"0",得到问题的一个"零解".

检验"零解"是否是可行解，如果是可行解，那么它一定就是最优解；如果不是可行解，转入下一步。显然，此例的第一个约束对于"零解"是不成立的，转入下一步。

② 按照排列顺序依次令各变量取"1"或"0"。

将问题分成两个子问题分别检查其解是否是可行解，利用上节的定界方法，直至得到最优解。此例先令 $x_2' = 0$ 或 1 将问题分成两个子问题；$x_2' = 1$ 这一分支的下界是 $-8$，而 $x_2' = 0$ 这一分支的下界是 $-6$，见图 5-7。

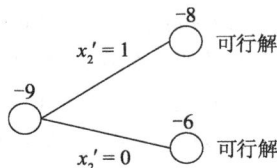

图 5-7

$x_2' = 0$ 分支的下界确定方法如下：因为已经知道"零解"是不可行解，所以在 $x_2' = 0$ 的情况下，优先寄希望于 $x_1' = 1$ 是可行解，于是有对应 $x_2' = 0, x_1' = 1, x_3' = 0$ 的目标值 $-6$。由于得到的两个子问题均有可行解，所以没有进一步分支的必要了。比较这两个可行解，较小目标函数值（$-8$）所对应的解 $x_1' = 0, x_2' = 1, x_3' = 0$ 就是最优解，即原 0-1 规划问题的最优解是 $\boldsymbol{x}^* = (1,0,1)^{\mathrm{T}}$，其目标值为 8。

**例 5-7** 用隐枚举法求解 0-1 规划问题：

$$\max z = 8x_1 + 2x_2 - 4x_3 - 7x_4 - 5x_5$$
$$\text{s.t.} \begin{cases} 3x_1 + 3x_2 + x_3 + 2x_4 + 3x_5 \leqslant 4 \\ 5x_1 + 3x_2 - 2x_3 - x_4 + x_5 \leqslant 4 \\ x_j = 0,1; j = 1, \cdots, 5 \end{cases}$$

**解** 经过前 3 步的变形，此 0-1 规划问题具有如下形式：

$$\min w = 2x_2' + 4x_3 + 5x_5 + 7x_4 + 8x_1' - 10$$
$$\text{s.t.} \begin{cases} 3x_2' - x_3 - 3x_5 - 2x_4 + 3x_1' \geqslant 2 \\ 3x_2' + 2x_3 - x_5 + x_4 + 5x_1' \geqslant 4 \\ x_1', x_2', x_j = 0,1; j = 3,4,5 \end{cases}$$

"零解"显然不是可行解，令 $x_2' = 1$ 或 0，将问题分成两个分支，见图 5-8。

由于图 5-8 中 2 号、3 号结点所反映的解均为非可行解，因此优先选择边界值较小的 2 号结点进行分支。按照变量的排列顺序，纳入考虑范围的变量应为 $x_3$，令 $x_3 = 1$ 或 0，继续分支，见图 5-9。

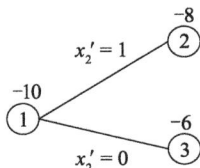

图 5-8

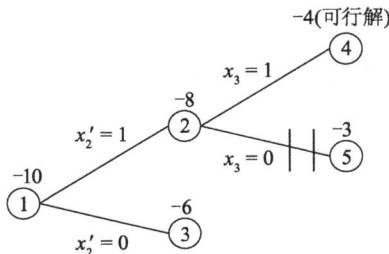

图 5-9

图 5-9 的 4 号结点给出了一个可行解,其目标值 $w=-4$ 作为一个上界,剪去 5 号结点所在的分支,因为该结点的目标边界值再分支得到的目标函数值大于此上界.

在图 5-9 中,因为 3 号结点的目标边界值仍然小于已知的上界,所以应继续对该结点进行分支.本例题的整个分支计算过程如图 5-10 所示.

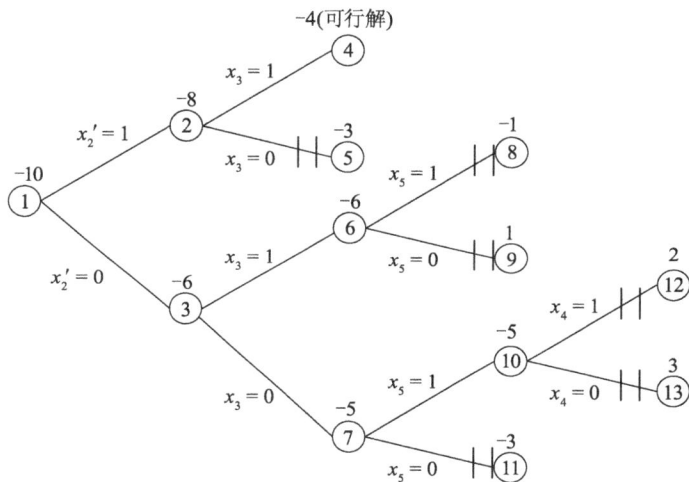

**图 5-10**

此问题的最优解 $\boldsymbol{x}^*=(1,0,1,0,0)^{\mathrm{T}}$,最优值 $z^*=4$.

## §5　指派问题与匈牙利法

在现实世界存在这样特殊的 $0-1$ 规划问题:有 $n$ 个人恰好可承担 $n$ 项任务,一项任务由一个人完成,且仅可由一个人完成.由于个人的专长不同,完成各项任务的效率也就不同,于是就产生了应指派哪个人去完成哪项任务,才能使完成 $n$ 项任务的总效率最高(所需总时间最少)的问题.这类问题称为指派问题或分配问题(Assignment Problem).

**一、指派问题的数学模型**

对每个指派问题都有一个已知的效率矩阵,其元素 $c_{ij}\geqslant0(i,j=1,2,\cdots,n)$ 表示第 $i$ 个人完成第 $j$ 项任务的效率(如时间或成本等).引入 $0-1$ 变量 $x_{ij}$:

$$x_{ij}=\begin{cases}1,指派第\ i\ 人完成第\ j\ 项任务\\0,不指派第\ i\ 人完成第\ j\ 项任务\end{cases}$$

问题的数学模型可表示为

$$\min z = \sum_{i=1}^{n} \sum_{j=1}^{n} c_{ij} x_{ij}$$

$$\text{s. t.} \begin{cases} \sum_{j=1}^{n} x_{ij} = 1 & (i = 1, \cdots, n) \\ \sum_{i=1}^{n} x_{ij} = 1 & (j = 1, \cdots, n) \\ x_{ij} = 0 \text{ 或 } 1 & (i = 1, \cdots, n; j = 1, \cdots, n) \end{cases}$$

第一组约束条件说明第 $i$ 个人只能完成一项任务,第二组约束条件说明第 $j$ 项任务只能由一个人完成.从指派问题的数学模型可知,指派问题是 $0-1$ 规划的特例,也是运输问题的特例.因此,指派问题可以用整数规划或运输问题的求解方法求解;然而,利用指派问题的特点可有更简便的求解方法.这种方法称为匈牙利法.

### 二、匈牙利法的理论依据

1955 年,库恩(W. W. Kuhn)利用匈牙利数学家康尼格(D. Konig)的关于矩阵中独立"0"元素的定理,提出了求解指派问题的一种方法,习惯上称之为匈牙利法.

匈牙利法是建立在以下两个定理之上的.

**定理 5-1** 如果从分配问题效率矩阵 $(a_{ij})$ 的每一行元素中分别减去(或加上)一个常数 $u_i$(被称为该行的位势),从每一列分别减去(或加上)一个常数 $v_j$(被称为该列的位势),得到一个新的效率矩阵 $(b_{ij})$,若其中 $b_{ij} = a_{ij} - u_i - v_j$,则 $(b_{ij})$ 的最优解等价于 $(a_{ij})$ 的最优解.

例如,如果效率矩阵的第一行各元素均减少 $k$,那么指派问题的目标函数变为

$$z' = \sum_{j=1}^{n} (c_{1j} - k) x_{1j} + \sum_{i=2}^{n} \sum_{j=1}^{n} c_{ij} x_{ij} = \sum_{i=1}^{n} \sum_{j=1}^{n} c_{ij} x_{ij} - k \sum_{j=1}^{n} x_{1j} = z - k$$

在相同的约束下,$z'$ 与 $z$ 只相差一个常数,当然最优解不会改变.

**定理 5-2** 若矩阵 $A$ 的元素可分成"0"与非"0"两部分,则覆盖"0"元素的最少直线数等于位于不同行不同列的"0"元素的最大个数.

### 三、匈牙利法的算法步骤

匈牙利法的算法步骤如下:

(1) 对指派问题的系数矩阵进行变换,使每行每列至少有一个元素为"0".

① 让系数矩阵的每行元素去减去该行的最小元素;

② 再让系数矩阵的每列元素减去该列的最小元素.

(2) 从第一行开始,若该行只有一个零元素,就对这个零元素加括号,对加括

号的零元素所在的列画一条线覆盖该列,若该行没有零元素或者有两个以上零元素(已划去的不算在内),则转下一行,依次进行到最后一行.

（3）从第一列开始,若该列只有一个零元素,就对这个零元素加括号(同样不考虑已划去的零元素),再对加括号的零元素所在行画一条直线覆盖该行.若该列没有零元素或有两个以上零元素,则转下一列,依次进行到最后一列为止.

（4）重复上述步骤（1）和（2）可能出现 3 种情况:

① 效率矩阵每行都有加括号的零元素,只要对应这些元素令 $x_{ij}=1$ 就找到了最优解.

② 加括号的零元素个数少于 $m$,但未被划去的零元素之间存在闭回路,这时顺着闭回路的走向,对每个间隔的零元素加一个括号,然后对所有加括号的零元素所在行(或列)画一条直线,同样得到最优解.

③ 矩阵中所有零元素或被划去,或加上括号,但加括号的零元素少于 $m$,这时转入（5）.

（5）按定理进行如下变换:

① 从矩阵未被直线覆盖的数字中找出一个最小的 $k$;

② 当矩阵中的第 $i$ 行有直线覆盖时,令 $u_i=0$;无直线覆盖时,令 $u_i=k$;

③ 当矩阵中的第 $j$ 列有直线覆盖时,令 $v_j=-k$;无直线覆盖时,令 $v_j=0$;

④ 令原矩阵的每个元素 $a_{ij}$ 分别减去 $u_i$ 和 $v_j$.

（6）回到（2）,反复进行,直到矩阵的每一行都有一个加括号的零元素为止,即找到最优分配方案.

用以下问题对匈牙利法处理实际问题的步骤加以说明.

**例 5-8**　4 人承担 4 项任务,各人完成各项任务所需的时间如表 5-11 所示(单位:小时),试确定最优的任务分配方案,以使 4 人完成 4 项任务的效率最高.

表 5-11

|  | 工作 1 | 工作 2 | 工作 3 | 工作 4 |
|---|---|---|---|---|
| 人员 1 | 10 | 9 | 8 | 7 |
| 人员 2 | 3 | 4 | 5 | 6 |
| 人员 3 | 2 | 1 | 1 | 2 |
| 人员 4 | 4 | 3 | 5 | 6 |

**解**　效率矩阵的每行减其最小元素,每列减其最小元素,目的是使效率矩阵的每行、每列都至少有一个"0"元素.此例通过第一行减 7,第二行减 3,第三行减 1,第四行减 3 即可实现此目的.变换后的效率矩阵如表 5-12 所示.

表 5-12

| | | | |
|---|---|---|---|
| 3 | 2 | 1 | **0** |
| **0** | 1 | 2 | 3 |
| 1 | 0 | **0** | 1 |
| 1 | **0** | 2 | 3 |

由于第一行有且仅有一个"0"，对"0"元素做标记，"0"元素所在的列被直线所覆盖；对第二行、第四行做同样操作，见表 5-13.

表 5-13

| | | | |
|---|---|---|---|
| 3 | 2 | 1 | (**0**) |
| (**0**) | 1 | 2 | 3 |
| 1 | 0 | **0** | 1 |
| 1 | (**0**) | 2 | 3 |

由于第一、二、四列都被覆盖了，第三列有且仅有一个"0"，对"0"元素做标记，"0"元素所在的行被直线所覆盖，见表 5-14.

表 5-14

| | | | |
|---|---|---|---|
| 3 | 2 | 1 | (**0**) |
| (**0**) | 1 | 2 | 3 |
| 1 | 0 | (**0**) | 1 |
| 1 | (**0**) | 2 | 3 |

表 5-14 中，由于每一行都有被标记的"0"元素，该问题已求得最优解. 从上述效率矩阵可以得到仅与"0"元素对应的指派方案 $M_1-J_4, M_2-J_1, M_3-J_3, M_4-J_2$. 由于此方案实现了"0"指派，而效率矩阵中的所有元素都是非负的，所以它一定是最优方案. 回到原效率矩阵，可求得此方案的目标值为 $z=7+3+1+3=14$.

本例只是指派问题中的一种特殊情况，并非经此变换均能得到仅与"0"元素对应的最优指派方案，为演示此情况出现时的处理方法，请看例 5-9.

**例 5-9** 求解以表 5-15 中数据（单位：小时）为效率矩阵 $A$ 的指派问题.

表 5-15

|  | 工作 1 | 工作 2 | 工作 3 | 工作 4 |
|---|---|---|---|---|
| 人员 1 | 10 | 9 | 7 | 8 |
| 人员 2 | 5 | 8 | 7 | 7 |
| 人员 3 | 5 | 4 | 6 | 5 |
| 人员 4 | 2 | 3 | 4 | 5 |

**解** 第一步,找出效率矩阵行的最小元素,并分别从每行中减去这个最小元素.

第二步,再找出矩阵每一列的最小元素,并分别从每列中减去这个最小元素.

经此两步,效率矩阵 $A$ 变为效率矩阵 $B = (b_{ij})$,记为表 5-16.

表 5-16

| 3 | 2 | 0 | 0 |
|---|---|---|---|
| 0 | 3 | 2 | 1 |
| 1 | 0 | 2 | 0 |
| 0 | 1 | 2 | 2 |

至此仍没有得到仅与"0"元素对应的指派方案. 在这种情况下就要用最少的直线来覆盖矩阵中的所有"0"元素,目的是找出不在同行、不在同列(相互独立)"0"元素的个数. 此例覆盖"0"元素的最少直线很容易直观判别出来,但当 $n$ 较大时,特别是要把计算步骤编成程序借助计算机求解时,直观的方法是不行的,需要按照后续步骤来进行.

第三步,从第一行开始,若该行只有一个"0"元素没有被加上括号或被直线覆盖,就对这个"0"元素加上括号,"0"元素所在的列用直线所覆盖;若该行有多个"0"元素(已划去的不算在内)或不存在"0"元素,则转入下一行,直到最后一行为止,结果见表 5-17.

表 5-17

| 3 | 2 | 0 | 0 |
|---|---|---|---|
| (0) | 3 | 2 | 1 |
| 1 | 0 | 2 | 0 |
| 0 | 1 | 2 | 2 |

第四步,从第一列开始,若该列只有一个"0"元素没有被加上括号或被直线覆盖,就对这个"0"元素加上括号,"0"元素所在行被直线所覆盖;若该列有多个"0"

元素（已划去的不算在内）或不存在"0"元素，则转入下一列，直到最后一列为止，结果见表 5-18.

表 5-18

| | | | |
|---|---|---|---|
| 3 | 2 | (0) | 0 |
| (0) | 3 | 2 | 1 |
| 1 | (0) | 2 | 0 |
| 0 | 1 | 2 | 2 |

第五步：矩阵中所有"0"元素都被加上括号或被直线覆盖，但不是每一行都有"(0)"，此例即属这种情况. 为了设法使每行都有一个"(0)"元素，就要继续对矩阵进行变换：

(1) 从未被直线覆盖的元素中找出最小元素 $k$；

(2) 令未被直线覆盖的行位势 $u_i = k$，其他行的位势 $u_i = 0$；

(3) 被直线覆盖的列的位势 $v_j = -k$，其他列的位势 $v_j = 0$；

(4) 令新的效率矩阵 $\boldsymbol{C} = (c_{ij})$，其中 $c_{ij} = b_{ij} - u_i - v_j$.

第五步处理结果记为表 5-19.

表 5-19

| | | | |
|---|---|---|---|
| 4 | 2 | 0 | 0 |
| 0 | 2 | 1 | 0 |
| 2 | 0 | 2 | 0 |
| 0 | 0 | 1 | 1 |

第六步，由于此时在效率矩阵中出现了"0"元素的闭回路，因此以"0"元素为顶点构造闭回路，表 5-20 所述矩阵显示了闭回路的情况. 在闭回路中间隔位置的"0"元素加上括号，划去"(0)"元素所在的行或列，表 5-21 显示了划去行或列的情况.

表 5-20

| | | | |
|---|---|---|---|
| 4 | 2 | 0 | 0 |
| (0) | 2 | 1 | 0 |
| 2 | 0 | 2 | (0) |
| 0 | (0) | 1 | 1 |

表 5-21

| 4 | 2 | 0 | 0 |
|---|---|---|---|
| (0) | 2 | 1 | 0 |
| 0 | 2 | 3 | (0) |
| 0 | (0) | 1 | 1 |

第七步,继续实施第三、四两步.处理结果见表 5-22.

表 5-22

| 4 | 2 | (0) | 0 |
|---|---|---|---|
| (0) | 2 | 1 | 0 |
| 0 | 2 | 3 | (0) |
| 0 | (0) | 1 | 1 |

该结果对应的最优指派方案是:人员 1—工作 3、人员 2—工作 1、人员 3—工作 4、人员 4—工作 2,最短工作时间为 $7+5+6+2=20$(小时).

需要强调的是,由于在第六步处理中出现了“0”元素的闭合回路,“(0)”元素的选取存在人为因素,所以此例的最优指派方案并不唯一.

## 四、指派问题的拓展

指派问题是特殊的运输问题,它也同运输问题一样具有不平衡的情形.下面就讨论一些指派问题的特殊形式.

### 1. 最大化指派问题

此类问题处理的是一个人完成且仅完成一项工作,但处理的问题并不是求最小化的问题,而是求最大值的问题.

处理方法:设 $m$ 为最大化指派问题系数矩阵 $C$ 中最大元素.令 $B=(m-c_{ij})_{nn}$,则以 $B$ 为系数矩阵的最小化问题和原问题有相同的最优解.

**例 5-10**　某人事部门拟招聘 4 人任职 4 项工作,对他们综合考评的得分见表 5-23(满分 100 分).问如何安排工作可使总分最多?

表 5-23

|  | 项目 1 | 项目 2 | 项目 3 | 项目 4 |
|---|---|---|---|---|
| 甲 | 85 | 92 | 73 | 90 |
| 乙 | 95 | 87 | 78 | 95 |
| 丙 | 82 | 83 | 79 | 90 |
| 丁 | 86 | 90 | 80 | 88 |

**解**  $m=95$，令 $\boldsymbol{B}=(95-c_{ij})$，则

$$\boldsymbol{B}=\begin{bmatrix} 10 & 3 & 22 & 5 \\ 0 & 8 & 17 & 0 \\ 13 & 12 & 16 & 5 \\ 9 & 5 & 15 & 7 \end{bmatrix}$$

用匈牙利法求解 $\boldsymbol{B}$，即可得最优的分配方案（此处略去）.

### 2. 人数多于任务数

人数多于任务数，自然就提出了择优录用的问题. 处理此类指派问题的方法是引入假想的任务，由于每个人完成假想的任务都是不需要时间的（假想的任务反映的是剩余人员），所以其对应的效率矩阵元素为"0". 同运输问题一样，通过引入假想的任务就可以将不平衡的指派问题转化为平衡的指派问题.

**例 5-11**  有 5 个人竞争 4 项工作，若他们完成各项工作所需的时间如表 5-24 所示，问应如何分配任务才能使总的工作效率最高？

表 5-24

|  | 工作 1 | 工作 2 | 工作 3 | 工作 4 |
|---|---|---|---|---|
| 人员 1 | 12 | 10 | 8 | 9 |
| 人员 2 | 20 | 5 | 15 | 25 |
| 人员 3 | 10 | 11 | 10 | 15 |
| 人员 4 | 15 | 19 | 18 | 6 |
| 人员 5 | 18 | 16 | 5 | 20 |

增加一个虚拟的工作，人员完成虚拟工作所需的时间为 0，如表 5-25 所示.

表 5-25

|  | 工作 1 | 工作 2 | 工作 3 | 工作 4 | 工作 5 |
|---|---|---|---|---|---|
| 人员 1 | 12 | 10 | 8 | 9 | **0** |
| 人员 2 | 20 | 5 | 15 | 25 | **0** |
| 人员 3 | 10 | 11 | 10 | 15 | **0** |
| 人员 4 | 15 | 19 | 18 | 6 | **0** |
| 人员 5 | 18 | 16 | 5 | 20 | **0** |

利用匈牙利法求解，可得如表 5-26 所示的最优指派方案，即：人员 2—工作 2、人员 3—工作 1、人员 4—工作 4、人员 5—工作 3，而人员 1 被淘汰.

表 5-26

|  | 工作 1 | 工作 2 | 工作 3 | 工作 4 | 工作 5 |
|---|---|---|---|---|---|
| 人员 1 | 2 | 5 | 3 | 3 | (0) |
| 人员 2 | 10 | (0) | 10 | 19 | 0 |
| 人员 3 | (0) | 6 | 5 | 9 | 0 |
| 人员 4 | 5 | 14 | 13 | (0) | 0 |
| 人员 5 | 8 | 11 | (0) | 14 | 0 |

**3. 任务数多于人数**

任务数多于人数可以有两种具体的处理情形:

(1) 只选择与人员数量相等的任务来完成,其他任务留下不管.

处理方法是:引入假想的人使人数与任务数相等,由于假想的人反映的是剩余的任务,所以其对应的效率矩阵元素也为"0". 这样通过引入假想的人就可以将不平衡的指派问题转化为平衡的指派问题.

(2) 允许一个人同时完成多项任务(兼职),所有的任务都必须完成.

处理方法是:引入假想的人,使人数与任务数相等,但由于此时假想的人反映的是兼做的任务,而不再是剩余的任务,所以其对应的效率矩阵元素也不会再是"0"了. 被兼做的任务一定是由完成该项任务时间最短的人来完成,通常情况下可以假想人所对应的效率矩阵元素是完成各项任务的最短时间.

**例 5-12**　若 4 个人面临 5 项工作,现要在 5 项工作中选择 4 项进行分配,每个人完成各项工作所需的时间如表 5-27 所示,问应如何分配才能使总的工作效率最高?

表 5-27

|  | 工作 1 | 工作 2 | 工作 3 | 工作 4 | 工作 5 |
|---|---|---|---|---|---|
| 人员 1 | 12 | 10 | 8 | 9 | 15 |
| 人员 2 | 20 | 5 | 15 | 25 | 8 |
| 人员 3 | 10 | 11 | 10 | 15 | 6 |
| 人员 4 | 15 | 19 | 18 | 6 | 12 |

**解**　引入假想人员 5,得表 5-28.

表 5-28

|  | 工作 1 | 工作 2 | 工作 3 | 工作 4 | 工作 5 |
|---|---|---|---|---|---|
| 人员 1 | 12 | 10 | 8 | 9 | 15 |
| 人员 2 | 20 | 5 | 15 | 25 | 8 |
| 人员 3 | 10 | 11 | 10 | 15 | 6 |
| 人员 4 | 15 | 19 | 18 | 6 | 12 |
| **人员 5** | **0** | **0** | **0** | **0** | **0** |

利用匈牙利法求解可得如表 5-29 所示的最优指派方案：人员 1—工作 3、人员 2—工作 2、人员 3—工作 5、人员 4—工作 4，而工作 1 被淘汰.

表 5-29

|  | 工作 1 | 工作 2 | 工作 3 | 工作 4 | 工作 5 |
|---|---|---|---|---|---|
| 人员 1 | 4 | 2 | (0) | 1 | 7 |
| 人员 2 | 15 | (0) | 10 | 20 | 3 |
| 人员 3 | 4 | 5 | 4 | 9 | (0) |
| 人员 4 | 9 | 13 | 12 | (0) | 6 |
| 人员 5 | (0) | 0 | 0 | 0 | 0 |

**例 5-13** 有 4 个人面临 5 项工作，其中有一个人兼任一项工作，其他 3 人各完成一项工作.若他们完成各项工作所需的时间如表 5-30 所示，问应如何分配任务才能使总的工作效率最高？

表 5-30

|  | 工作 1 | 工作 2 | 工作 3 | 工作 4 | 工作 5 |
|---|---|---|---|---|---|
| 人员 1 | 12 | 10 | 8 | 9 | 15 |
| 人员 2 | 20 | 5 | 15 | 25 | 8 |
| 人员 3 | 10 | 11 | 10 | 15 | 6 |
| 人员 4 | 15 | 19 | 18 | 6 | 12 |

**解** 引入假想人员 5 为指定完成 2 项任务的人，得表 5-31.

表 5-31

|  | 工作 1 | 工作 2 | 工作 3 | 工作 4 | 工作 5 |
|---|---|---|---|---|---|
| 人员 1 | 12 | 10 | 8 | 9 | 15 |
| 人员 2 | 20 | 5 | 15 | 25 | 8 |
| 人员 3 | 10 | 11 | 10 | 15 | 6 |
| 人员 4 | 15 | 19 | 18 | 6 | 12 |
| **人员 5** | **10** | **5** | **8** | **6** | **6** |

利用匈牙利法求解可得如表 5-32 所示的最优指派方案(不唯一):人员 1—工作 3、人员 2—工作 2、人员 3—工作 1、人员 4—工作 4,而人员 3 兼任工作 5.

表 5-32

|  | 工作 1 | 工作 2 | 工作 3 | 工作 4 | 工作 5 |
|---|---|---|---|---|---|
| 人员 1 | 0 | 3 | (0) | 1 | 7 |
| 人员 2 | 10 | (0) | 9 | 19 | 2 |
| 人员 3 | (0) | 6 | 4 | 9 | 0 |
| 人员 4 | 5 | 14 | 12 | (0) | 6 |
| **人员 5** | 0 | 0 | 2 | 0 | (0) |

## §6 整数规划的应用

### 一、下料问题

工地上需要长度为 $l_1,l_2,\cdots,l_m$ 的钢材数分别为 $b_1,b_2,\cdots,b_m$ 根,取长为 $l$ 的原材料进行截取.已知有 $n$ 种截取方案:

$$A_i=(a_{1i} \quad a_{2i} \quad \cdots \quad a_{mi}), i=1,2,\cdots,n$$

其中,$a_{ji}$ 表示一根原料用第 $i$ 种方案可截得长为 $l_j$ 的钢材的根数($i=1,2,\cdots,n$; $j=1,2,\cdots,m$),因此

$$l_1a_{1i}+l_2a_{2i}+\cdots+l_ma_{mi}\leqslant l, i=1,2,\cdots,n$$

下料问题就是在满足要求:截取长度为 $l_1,l_2,\cdots,l_m$ 的钢材数分别为 $b_1,b_2,\cdots,b_m$ 根时,用的原材料根数最少的方案.假定 $x_i$ 表示按方案 $A_i$ 截取用的原钢材数目,于是问题表示为

$$\min z = x_1 + x_2 + \cdots + x_n$$

$$\text{s. t.} \begin{cases} a_{11}x_1 + a_{12}x_2 + \cdots + a_{1n}x_n \geqslant b_1 \\ a_{21}x_1 + a_{22}x_2 + \cdots + a_{2n}x_n \geqslant b_2 \\ \qquad \cdots\cdots \\ a_{m1}x_1 + a_{m2}x_2 + \cdots + a_{mn}x_n \geqslant b_m \\ x_i \geqslant 0 \text{ 且为整数}, i = 1, \cdots, n \end{cases}$$

## 二、投资问题

某部门在今后五年中可用于投资的资金总额为 $B$ 万元,有 $n(n \geqslant 2)$ 个可以考虑的投资项目,假定每个项目最多投资一次,第 $j$ 个项目所需的资金为 $b_j$ 万元,将会获得的利润为 $c_j$ 万元.问应如何选择投资项目,才能使获得的总利润最大?

设投资决策变量为

$$x_j = \begin{cases} 1, \text{决定投资第 } j \text{ 个项目} \\ 0, \text{决定不投资第 } j \text{ 个项目} \end{cases} (j = 1, \cdots, n)$$

获得的总利润为 $z$,则上述问题的数学模型为

$$\max z = \sum_{j=1}^{n} c_j x_j$$

$$\text{s. t.} \begin{cases} 0 < \sum_{j=1}^{n} b_j x_j \leqslant B \\ x_j = 0 \text{ 或 } 1, j = 1, \cdots, n \end{cases}$$

## 三、分配问题

设有 $n$ 个人被分配去做 $n$ 件工作,规定每个人只做一件工作,每件工作只能由一个人做.已知第 $i$ 个人做第 $j$ 件工作的效率(时间或费用)为 $c_{ij}(i = 1, 2, \cdots, n; j = 1, 2, \cdots, n)$,并假设 $c_{ij} \geqslant 0$.问应如何分配才能使总效率(总时间或总费用)最高(最低)?

设决策变量为

$$x_{ij} = \begin{cases} 1, \text{分配第 } i \text{ 个人做第 } j \text{ 件工作} \\ 0, \text{分配第 } i \text{ 个人做其他工作} \end{cases} (i, j = 1, 2, \cdots, n)$$

那么第 $i$ 个人做第 $j$ 件工作的效率为 $c_{ij}x_{ij}$,从而 $\sum_{i=1}^{n}\sum_{j=1}^{n} c_{ij}x_{ij}$ 即为总效率,$\sum_{i=1}^{n} x_{ij} = 1$ $(j = 1, 2, \cdots, n)$ 表示每件工作都有人做,$\sum_{j=1}^{n} x_{ij} = 1(i = 1, 2, \cdots, n)$ 表示每个人都有工作做.于是分配问题的数学模型为

$$\min z = \sum_{i=1}^{n} \sum_{j=1}^{n} c_{ij} x_{ij}$$

$$\text{s. t.} \begin{cases} \sum_{j=1}^{n} x_{ij} = 1 \quad (i = 1, 2, \cdots, n) \\ \sum_{i=1}^{n} x_{ij} = 1 \quad (j = 1, 2, \cdots, n) \\ x_{ij} = 0 \text{ 或 } 1 \quad (i, j = 1, 2, \cdots, n) \end{cases}$$

### 四、旅行售货员问题

有一推销员,从城市 $v_0$ 出发,要遍访城市 $v_1, v_2, \cdots, v_n$ 各一次,最后返回 $v_0$. 已知从 $v_i$ 到 $v_j$ 的旅费为 $c_{ij}$,问他应该按怎样的次序访问这些城市,使得总旅费最少?(设 $c_{ii} = M$,$M$ 为充分大的正数,$i = 0, 1, \cdots, n$)

对每一对城市 $v_i$ 和 $v_j$,指定一个变量 $x_{ij}$,令

$$x_{ij} = \begin{cases} 1, \text{推销员决定从 } v_i \text{ 直接进入 } v_j \\ 0, \text{其他情况} \end{cases}$$

该问题的数学模型为

$$\min z = \sum_{i,j=0}^{n} c_{ij} x_{ij}$$

$$\text{s. t.} \begin{cases} \sum_{i=0}^{n} x_{ij} = 1 \quad (j = 0, \cdots, n) \\ \sum_{j=0}^{n} x_{ij} = 1 \quad (i = 0, \cdots, n) \\ u_i - u_j + n x_{ij} \leqslant n - 1 \quad (1 \leqslant i \neq j \leqslant n) \\ x_{ij} = 0 \text{ 或 } 1 \quad (i, j = 0, \cdots, n) \\ u_i \text{ 为实数} \quad (i = 1, \cdots, n) \end{cases}$$

### 五、最短路问题

设给定一个有 $m$ 个结点、$n$ 条弧的网络 $N(V, E)$,每条弧 $(i, j)$ 的长度为 $c_{ij}$. 对给定的两个结点,设为 $v_1$ 和 $v_m$,找出从 $v_1$ 到 $v_m$ 的总长度最短的路.

若用 $x_{ij}$ 表示弧 $(i, j)$ 是否在这条路上,因此显然有 $x_{ij} = 0$ 或 1,则最短路问题的数学模型为

$$\min z = \sum_{(i,j)\in E} c_{ij}x_{ij}$$

$$\text{s.t.} \begin{cases} \sum\limits_{(i,j)\in E} x_{ij} - \sum\limits_{(k,i)\in E} x_{ki} = \begin{cases} 1 & (i=1) \\ 0 & (i=2,\cdots,m-1) \\ -1 & (i=m) \end{cases} \\ x_{ij} = 0 \text{ 或 } 1, (i,j)\in E \end{cases}$$

### 六、一维背包问题

有一个人带一个背包上山,其可携带物品重量的限度为 $b$.设有 $n$ 种不同的物品可供他选择装入背包中,已知第 $j$ 种物品的重量为 $a_j>0$,单位价值为 $c_j>0$($j=1,2,\cdots,n$).问此人应如何选择携带物品的方案,使总价值最大?

设 $x_j$ 为第 $j$ 种物品的装入件数,则该问题的数学模型是

$$\max z = \sum_{j=1}^{n} c_j x_j$$

$$\text{s.t.} \begin{cases} \sum\limits_{j=1}^{n} a_j x_j \leqslant b \\ x_j \geqslant 0 \text{ 且为整数}, j=1,2,\cdots,n \end{cases}$$

# 习题五

一、对于下列整数规划问题,问用先解相应的线性规划,然后凑整的办法,能否求到最优整数解?

(1) $\max z = 3x_1 + 2x_2$

$$\text{s.t.} \begin{cases} 2x_1 + 3x_2 \leqslant 14.5 \\ 4x_1 + x_2 \leqslant 16.5 \\ x_1, x_2 \geqslant 0 \text{ 且为整数} \end{cases}$$

(2) $\max z = 3x_1 + 2x_2$

$$\text{s.t.} \begin{cases} 2x_1 + 3x_2 \leqslant 14 \\ 2x_1 + x_2 \leqslant 9 \\ x_1, x_2 \geqslant 0 \text{ 且为整数} \end{cases}$$

二、分别用分支定界法和割平面法求解下述整数规划问题.

(1) $\max z = x_1 + x_2$

$$\text{s.t.} \begin{cases} 14x_1 + 9x_2 \leqslant 51 \\ -6x_1 + 3x_2 \leqslant 1 \\ x_1, x_2 \geqslant 0 \text{ 且为整数} \end{cases}$$

(2) $\max z = 4x_1 + 3x_2$

$$\text{s.t.} \begin{cases} 3x_1 + 4x_2 \leqslant 12 \\ 4x_1 + 2x_2 \leqslant 9 \\ x_1, x_2 \geqslant 0 \text{ 且为整数} \end{cases}$$

三、某航空公司为满足客运量日益增长的需要,正考虑购置一批新的远程、中程及短程的喷气式客机.每架远程客机价格为 670 万元,中程客机为 500 万元,短程客机为 350 万元.该公司现有资金 12 000 万元可用于购买飞机.据估计,年净利润(扣除成本)每架远程客机 82 万元,中程客机 60 万元,短程客机 40 万元.设该公

司现有熟练驾驶员可用来配备 30 架新购飞机. 维修设备足以维修新增加 40 架新的短程客机, 每架中程客机维修量相当于 4/3 架短程客机, 每架远程客机维修量相当于 5/3 架短程客机. 为获取最大利润, 该公司应购买各类客机各多少架?

四、某市为方便学生, 拟在新建的 7 个居民小区增设若干所学校. 已知各备选校址代号及其能覆盖的居民小区编号如表 5-33 所示, 问要覆盖所有居民小区至少应建多少所学校? 对应的校址代号是哪些?

表 5-33

| 备选校址 | $A$ | $B$ | $C$ | $D$ | $E$ | $F$ |
|---|---|---|---|---|---|---|
| 小区编号 | 1,5,7 | 1,2,5 | 1,3,5 | 2,4,5 | 3,6 | 4,6 |

五、求解下列 0—1 规划问题.

(1) $\max z = 4x_1 + 3x_2 + 2x_3$

$$\text{s.t.} \begin{cases} 2x_1 - 5x_2 + 3x_3 \leqslant 4 \\ 4x_1 + x_2 + 3x_3 \geqslant 3 \\ x_2 + x_3 \geqslant 1 \\ x_1, x_2, x_3 = 0 \text{ 或 } 1 \end{cases}$$

(2) $\min z = 2x_1 + 5x_2 + 3x_3 + 4x_4$

$$\text{s.t.} \begin{cases} -4x_1 + x_2 + x_3 + x_4 \geqslant 0 \\ -2x_1 + 4x_2 + 2x_3 + x_4 \geqslant 4 \\ x_1 + x_2 - x_3 + x_4 \geqslant 1 \\ x_1, x_2, x_3, x_4 = 0 \text{ 或 } 1 \end{cases}$$

六、用匈牙利法求解下列分配问题. 已知效益矩阵为

$$\begin{bmatrix} 7 & 9 & 8 & 5 \\ 6 & 12 & 7 & 4 \\ 8 & 7 & 9 & 6 \\ 6 & 7 & 8 & 10 \end{bmatrix}$$

七、有甲、乙、丙、丁 4 个人, 要分别指派他们完成 $A, B, C, D$ 不同的工作, 每人做各项工作所消耗的时间如表 5-34 所示. 问应该如何指派, 才能使总的消耗时间最少?

表 5-34

| 人员 \ 工作 | $A$ | $B$ | $C$ | $D$ |
|---|---|---|---|---|
| 甲 | 7 | 9 | 10 | 12 |
| 乙 | 13 | 12 | 15 | 17 |
| 丙 | 15 | 16 | 14 | 15 |
| 丁 | 11 | 12 | 15 | 16 |

八、需要指派甲、乙、丙、丁、戊 5 人去做 $A, B, C, D, E$ 共 5 项工作, 每人做各项工作所消耗的时间如表 5-35. 问指派哪个人去完成哪项工作, 可使总的消耗时

间最少?

表 5-35

| 人员＼工作 | A | B | C | D | E |
|---|---|---|---|---|---|
| 甲 | 3 | 8 | 2 | 10 | 3 |
| 乙 | 8 | 7 | 2 | 9 | 7 |
| 丙 | 6 | 4 | 2 | 7 | 5 |
| 丁 | 8 | 4 | 2 | 3 | 5 |
| 戊 | 9 | 10 | 6 | 9 | 10 |

九、有 4 个工人,指派他们完成 4 种工作,每人做各种工作所消耗的时间如表 5-36.问指派哪个人去完成哪种工作,可以使得总耗时最少?

表 5-36

| 人员＼工作 | A | B | C | D |
|---|---|---|---|---|
| 甲 | 15 | 18 | 21 | 24 |
| 乙 | 19 | 23 | 22 | 18 |
| 丙 | 26 | 17 | 16 | 19 |
| 丁 | 19 | 21 | 23 | 17 |

十、甲、乙、丙、丁 4 人要完成 5 项工作,每项工作只由一个人来完成,其中有一人兼做一项工作.试指出每个人完成哪项(或哪两项)工作才能使总的消耗时间最少?已知每个人完成各项工作的时间如表 5-37 所示.

表 5-37

| 人员 | 工作 1 | 工作 2 | 工作 3 | 工作 4 | 工作 5 |
|---|---|---|---|---|---|
| 甲 | 12 | 15 | 10 | 18 | 20 |
| 乙 | 8 | 12 | 20 | 14 | 11 |
| 丙 | 18 | 9 | 16 | 12 | 15 |
| 丁 | 20 | 22 | 15 | 10 | 12 |

十一、某电子系统由 3 种元件组成,为使系统正常运转,每个元件都必须工作良好.如一个或多个元件安装几个备用件将提高系统的可靠性.已知系统运转可靠性为各元件可靠性的乘积,而每一元件的可靠性则是备用件数量的函数,具体

数值见表 5-38. 又 3 种元件的价格分别是 20、30 和 40 元,重量分别是 2、4 和 6 千克. 已知全部备用件的费用预算限制为 150 元,重量限制为 20 千克. 问每个元件各安装多少备用件,才能使系统的可靠性最大?

表 5-38

| 备用件数量 | 元件 1 | 元件 2 | 元件 3 |
|---|---|---|---|
| 0 | 0.5 | 0.6 | 0.7 |
| 1 | 0.6 | 0.7 | 0.9 |
| 2 | 0.7 | 0.9 | 1.0 |
| 3 | 0.8 | 1.0 | 1.0 |
| 4 | 0.9 | 1.0 | 1.0 |
| 5 | 1.0 | 1.0 | 1.0 |

# 第六章　目标规划

目标规划（Goal Programming, GP）是在线性规划的基础上，为适应经济管理中多目标决策的需要而逐步发展起来的一个运筹学分支，是实行目标管理这种现代化管理技术的一个有效工具．对于许多规划问题，常常需要考虑多个目标函数，如经济效益目标、生态效益目标、社会效益目标等．为处理这一类问题，提出了多目标规划问题．目标规划能够处理单个主目标与多个目标并存，以及多个主目标与多个次目标并存的问题．1961 年，美国学者查恩斯（A. Charnes）和库伯（W. W. Cooper）在《管理模型和线性规划的工业应用》中首次提出了目标规划的有关概念和模型．1965 年，尤吉·艾吉里（Yuji Ijiri）引入了加权系数和优先因子的概念，进一步完善了目标规划的数学模型．1976 年，伊格尼齐奥（J. P. Ignizio）出版了《目标规划及其扩展》一书，系统归纳总结了目标规划的理论和方法．目前研究较多的有线性目标规划、非线性目标规划、线性整数目标规划和 0—1 目标规划等，本书讨论的是线性目标规划．

## §1　目标规划问题及其数学模型

### 一、目标规划问题的提出

**例 6-1**　某企业计划生产甲、乙两种产品，这些产品分别要在 $A, B, C, D$ 4 种不同设备上加工．工艺文件规定如表 6-1 所示．

表 6-1

|  | $A$ | $B$ | $C$ | $D$ | 单件利润 |
|---|---|---|---|---|---|
| 甲 | 2 | 1 | 4 | 0 | 2 |
| 乙 | 2 | 2 | 0 | 4 | 3 |
| 最大负荷 | 12 | 8 | 16 | 12 | |

问该企业应如何安排计划，使得计划期内的总利润收入最大？

**解**　设产品甲和乙的产量分别为 $x_1$ 和 $x_2$，上述问题可用线性规划来描述，其数学模型为

$$\max z = 2x_1 + 3x_2$$

$$\text{s. t.} \begin{cases} 2x_1 + 2x_2 \leqslant 12 \\ x_1 + 2x_2 \leqslant 8 \\ 4x_1 \qquad \leqslant 16 \\ \qquad 4x_2 \leqslant 12 \\ x_1, x_2 \geqslant 0 \end{cases}$$

其最优解为 $x_1 = 4, x_2 = 2, z_{\max} = 14$.

但企业的经营目标不仅要考虑利润,而且要考虑多个方面,如:

(1) 力求使利润指标不低于 12 元.

(2) 考虑到市场需求,甲、乙两种产品的生产量需保持 1:1 的比例.

(3) $C$ 和 $D$ 为贵重设备,严格禁止超时使用.

(4) 设备 $B$ 必要时可以加班,但加班时间要控制;设备 $A$ 既要求充分利用,又尽可能不加班.

很显然,对于上述问题,单个的线性规划模型无法处理,即线性规划模型存在局限性.

## 二、线性规划的局限性

自亚当·史密斯(Adam Smith)起,西方经济学的一个基本假设是:企业的决策者是"经济人". 他们的行为只受利润最大化准则的支配,没有其他的个人动机. 由于他们掌握了获取最大利益的所有信息,在这种情况下,追求利润最大化就成为他们唯一的目标. 单目标问题由此诞生.

然而,"经济人"的假设不能解释经济活动中各种各样的行为和现象. 为此,西蒙(Herbert A. Simon)提出了"管理人"和令人满意行为准则. 可以说,多目标决策是对社会实践的响应. 多目标决策问题是由法国经济学家帕累托(V. Pareto)在 1896 年提出的. 他从政治经济学角度,把很多本质上不可比的目标转化为单一的最优目标. 经济学目前使用最多的是帕累托最优效率:没有人能在不使别人受损害的情况下,让自己过得更好(所谓最优,实质上是恰如其分地折中、妥协). 目标规划就是一种用于解决目标数目在两个或两个以上的多目标决策问题的数学方法. 而线性规划作为一种单目标的决策工具,在解决实际问题时存在几方面的局限性.

第一,线性规划只能处理一个目标,而现实问题往往要处理多个目标. 线性规划是在一组线性约束条件下,寻求某一个目标(如产量、利润或成本等)的最优值. 而实际问题中往往要考虑多个目标的决策问题,如核电站的设计问题. 传统的单目标规划只允许设定一个目标,那么单一目标选择什么? 是使整个核电站建设费用为最低,安全运行的可靠性最高,电能输出最大,还是对周围环境的影响最小?

显然，上述目标都很重要，但又可能互相矛盾．若系统设计只选取一个目标，如建设费用最低，这可能很容易达到，但这种选择的结果将牺牲其他方面的条件，如降低运行的安全可靠性或环境条件的严重破坏．这是一个多目标决策问题，普通的线性规划是无能为力的．

第二，线性规划立足于满足所有约束条件，而实际问题中可能存在相互矛盾的约束条件，并非所有约束都需要严格满足．线性规划最优解存在的前提条件是可行域为非空集，否则，线性规划无解．然而实际问题中，有时可能出现资源条件满足不了管理目标的要求的情况，此时仅做无解的结论是没有意义的．

第三，线性规划问题中的约束条件是不分主次、同等对待的，是一律要满足的"硬约束"，而在实际问题中，多个目标和多个约束条件并不一定是同等重要的，而是有轻重缓急和主次之分的，即各目标的重要性既有层次上的差别，同一层次中又可以有权重上的区分．

第四，线性规划的最优解可以说是绝对意义下的最优，但在很多实际情况下只需（或只能）找出满意解就可以了．如对核电站设计问题中的若干目标．

以上原因限制了线性规划的应用范围．目标规划就是在解决以上问题的研究中应运而生，它能更确切地描述和解决经济管理中的许多实际问题．目前目标规划的理论和方法已经在经济计划、生产管理经营、市场分析、财务管理等方面得到广泛的应用．

为处理含有多个目标的规划问题，引入多目标规划．为了具体说明目标规划与线性规划在处理问题的方法上的区别，先介绍目标规划的几个基本概念．

### 三、目标规划的基本概念

#### 1. 目标值和偏差变量

目标规划通过引入目标值和正、负偏差变量，可以将目标函数转化为目标约束．

所谓目标值，是指预先给定的某个目标的一个期望值，如例 6-1 中，利润指标 12 元就是目标的目标值，实现值或决策值是指当决策变量 $x_j(j=1,2,\cdots,n)$ 确定以后，目标函数的对应值．显然，决策值与目标值之间会有一定的差异，这种差异用偏差变量（事先无法确定的未知量）来刻画，正偏差变量表示决策值超过目标值的数量，记为 $d^+$；负偏差变量表示决策值未达到目标值的数量，记为 $d^-$，显然 $d^+\geqslant 0$，$d^-\geqslant 0$．因为在一次决策中，决策值不可能既超过目标值，同时又未达到目标值，所以有 $d^+ \cdot d^- =0$．

#### 2. 绝对约束和目标约束

绝对约束指必须严格满足的约束条件，如线性规划问题的所有约束条件，不能满足这些约束条件的解称为非可行解，所以它们是硬约束．目标约束是目标规划特有的概念,可把约束右端看作要追求的目标值,在达到此目标值时允许发生正或负偏差,因此在这些约束中加入正、负偏差变量,它们是软约束.线性规划问题的目标函数在给定目标值和加入正、负偏差变量后,可变换为目标约束,也可根据问题的需要将绝对约束变换为目标约束.

例 6-1 中,如果要求甲、乙两种产品保持 1∶1 的比例严格满足,则为绝对约束,表示为 $x_1 - x_2 = 0$. 如果这个比例允许有偏差,用 $d^+$,$d^-$ 分别表示 $x_1 - x_2$ 与 0 的正负偏差. 当 $x_1 < x_2$ 时,有 $d^- > 0$,$d^+ = 0$;当 $x_1 > x_2$ 时,有 $d^+ > 0$,$d^- = 0$;当 $x_1 = x_2$ 时,有 $d^+ = 0$,$d^- = 0$. 由于 $x_1$,$x_2$ 大小关系都有可能,所以为目标约束,表示为 $x_1 - x_2 + d^- - d^+ = 0$.

### 3. 目标的优先因子(优先级)与权系数

在一个多目标决策问题中,要找出使所有目标达到最优的解是很不容易的,在有些情况下,这样的解根本不存在(当这些目标是互相矛盾时).而在实际问题中,决策者要求达到这些目标时,有主次或轻重缓急的不同.在一个目标规划的模型中,为达到某一目标可牺牲其他一些目标,称这些目标是属于不同层次的优先级.凡要求第一位达到的目标赋予优先因子 $P_1$,次位的目标赋予优先因子 $P_2$,……,并规定 $P_k \gg P_{k+1}(k=1,2,\cdots,K)$ 表示 $P_k$ 比 $P_{k+1}$ 有更大的优先权,即首先保证 $P_1$ 级目标的实现,这时可不考虑次级目标. 而 $P_2$ 级目标是在实现 $P_1$ 级目标的基础上考虑的,依此类推.

对于同一层次优先级的不同目标,按其重要程度可分别乘以不同的权系数.若要区别具有相同优先因子的不同目标的差别,可分别赋予它们不同的权系数 $w_j$,权系数是一个个具体的数字,权系数越大,表明该目标越重要,这些都是由决策者按具体情况而定的.

### 4. 目标规划的目标函数

目标规划的目标函数(又称准则函数或达成函数),是由各目标约束的偏差变量及相应的优先因子和权系数构成的.由于目标规划追求的是尽可能接近各既定目标值,也就是各有关偏差变量尽可能小,所以,其目标函数一定是极小化的.应用时目标函数有 3 种基本表达式.

(1)要求恰好达到目标值.这时决策值超过或低于目标值都是不希望的,因此有

$$\min\{f(d^+ + d^-)\}$$

(2)要求不超过目标值,即允许达不到目标值,就是正偏差变量要尽可能小,因此有

$$\min\{f(d^+)\}$$

(3)要求不低于目标值,即允许超过目标值,就是负偏差变量要尽可能小,因此有

$$\min\{f(d^-)\}$$

例如要求甲、乙两种产品保持 1：1 的比例，目标约束为 $x_1 - x_2 + d^- - d^+ = 0$.

若希望甲的产量不低于乙的产量，即不希望 $d^- > 0$，用目标函数可表示为

$$\min\{d^-\}$$

若希望甲的产量低于乙的产量，即不希望 $d^+ > 0$，用目标函数可表示为

$$\min\{d^+\}$$

若希望甲的产量恰好等于乙的产量，即不希望 $d^+ > 0$，也不希望 $d^- > 0$，用目标函数可表示为

$$\min\{d^+ + d^-\}$$

5. 满意解

目标规划问题的求解是分级进行的，首先求满足 $P_1$ 级目标的解，然后在保证 $P_1$ 级目标不被破坏的前提下再求满足 $P_2$ 级目标的解，依此类推. 总之，这是在不破坏上一级目标的前提下，实现下一级目标的最优. 因此，最后求出的解就不是通常意义下的最优解，而是称之为满意解. 之所以叫作满意解，是因为对于这种解来说，前面的目标是可以保证实现或部分实现的，后面的目标则不一定能保证实现或部分实现，有些可能就不能实现.

满意解这一概念的提出是对最优化概念的一个突破. 显然它更切合实际，更便于运用.

### 四、目标规划的数学模型

有了目标规划的几个基本概念的介绍，下面通过实例来建立目标规划的数学模型.

**例 6-2** 在例 6-1 中，若企业提出的管理目标按优先级排列如下：

第 1 优先级 $P_1$——企业利润；

第 2 优先级 $P_2$——甲、乙产品的产量保持 1：1 的比例；

第 3 优先级 $P_3$——设备 $B$ 必要时可以加班，但加班时间要控制；设备 $A$ 既要求充分利用，又尽可能不加班. 其中设备 $A$ 的重要性比设备 $B$ 大 3 倍.

**解** 引入偏差变量 $d_i^-$，$d_i^+$（$i = 1,2,3,4$），得到以下 4 个目标约束（软约束）.

企业利润：$2x_1 + 3x_2 + d_1^- - d_1^+ = 12$；

甲、乙产品比例：$x_1 - x_2 + d_2^- - d_2^+ = 0$；

设备 $A$ 的负荷：$2x_1 + 2x_2 + d_3^- - d_3^+ = 12$；

设备 $B$ 的负荷：$x_1 + 2x_2 + d_4^- - d_4^+ = 8$.

由于 $C$ 和 $D$ 为贵重设备，严格禁止超时使用，所以是绝对约束（硬约束）.

设备 $C$ 的负荷：$4x_1 \leqslant 16$；

设备 $D$ 的负荷：$4x_2 \leqslant 12$.

按优先级确定目标函数：

$P_1$ 级目标要求 $\min\{d_1^-\}$；

$P_2$ 级目标要求 $\min\{d_2^- + d_2^+\}$；

$P_3$ 级目标要求 $\min\{3P_3(d_3^+ + d_3^-) + P_3 d_4^+\}$.

因此,该问题的目标规划模型为

$$\min z = P_1 d_1^- + P_2(d_2^- + d_2^+) + 3P_3(d_3^- + d_3^+) + P_3 d_4^+$$

$$\text{s. t.}\begin{cases} 4x_1 & \leqslant 16 \\ & 4x_2 \leqslant 12 \\ 2x_1 + 3x_2 + d_1^- - d_1^+ = 12 \\ x_1 - x_2 + d_2^- - d_2^+ = 0 \\ 2x_1 + 2x_2 + d_3^- - d_3^+ = 12 \\ x_1 + 2x_2 + d_4^- - d_4^+ = 8 \\ x_1, x_2, d_i^-, d_i^+ \geqslant 0 \quad (i = 1, 2, 3, 4) \end{cases}$$

**例 6-3** 某工厂生产两种产品,受到原材料供应和设备工时的限制及单件利润等有关数据见表 6-2,根据市场和工厂实际情况,要求制订一个生产计划,考虑如下意见:

(1) 由于产品 Ⅱ 销售疲软,故希望产品 Ⅱ 的产量不超过产品 Ⅰ 的一半;

(2) 原材料严重短缺,生产中应避免过量消耗;

(3) 最好能节约 4 小时设备工时;

(4) 计划利润不少于 48 元.

表 6-2

| 产 品 | Ⅰ | Ⅱ | 限量 |
|---|---|---|---|
| 原材料/(kg·件$^{-1}$) | 5 | 10 | 60 |
| 设备工时/(h·件$^{-1}$) | 4 | 4 | 40 |
| 利润/(元·件$^{-1}$) | 6 | 8 | |

面对这些意见,工厂提出的管理目标如下:

(1) 原材料使用限额不得突破;

(2) 产品 Ⅱ 产量要求必须优先考虑;

(3) 设备工时问题其次考虑;

(4) 最后考虑计划利润的要求.

**解** 设产品 Ⅰ, Ⅱ 的产量分别为 $x_1, x_2$,由于原材料严重短缺,故原材料约束作为绝对约束:

$$5x_1 + 10x_2 \leqslant 60$$

引入偏差变量 $d_i^-$，$d_i^+$（$i=1,2,3$），得到以下 3 个目标约束.

产品Ⅱ的产量不超过产品Ⅰ的一半：$x_1-2x_2+d_1^- -d_1^+=0$；

节约 4 小时设备工时：$4x_1+4x_2+d_2^- -d_2^+=36$；

计划利润不少于 48 元：$6x_1+8x_2+d_3^- -d_3^+=48$.

按优先级确定目标函数：

$P_1$ 级目标：希望产品Ⅱ的产量不超过产品Ⅰ的一半，则 $\min\{P_1 d_1^-\}$；

$P_2$ 级目标：最好能节约 4 小时设备工时，则 $\min\{P_2 d_2^+\}$；

$P_3$ 级目标：希望计划利润不小于 48 元，则 $\min\{P_3 d_3^-\}$.

因此，建立目标规划模型：

$$\min z=P_1 d_1^- +P_2 d_2^+ +P_3 d_3^-$$

$$\text{s.t.}\begin{cases}5x_1+10x_2\leqslant 60\\ x_1-2x_2+d_1^- -d_1^+=0\\ 4x_1+4x_2+d_2^- -d_2^+=36\\ 6x_1+8x_2+d_3^- -d_3^+=48\\ x_1,x_2,d_i^-,d_i^+\geqslant 0\ (i=1,2,3)\end{cases}$$

由例 6-2 和例 6-3，可以给出目标规划问题的数学模型一般形式：

$$\min z=\sum_{k=1}^{K}P_k\sum_{l=1}^{L}(\omega_{kl}^- d_l^- +\omega_{kl}^+ d_l^+)$$

$$\text{s.t.}\begin{cases}\sum_{j=1}^{n}c_{lj}x_j+d_l^- -d_l^+=g_l\ (l=1,2,\cdots,L)\\ \sum_{j=1}^{n}a_{ij}x_j\leqslant(=,\geqslant)b_i\ (i=1,2,\cdots,m)\\ x_j\geqslant 0\ (j=1,2,\cdots,n)\\ d_l^+,d_l^-\geqslant 0\ (l=1,2,\cdots,L)\end{cases}$$

其中，$P_k$ 为第 $k$ 级优先因子；$g_l$ 为第 $l$ 个目标约束的预期目标值；$\omega_{kl}^-$ 和 $\omega_{kl}^+$ 为 $P_k$ 优先级对应的第 $l$ 个目标约束的正负偏差变量的权系数；$k=1,2,\cdots,K$；$l=1,2,\cdots,L$.

## §2　目标规划的图解法

与线性规划问题一样，图解法虽然只适用于两个决策变量的目标规划问题，但其操作简便，原理一目了然，并且有助于理解一般目标规划问题的求解原理和过程.

用图解法解目标规划时，先在由决策变量 $x_1,x_2$ 构成的平面直角坐标系 $x_1Ox_2$ 的第一象限内作各约束条件.绝对约束条件的作图与线性规划相同，作目标约束时,先令 $d_l^+$, $d_l^-=0$,作相应的直线,然后在这条直线旁标注 $d_l^-$, $d_l^+$ 增大的方向,在此基础上再按照优先级从高到低的顺序,逐个考虑目标约束.一般地,若优先因子 $P_k$ 对应的解空间为 $\mathbf{R}_k$,则优先因子 $P_{k+1}$ 对应的解空间只能在 $\mathbf{R}_k$ 中考虑,即 $\mathbf{R}_{k+1} \subseteq \mathbf{R}_k$,若 $\mathbf{R}_k \neq \varnothing$,而 $\mathbf{R}_{k+1} = \varnothing$,则 $\mathbf{R}_k$ 中的解为目标规划的满意解,它只能保证满足 $P_1$, $P_2$, $\cdots$, $P_k$ 级目标,而不保证满足其后的各级目标.

**例 6-4** 用图解法解例 6-2 的目标规划.

$$\min z = P_1 d_1^- + P_2(d_2^- + d_2^+) + 3P_3(d_3^- + d_3^+) + P_3 d_4^+$$

$$\text{s. t.} \begin{cases} 4x_1 & \leqslant 16 \\ & 4x_2 \leqslant 12 \\ 2x_1 + 3x_2 + d_1^- - d_1^+ = 12 \\ x_1 - x_2 + d_2^- - d_2^+ = 0 \\ 2x_1 + 2x_2 + d_3^- - d_3^+ = 12 \\ x_1 + 2x_2 + d_4^- - d_4^+ = 8 \\ x_1, x_2, d_i^-, d_i^+ \geqslant 0 \quad (i=1,2,3,4) \end{cases}$$

**解** 首先在平面直角坐标系的第一象限内作出约束条件:绝对约束条件的作图与线性规划相同,本例中满足绝对约束的解空间为四边形 $OABC$ 区域;对于目标约束,首先令所有的偏差变量为 0,作出相应的直线,然后在相应的直线上标出 $d_i^+$ 和 $d_i^-$,如图 6-1 所示.

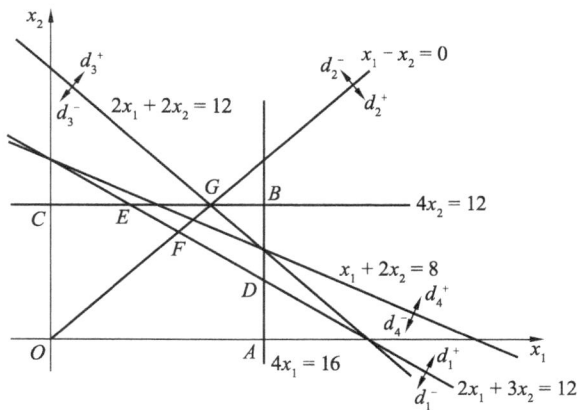

图 6-1

其次,根据目标函数中的优先因子来分析求解.

先考虑 $P_1$ 优先因子的目标函数,在目标函数中要求实现 $\min\{d_1^-\}$,在图中可见,可以满足 $d_1^- = 0$,使目标函数取得最优,因此满足第一个目标函数的解空间为三角形 $BDE$ 区域;接着考虑 $P_2$ 优先因子的目标函数,在目标函数中要实现 $\min\{d_2^+ + d_2^-\}$,可以满足 $d_2^+ = d_2^- = 0$,使目标函数取得最优,解空间为线段 $FG$;

最后考虑 $P_3$ 优先因子的目标函数，在目标函数中要实现 $\min\{3(d_3^- + d_3^+) + d_4^+\}$，但在线段 $FG$ 上无法满足 $d_3^- = d_3^+ = d_4^+ = 0$，所以，只能退一步，在线段 $FG$ 上找一点，使得 $3(d_3^- + d_3^+) + d_4^+$ 尽可能小，这一点就是点 $G(3,3)$. 所以该问题的满意解为 $x_1 = 3, x_2 = 3$.

**例 6-5**　用图解法求解例 6-3 目标规划.

$$\min z = P_1 d_1^- + P_2 d_2^- + P_3 d_3^-$$

$$\text{s.t.} \begin{cases} 5x_1 + 10x_2 \leqslant 60 \\ x_1 - 2x_2 + d_1^- - d_1^+ = 0 \\ 4x_1 + 4x_2 + d_2^- - d_2^+ = 36 \\ 6x_1 + 8x_2 + d_3^- - d_3^+ = 48 \\ x_1, x_2, d_i^-, d_i^+ \geqslant 0 \quad (i=1,2,3) \end{cases}$$

**解**　首先在平面直角坐标系的第一象限内作出约束条件：绝对约束条件的作图与线性规划相同，本例中满足绝对约束的解空间为三角形 $OAB$ 区域. 对于目标约束，首先令所有的偏差变量为 0，作出相应的直线，然后在相应的直线上标出 $d_i^+$ 或 $d_i^-$，如图 6-2 所示.

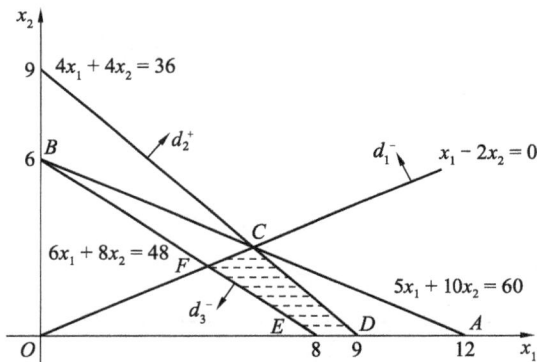

图 6-2

其次，根据目标函数中的优先因子来分析求解.

先考虑 $P_1$ 优先因子的目标函数，在目标函数中要求实现 $\min\{d_1^-\}$，在图中可见，可以满足 $d_1^- = 0$，使目标函数取得最优，因此满足第一个目标函数的解空间为三角形 $OAC$ 区域；接着考虑 $P_2$ 优先因子的目标函数，在目标函数中要实现 $\min\{d_2^+\}$，可以满足 $d_2^+ = 0$，使目标函数取得最优，此时解空间为三角形 $OCD$ 区域；最后考虑 $P_3$ 优先因子的目标函数，在目标函数中要实现 $\min\{d_3^-\}$，可以满足 $d_3^- = 0$，使目标函数取得最优，此时解空间为四边形 $CDEF$ 区域，其中 $C(6,3)$，$D(9,0)$，$E(8,0)$，$F(4.8, 2.4)$.

故该问题有无穷多解，可表示为

$\lambda_1(8,0)+\lambda_2(9,0)+\lambda_3(6,3)+\lambda_4(4.8,2.4)=(8\lambda_1+9\lambda_2+6\lambda_3+4.8\lambda_4,3\lambda_3+2.4\lambda_4)$
其中 $\lambda_1,\lambda_2,\lambda_3,\lambda_4\geqslant0,\lambda_1+\lambda_2+\lambda_3+\lambda_4=1$.

此时，$d_1^-=d_2^+=d_3^-=0$，从而 $z_{\min}=0$，即所有目标都最优实现.

**例 6-6**　用图解法求解目标规划：

$$\min z=P_1d_1^-+P_2(d_2^-+d_2^+)+3P_3(d_3^-+d_3^+)+P_3d_4^+$$

$$\text{s.t.}\begin{cases}2x_1+2x_2 & & \leqslant12\\2x_1+3x_2+d_1^--d_1^+ & & =15\\2x_1-\ x_2\ +d_2^--d_2^+ & & =0\\4x_1\ +d_3^--d_3^+ & & =16\\5x_2\ +d_4^--d_4^+ & =15\\x_1,x_2,d_i^-,d_i^+\geqslant0\ (i=1,2,3,4)\end{cases}$$

**解**　首先在平面直角坐标系的第一象限内作出约束条件：绝对约束条件的作图与线性规划相同，本例中满足绝对约束的解空间为三角形 $OAB$ 区域. 对于目标约束，首先令所有的偏差变量为 0，作出相应的直线，然后在相应的直线上标出 $d_i^+$和 $d_i^-$，如图 6-3 所示.

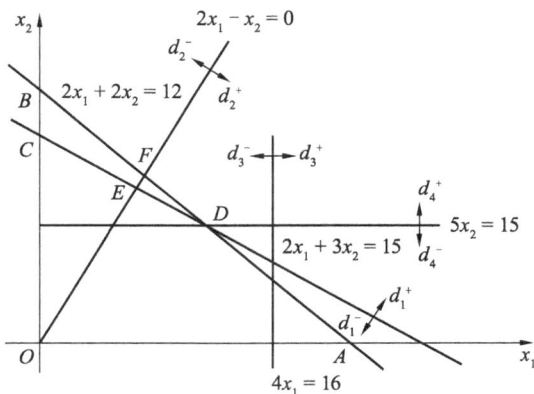

**图 6-3**

其次，根据目标函数中的优先因子来分析求解.

先考虑 $P_1$ 优先因子的目标函数，在目标函数中要求实现 $\min\{d_1^-\}$，在图中可见，可以满足 $d_1^-=0$，使目标函数取得最优，因此满足第一个目标函数的解空间为三角形 $BCD$ 区域；接着考虑 $P_2$ 优先因子的目标函数，在目标函数中要实现 $\min\{d_2^++d_2^-\}$，可以满足 $d_2^+=d_2^-=0$，使目标函数取得最优，解空间为线段 $EF$；最后考虑 $P_3$ 优先因子的目标函数，在目标函数中要实现 $\min\{3(d_3^-+d_3^+)+d_4^+\}$，但在线段 $FG$ 上无法满足 $d_3^-=d_3^+=d_4^+=0$，所以只能退一步，在线段 $FG$ 上找一点，使得 $3(d_3^-+d_3^+)+d_4^+$ 尽可能小，这个点就是点 $F(2,4)$，此时 $d_3^-=8,d_3^+=0$，

$d_4^+=5,3(d_3^-+d_3^+)+d_4^+=29.$ 所以该问题的满意解为 $x_1=2,x_2=4.$

注：通过上述例题知，目标规划的解可能会出现下面两种情形：

（1）最后一级目标的解空间仍然非空，此时得到的解使所有目标都可以最优实现，如例 6-5. 当解不唯一时，决策者在做实际决策时，究竟选择哪一个解，完全取决于决策者自身的考虑.

（2）一般情况下，得到的解不能满足所有目标，如例 6-4，此时，我们要做的是寻找满意解，使得尽可能满足高级别的目标，同时又使得对那些不能满足的较低级目标的偏离程度尽可能小.

求解目标规划的一个基本原则是，考虑低级别目标时，不能破坏已经满足的高级别目标. 但是也不能因此而以为，当高级别目标不能满足时，其后的低级别目标也不一定不能满足. 事实上，在有些目标规划中，当某一高级目标不能满足时，其后的某些低级目标仍可能被满足.

## §3　目标规划的单纯形算法

对仅有两个或三个决策变量的多目标规划问题，可以采用图解法来求解. 当目标规划的数学模型含有多个决策变量时，可以用多目标规划的单纯形法求解.

目标规划的数学模型结构与线性规划的数学模型结构没有本质的区别，所以可用单纯形法求解. 但由于目标规划数学模型的一些特点，故要注意以下两点：

（1）因目标规划问题的目标函数都是求最小化，所以其最优准则为检验数
$$\sigma_j=c_j-z_j\geqslant 0 \quad (j=1,2,\cdots,n)$$

（2）因非基变量的检验数是各优先因子的线性组合，即
$$\sigma_j=c_j-\sum a_{kj}P_k \quad (j=1,2,\cdots,n;k=1,2,\cdots,K)$$
所以在判别各检验数的正负及大小时，必须注意 $P_1\gg P_2\gg\cdots\gg P_K$，设
$$i=\min\{k|a_{ki}\neq 0,\ k=1,2,\cdots,K\}$$
即 $\sigma_j$ 的正负由 $a_{ij}$ 的正负决定.

目标规划的单纯形法与一般线性规划单纯形法的求解过程大体相同，只不过由于是多个目标，且多个目标须按优先等级的次序实现，使其计算步骤略有区别.

解目标规划问题的单纯形法的计算步骤如下：

（1）建立目标规划模型的初始单纯形表，在表中将检验数行按优先因子个数分别列成 $k$ 行，$k=1,2,\cdots,K.$

（2）检验第 $k$ 行检验数中是否存在负数.

若有负数，且有些负数对应的前 $k-1$ 行的检验数为 0，则取这些负数中的最

小者对应的变量为换进基变量,转(3).否则,所有这些负数对应的前 $k-1$ 行的检验数中都有大于 0 的数,此时,说明这些负数对应的检验数已为正数,转(5).

若无负数,则说明在前 $k$ 级中非零检验数对应的变量不需要换进基变量了,转(5).

(3) 按最小比值规划确定换出基变量,当存在两个和两个以上相同的最小比值时,选取具有较高优先级别的变量为换出基变量.

(4) 按单纯形法进行基变换运算,建立新的单纯形表,转(2).

(5) 当 $k=K$ 时,计算结束,表中的解即为满意解;否则设 $k=k+1$,转(2).

**例 6-7** 用单纯形法求解例 6-3 目标规划.

$$\min z = P_1 d_1^- + P_2 d_2^+ + P_3 d_3^-$$

$$\text{s. t.} \begin{cases} 5x_1 + 10x_2 \leqslant 60 \\ x_1 - 2x_2 + d_1^- - d_1^+ = 0 \\ 4x_1 + 4x_2 + d_2^- - d_2^+ = 36 \\ 6x_1 + 8x_2 + d_3^- - d_3^+ = 48 \\ x_1, x_2, d_i^-, d_i^+ \geqslant 0 \ (i=1,2,3) \end{cases}$$

**解** 引入松弛变量 $x_3$,将目标规划模型化为线性规划标准形式:

$$\min z = P_1 d_1^- + P_2 d_2^+ + P_3 d_3^-$$

$$\text{s. t.} \begin{cases} 5x_1 + 10x_2 + x_3 = 60 \\ x_1 - 2x_2 + d_1^- - d_1^+ = 0 \\ 4x_1 + 4x_2 + d_2^- - d_2^+ = 36 \\ 6x_1 + 8x_2 + d_3^- - d_3^+ = 48 \\ x_1, x_2, d_i^-, d_i^+ \geqslant 0 \ (i=1,2,3) \end{cases}$$

建立单纯形表(见表 6-3),用单纯形法解上述标准形式.

表 6-3 中,单纯形表 I 为初始单纯形表.其中非基变量 $x_1$ 的检验数 $-P_1-6P_3<0$,其余非基变量的检验数均非负,故 $x_1$ 为进基变量.按最小比值规则,确定基变量 $d_1^-$ 为出基变量.经单纯形迭代得单纯形表 II.在单纯形表 II 中,非基变量 $x_2$ 和 $d_1^+$ 的检验数都小于 0,且 $x_2$ 的检验数更小,故确定 $x_2$ 为进基变量.按最小比值规则,$d_3^-$ 为出基变量.经单纯形迭代得单纯形表 III.由于单纯形表 III 中所有非基变量的检验数全部非负,故单纯形表 III 为最终单纯形表.所以从单纯形表 III 得到一个最优解 $x_1=24/5=4.8$,$x_2=12/5=2.4$,即图 6-2 中点 $F$.

单纯形表 III 中,非基变量 $d_1^+$ 和 $d_3^+$ 的检验数都是 0,所以有多个最优解(满意解).

表 6-3

| 序号 | $c_B$ | $x_B$ | $b$ | $x_1$ | $x_2$ | $x_3$ | $d_1^-$ | $d_1^+$ | $d_2^-$ | $d_2^+$ | $d_3^-$ | $d_3^+$ | $\theta_j$ |
|---|---|---|---|---|---|---|---|---|---|---|---|---|---|
| | | | | 0 | 0 | 0 | P₁ | 0 | 0 | P₂ | P₃ | 0 | |
| | 0 | $x_3$ | 60 | 5 | 10 | 1 | 0 | 0 | 0 | 0 | 0 | 0 | 12 |
| | P₁ | $d_1^-$ | 0 | [1] | −2 | 0 | 1 | −1 | 0 | 0 | 0 | 0 | (0) |
| | 0 | $d_2^-$ | 36 | 4 | 4 | 0 | 0 | 0 | 1 | −1 | 0 | 0 | 9 |
| I | P₃ | $d_3^-$ | 48 | 6 | 8 | 0 | 0 | 0 | 0 | 0 | 1 | −1 | 8 |
| | 检 | P₁ | | (−1) | 2 | 0 | 0 | 1 | 0 | 0 | 0 | 0 | |
| | 验 | P₂ | | 0 | 0 | 0 | 0 | 0 | 0 | 1 | 0 | 0 | |
| | 数 | P₃ | | −6 | −8 | 0 | 0 | 0 | 0 | 0 | 0 | 1 | |
| | 0 | $x_3$ | 60 | 0 | 20 | 1 | −5 | 5 | 0 | 0 | 0 | 0 | 3 |
| | 0 | $x_1$ | 0 | 1 | −2 | 0 | 1 | −1 | 0 | 0 | 0 | 0 | — |
| | 0 | $d_2^-$ | 36 | 0 | 12 | 0 | −4 | 4 | 1 | −1 | 0 | 0 | 3 |
| II | P₃ | $d_3^-$ | 48 | 0 | [20] | 0 | −6 | 6 | 0 | 0 | 1 | −1 | $\left(\dfrac{48}{20}\right)$ |
| | 检 | P₁ | | 0 | 0 | 0 | 1 | 0 | 0 | 0 | 0 | 0 | |
| | 验 | P₂ | | 0 | 0 | 0 | 0 | 0 | 0 | 1 | 0 | 0 | |
| | 数 | P₃ | | 0 | (−20) | 0 | 6 | −6 | 0 | 0 | 0 | 1 | |
| | 0 | $x_3$ | 12 | 0 | 0 | 1 | 1 | −1 | 0 | 0 | −1 | 1 | |
| | 0 | $x_1$ | 24/5 | 1 | 0 | 0 | 2/5 | −2/5 | 0 | 0 | 1/10 | −1/10 | |
| | 0 | $d_2^-$ | 36/5 | 0 | 0 | 0 | −2/5 | 2/5 | 1 | −1 | −3/5 | 3/5 | |
| III | 0 | $x_2$ | 12/5 | 0 | 1 | 0 | −3/10 | 3/10 | 0 | 0 | 1/20 | −1/20 | |
| | 检 | P₁ | | 0 | 0 | 0 | 1 | 0 | 0 | 0 | 0 | 0 | |
| | 验 | P₂ | | 0 | 0 | 0 | 0 | 0 | 0 | 1 | 0 | 0 | |
| | 数 | P₃ | | 0 | 0 | 0 | 0 | 0 | 0 | 0 | 1 | 0 | |

单纯形表 III 中，如果以 $d_1^+$ 为进基变量，$x_2$ 为出基变量继续做单纯形迭代，可得单纯形表 IV（见表 6-4）.由于单纯形表 IV 中所有非基变量的检验数全部非负，故单纯形表 IV 为最终单纯形表.所以从单纯形表 IV 得到一个最优解 $x_1=8, x_2=0$，即图 6-2 中点 $E$.

单纯形表 III 中，如果以 $d_3^+$ 为进基变量，$x_3$ 为出基变量继续做单纯形迭代，可得单纯形表 V（见表 6-5）.由于单纯形表 V 中所有非基变量的检验数全部非负，故单纯形表 V 为最终单纯形表. 所以从单纯形表 V 得到一个最优解 $x_1 = 6$，$x_2 = 3$，即图 6-2 中点 $C$.

表 6-4

| 序号 | $c_j$ | | | 0 | 0 | 0 | $P_1$ | 0 | 0 | $P_2$ | $P_3$ | 0 |
|---|---|---|---|---|---|---|---|---|---|---|---|---|
| | $c_B$ | $x_B$ | $b$ | $x_1$ | $x_2$ | $x_3$ | $d_1^-$ | $d_1^+$ | $d_2^-$ | $d_2^+$ | $d_3^-$ | $d_3^+$ |
| IV | 0 | $x_3$ | 20 | 0 | 10/3 | 1 | 0 | 0 | 0 | 0 | $-5/6$ | 5/6 |
| | 0 | $x_1$ | 8 | 1 | 4/3 | 0 | 0 | 0 | 0 | 0 | 1/6 | $-1/6$ |
| | 0 | $d_2^-$ | 4 | 0 | $-4/3$ | 0 | 0 | 0 | 1 | $-1$ | $-2/3$ | 2/3 |
| | 0 | $d_1^+$ | 8 | 0 | 10/3 | 0 | $-1$ | 1 | 0 | 0 | 1/6 | $-1/6$ |
| | 检 | $P_1$ | | 0 | 0 | 0 | 1 | 0 | 0 | 0 | 0 | 0 |
| | 验 | $P_2$ | | 0 | 0 | 0 | 0 | 0 | 0 | 1 | 0 | 0 |
| | 数 | $P_3$ | | 0 | 0 | 0 | 0 | 0 | 0 | 0 | 1 | 0 |

表 6-5

| 序号 | $c_j$ | | | 0 | 0 | 0 | $P_1$ | 0 | 0 | $P_2$ | $P_3$ | 0 |
|---|---|---|---|---|---|---|---|---|---|---|---|---|
| | $c_B$ | $x_B$ | $b$ | $x_1$ | $x_2$ | $x_3$ | $d_1^-$ | $d_1^+$ | $d_2^-$ | $d_2^+$ | $d_3^-$ | $d_3^+$ |
| V | 0 | $d_3^+$ | 12 | 0 | 0 | 1 | 1 | $-1$ | 0 | 0 | $-1$ | 1 |
| | 0 | $x_1$ | 6 | 1 | 0 | 1/10 | 1/2 | $-1/2$ | 0 | 0 | 0 | 0 |
| | 0 | $d_2^-$ | 0 | 0 | 0 | $-3/5$ | $-1$ | 1 | 1 | $-1$ | 0 | 0 |
| | 0 | $x_2$ | 3 | 0 | 1 | 1/20 | $-1/4$ | 1/4 | 0 | 0 | 0 | 0 |
| | 检 | $P_1$ | | 0 | 0 | 0 | 1 | 0 | 0 | 0 | 0 | 0 |
| | 验 | $P_2$ | | 0 | 0 | 0 | 0 | 0 | 0 | 1 | 0 | 0 |
| | 数 | $P_3$ | | 0 | 0 | 0 | 0 | 0 | 0 | 0 | 1 | 0 |

单纯形表 IV 中，非基变量 $x_2$ 和 $d_3^+$ 的检验数都是 0，如果以 $d_3^+$ 为进基变量，$d_2^-$ 为出基变量做单纯形迭代，可得单纯形表 VI；或者单纯形表 V 中，非基变量 $x_3$ 和 $d_1^+$ 的检验数也都是 0，如果以 $d_1^+$ 为进基变量，$d_2^-$ 为出基变量继续做单纯形迭代，也可得可得单纯形表 VI（见表 6-6）. 由于单纯形表 VI 中所有非基变量的检验数全部非负，故单纯形表 VI 为最终单纯形表. 所以从单纯形表 VI 得到一个最优解 $x_1 = 9$，$x_2 = 0$，即图 6-2 中点 $D$.

表 6-6

| 序号 | $c_j$ | | | 0 | 0 | 0 | $P_1$ | 0 | 0 | $P_2$ | $P_3$ | 0 |
|---|---|---|---|---|---|---|---|---|---|---|---|---|
| | $c_B$ | $x_B$ | $b$ | $x_1$ | $x_2$ | $x_3$ | $d_1^-$ | $d_1^+$ | $d_2^-$ | $d_2^+$ | $d_3^-$ | $d_3^+$ |
| | 0 | $d_3^+$ | 6 | 0 | $-2$ | 0 | 0 | 0 | 3/2 | $-3/2$ | $-1$ | 1 |
| | 0 | $x_1$ | 9 | 1 | 1 | 0 | 0 | 0 | 1/4 | $-1/4$ | 0 | 0 |
| | 0 | $d_2^-$ | 9 | 0 | 3 | 0 | $-1$ | 1 | 1/4 | $-1/4$ | 0 | 0 |
| Ⅵ | 0 | $x_3$ | 15 | 0 | 5 | 1 | 0 | 0 | $-5/4$ | 5/4 | 0 | 0 |
| | 检 | $P_1$ | | 0 | 0 | 0 | 1 | 0 | 0 | 0 | 0 | 0 |
| | 验 | $P_2$ | | 0 | 0 | 0 | 0 | 0 | 0 | 1 | 0 | 0 |
| | 数 | $P_3$ | | 0 | 0 | 0 | 0 | 0 | 0 | 0 | 1 | 0 |

从单纯形表 Ⅲ、Ⅳ、Ⅴ、Ⅵ 可求解目标规划的 4 个最优解，即点 $F,E,C,D$，且不论如何做单纯形迭代，都只能求出这 4 个最优解（基可行最优解），所以这 4 个最优解的凸组合都是目标规划的最优解. 这与图解法求解结果完全一致.

**例 6-8** 用目标规划的单纯形法求解如下目标规划模型：

$$\min z = P_1 d_1^- + P_2(d_2^- + d_2^+) + P_3(3d_3^- + 5d_4^-)$$

$$\text{s.t.} \begin{cases} 5x_1 + 4x_2 + d_1^- - d_1^+ &= 20 \\ 4x_1 + 3x_2 \quad\quad + d_2^- - d_2^+ &= 24 \\ x_1 \quad\quad\quad\quad\quad + d_3^- - d_3^+ &= 3 \\ -x_1 + x_2 \quad\quad\quad\quad\quad + d_4^- - d_4^+ &= 2 \\ x_1, x_2, d_i^-, d_i^+ \geqslant 0 \quad (i=1,2,3,4) \end{cases}$$

**解** 取 $d_1^-, d_2^-, d_3^-, d_4^-$ 为初始基变量，建立初始单纯形表见表 6-7(Ⅰ)；检查检验数 $P_1$ 行中有 $-5, -4$ 两个负数，取 $\min\{-5, -4\} = -5$ 所对应的变量 $x_1$ 为换进基变量，通过计算最小比值，确定 $d_3^-$ 为换出基变量，进行基变换运算，得表 6-7(Ⅱ)；检查检验数 $P_1$ 行中有 $-5, -4$ 两个负数，取 $\min\{-5, -4\} = -5$ 所对应的变量 $d_1^+$ 为换进基变量，通过计算最小比值，确定 $d_1^-$ 为换出基变量，进行基变换运算，得表 6-7(Ⅲ)；这时，检验数 $P_1$ 行中没有负数，所以检查检验数 $P_2$ 行，依此反复运算，得表 6-7(Ⅵ)；此时，检验数 $P_1, P_2$ 行中已没有负数，$P_3$ 行中有一个负数 $-\dfrac{3}{7}$，而它同列 $P_2$ 行上已有正检验数. 因此，若将该负数对应的变量作为换进基变量，则必破坏 $P_2$ 行的非负性，故不能被改进了，已得满意解. 满意解为：$x_1^* = \dfrac{18}{7}$，$x_2^* = \dfrac{32}{7}$. 此时偏差变量为：$d_1^+ = \dfrac{78}{7}$，$d_3^- = \dfrac{3}{7}$，其余 $d_i^-, d_i^+$ 为 0.

此时，$P_1, P_2$ 级目标已实现，$P_3$ 级目标未能全部实现.

表 6-7

| 序号 | $c_B$ | $x_B$ | $b$ | $x_1$ | $x_2$ | $d_1^-$ | $d_1^+$ | $d_2^-$ | $d_2^+$ | $d_3^-$ | $d_3^+$ | $d_4^-$ | $d_4^+$ | $\theta_i$ |
|---|---|---|---|---|---|---|---|---|---|---|---|---|---|---|
| | $c_j$ | | | 0 | 0 | $P_1$ | 0 | $P_2$ | $P_2$ | $3P_3$ | 0 | $5P_3$ | 0 | |
| I | $P_1$ | $d_1^-$ | 20 | 5 | 4 | 1 | −1 | 0 | 0 | 0 | 0 | 0 | 0 | 4 |
| | $P_2$ | $d_2^-$ | 24 | 4 | 3 | 0 | 0 | 1 | −1 | 0 | 0 | 0 | 0 | 6 |
| | $3P_3$ | $d_3^-$ | 3 | [1] | 0 | 0 | 0 | 0 | 0 | 1 | −1 | 0 | 0 | (3) |
| | $5P_3$ | $d_4^-$ | 2 | −1 | 1 | 0 | 0 | 0 | 0 | 0 | 0 | 1 | −1 | — |
| | 检验数 | $P_1$ | | (−5) | −4 | 0 | 1 | 0 | 0 | 0 | 0 | 0 | 0 | |
| | | $P_2$ | | −4 | −3 | 0 | 0 | 0 | 2 | 0 | 0 | 0 | 0 | |
| | | $P_3$ | | 2 | −5 | 0 | 0 | 0 | 0 | 0 | 3 | 0 | 5 | |
| II | $P_1$ | $d_1^-$ | 5 | 0 | 4 | 1 | −1 | 0 | 0 | −5 | [5] | 0 | 0 | (1) |
| | $P_2$ | $d_2^-$ | 12 | 0 | 3 | 0 | 0 | 1 | −1 | −4 | 4 | 0 | 0 | 3 |
| | 0 | $x_1$ | 3 | 1 | 0 | 0 | 0 | 0 | 0 | 1 | −1 | 0 | 0 | — |
| | $5P_3$ | $d_4^-$ | 5 | 0 | 1 | 0 | 0 | 0 | 0 | 1 | −1 | 1 | −1 | — |
| | 检验数 | $P_1$ | | 0 | −4 | 0 | 1 | 0 | 0 | 5 | (−5) | 0 | 0 | |
| | | $P_2$ | | 0 | −3 | 0 | 0 | 0 | 2 | 4 | −4 | 0 | 0 | |
| | | $P_3$ | | 0 | −5 | 0 | 0 | 0 | 0 | −2 | 5 | 0 | 5 | |
| III | 0 | $d_3^+$ | 1 | 0 | 4/5 | 1/5 | −1/5 | 0 | 0 | −1 | 1 | 0 | 0 | — |
| | $P_2$ | $d_2^-$ | 8 | 0 | −1/5 | −4/5 | [4/5] | 1 | −1 | 0 | 0 | 0 | 0 | (10) |
| | 0 | $x_1$ | 4 | 1 | 4/5 | 1/5 | −1/5 | 0 | 0 | 0 | 0 | 0 | 0 | — |
| | $5P_3$ | $d_4^-$ | 6 | 0 | 9/5 | 1/5 | −1/5 | 0 | 0 | 0 | 0 | 1 | −1 | — |
| | 检验数 | $P_1$ | | 0 | 0 | 0 | 0 | 0 | 0 | 0 | 0 | 0 | 0 | |
| | | $P_2$ | | 0 | 1/5 | 4/5 | (−4/5) | 0 | 2 | 0 | 0 | 0 | 0 | |
| | | $P_3$ | | 0 | −9 | −1 | 1 | 0 | 0 | 3 | 0 | 0 | 5 | |

续表

| 序号 | $c_j$ | | | 0 | 0 | $P_1$ | 0 | $P_2$ | $P_2$ | $3P_3$ | 0 | $5P_3$ | 0 | |
|---|---|---|---|---|---|---|---|---|---|---|---|---|---|---|
| | $c_B$ | $x_B$ | $b$ | $x_1$ | $x_2$ | $d_1^-$ | $d_1^+$ | $d_2^-$ | $d_2^+$ | $d_3^-$ | $d_3^+$ | $d_4^-$ | $d_4^+$ | $\theta_i$ |
| IV | 0 | $d_3^+$ | 3 | 0 | [3/4] | 0 | 0 | 1/4 | -1/4 | -1 | 1 | 0 | 0 | (4) |
| | 0 | $d_1^+$ | 10 | 0 | -1/4 | -1 | 1 | 5/4 | -5/4 | 0 | 0 | 0 | 0 | — |
| | 0 | $x_1$ | 6 | 1 | 3/4 | 0 | 0 | 1/4 | -1/4 | 0 | 0 | 0 | 0 | 8 |
| | $5P_3$ | $d_4^-$ | 8 | 0 | 7/4 | 0 | 0 | 1/4 | -1/4 | 0 | 0 | 1 | -1 | 32/7 |
| | 检验数 | | $P_1$ | 0 | 0 | 1 | 0 | 0 | 0 | 0 | 0 | 0 | 0 | |
| | | | $P_2$ | 0 | 0 | 0 | 0 | 1 | 1 | 1 | 0 | 0 | 0 | |
| | | | $P_3$ | 0 | (-35/4) | 0 | 0 | -5/4 | 5/4 | 3 | 0 | 0 | 5 | |
| V | 0 | $x_2$ | 4 | 0 | 1 | 0 | 0 | 1/3 | -1/3 | -4/3 | 4/3 | 0 | 0 | — |
| | 0 | $d_1^+$ | 11 | 0 | 0 | -1 | 1 | 4/3 | -4/3 | -1/3 | 1/3 | 0 | 0 | — |
| | 0 | $x_1$ | 3 | 1 | 0 | 0 | 0 | 0 | 0 | 1 | -1 | 0 | 0 | 3 |
| | $5P_3$ | $d_4^-$ | 1 | 0 | 0 | 0 | 0 | -1/3 | 1/3 | [7/3] | -7/3 | 1 | -1 | (3/7) |
| | 检验数 | | $P_1$ | 0 | 0 | 1 | 0 | 0 | 0 | 0 | 0 | 0 | 0 | |
| | | | $P_2$ | 0 | 0 | 0 | 0 | 1 | 1 | 1 | 0 | 0 | 0 | |
| | | | $P_3$ | 0 | 0 | 0 | 0 | -5/3 | 5/3 | (-26/3) | 35/3 | 0 | 5 | |
| VI | 0 | $x_2$ | 32/7 | 0 | 1 | 0 | 0 | 1/7 | -1/7 | 0 | 0 | 4/7 | -4/7 | |
| | 0 | $d_1^+$ | 78/7 | 0 | 0 | -1 | 1 | 9/7 | -9/7 | 0 | 0 | 1/7 | -1/7 | |
| | 0 | $x_1$ | 18/7 | 1 | 0 | 0 | 0 | 1/7 | -1/7 | 0 | 0 | -3/7 | 3/7 | |
| | $3P_3$ | $d_3^-$ | 3/7 | 0 | 0 | 0 | 0 | -1/7 | 1/7 | 1 | -1 | 3/7 | -3/7 | |
| | 检验数 | | $P_1$ | 0 | 0 | 1 | 0 | 0 | 0 | 0 | 0 | 0 | 0 | |
| | | | $P_2$ | 0 | 0 | 0 | 0 | 1 | 1 | 0 | 0 | 0 | 0 | |
| | | | $P_3$ | 0 | 0 | 0 | 0 | 3/7 | -3/7 | 0 | 3 | 26/7 | 9/7 | |

**例 6-9** 已知一个生产计划的线性规划模型为

$$\min z = 30x_1 + 12x_2$$

$$\text{s. t.} \begin{cases} 2x_1 + x_2 \leqslant 140 \\ x_1 \leqslant 60 \\ x_2 \leqslant 100 \\ x_1, x_2 \geqslant 0 \end{cases}$$

其中目标函数为总利润,3 个约束条件分别为甲、乙、丙 3 种资源限制,$x_1$,$x_2$ 为产品 $A$,$B$ 的产量,现有下列目标:

$P_1$:要求总利润必须超过 2 500 元;

$P_2$:考虑到产品 $A$,$B$ 受市场的影响,为避免造成产品积压,其生产量不要超过 60 和 100 单位.

试建立目标规划模型,并用目标规划单纯形法求解.

**解**　由于产品 $A$ 与产品 $B$ 的单位利润比为 2.5∶1,分别以它们为权系数,得目标规划模型为

$$\min z = P_1 d_1^- + P_2(2.5d_3^+ + d_4^+)$$

$$\text{s. t.} \begin{cases} 30x_1 + 12x_2 + d_1^- - d_1^+ = 2\ 500 \\ 2x_1 + x_2 + d_2^- - d_2^+ = 140 \\ x_1 + d_3^- - d_3^+ = 60 \\ x_2 + d_4^- - d_4^+ = 100 \\ x_1, x_2, d_i^-, d_i^+ \geqslant 0 \quad (i = 1, 2, 3, 4) \end{cases}$$

取 $d_1^-$,$d_2^-$,$d_3^-$,$d_4^-$ 为初始基变量,建立初始单纯形表,见表 6-8(Ⅰ),检查得检验数 $P_1$ 行中有 $-30$,$-12$ 两个负数,取 $\min\{-30, -12\} = -30$ 所对应的变量 $x_1$ 为换进基变量,通过计算最小比值,确定 $d_3^-$ 为换出基变量,进行基变换运算得表 6-8(Ⅱ).依此反复运算,最终得表 6-8(Ⅴ),此时检验数 $P_1$,$P_2$ 行中已没有负数,说明已得最优解.

最优解为 $x_1^* = 60$,$x_2^* = \dfrac{175}{3}$;此时偏差变量为 $d_2^+ = \dfrac{115}{3}$,$d_4^- = \dfrac{125}{3}$,其余 $d_i^-$,$d_i^+$ 为 0.

代入原问题知 $P_1$,$P_2$ 级目标都已实现,丙资源尚余 $\dfrac{125}{3}$ 单位,而甲资源还缺 $\dfrac{115}{3}$ 单位,这对实际生产计划很有指导价值,但该问题若用线性规划求解,结论只是无解,这充分说明目标规划解决问题更为灵活,更为有效.

表 6-8

| 序号 | $c_B$ | $x_B$ | $b$ | $x_1$ | $x_2$ | $d_1^-$ | $d_1^+$ | $d_2^-$ | $d_2^+$ | $d_3^-$ | $d_3^+$ | $d_4^-$ | $d_4^+$ | $\theta_j$ |
|---|---|---|---|---|---|---|---|---|---|---|---|---|---|---|
| $c_j$ | | | | 0 | 0 | $P_1$ | 0 | 0 | 0 | 0 | $2.5P_2$ | 0 | $P_2$ | |
| I | $P_1$ | $d_1^-$ | 2 500 | 30 | 12 | 1 | -1 | 0 | 0 | 0 | 0 | 0 | 0 | 250/3 |
| | 0 | $d_2^-$ | 140 | 2 | 1 | 0 | 0 | 1 | -1 | 0 | 0 | 0 | 0 | 70 |
| | 0 | $d_3^-$ | 60 | [1] | 0 | 0 | 0 | 0 | 0 | 1 | -1 | 0 | 0 | (60) |
| | 0 | $d_4^-$ | 100 | 0 | 1 | 0 | 0 | 0 | 0 | 0 | 0 | 1 | -1 | — |
| | 检验数 | $P_1$ | | (-30) | -12 | 0 | 1 | 0 | 0 | 0 | 0 | 0 | 0 | |
| | | $P_2$ | | 0 | 0 | 0 | 0 | 0 | 0 | 0 | 2.5 | 0 | 1 | |
| II | $P_1$ | $d_1^-$ | 700 | 0 | 12 | 1 | -1 | 0 | 0 | -30 | 30 | 0 | 0 | 70/3 |
| | 0 | $d_2^-$ | 20 | 0 | 1 | 0 | 0 | 1 | -1 | -2 | [2] | 0 | 0 | (10) |
| | 0 | $x_1$ | 60 | 1 | 0 | 0 | 0 | 0 | 0 | 1 | -1 | 0 | 0 | — |
| | 0 | $d_4^-$ | 100 | 0 | 1 | 0 | 0 | 0 | 0 | 0 | 0 | 1 | -1 | — |
| | 检验数 | $P_1$ | | 0 | -12 | 0 | 1 | 0 | 0 | 30 | (-30) | 0 | 0 | |
| | | $P_2$ | | 0 | 0 | 0 | 0 | 0 | 0 | 0 | 2.5 | 0 | 1 | |
| III | $P_1$ | $d_1^-$ | 400 | 0 | -3 | 1 | -1 | -15 | [15] | 0 | 0 | 0 | 0 | (400/15) |
| | $2.5P_2$ | $d_3^+$ | 10 | 0 | 1/2 | 0 | 0 | 1/2 | -1/2 | -1 | 1 | 0 | 0 | — |
| | 0 | $x_1$ | 70 | 1 | 1/2 | 0 | 0 | 1/2 | -1/2 | 0 | 0 | 0 | 0 | — |
| | 0 | $d_4^-$ | 100 | 0 | 1 | 0 | 1 | 0 | 0 | 0 | 0 | 1 | -1 | — |
| | 检验数 | $P_1$ | | 0 | 3 | 0 | -1 | 15 | (-15) | 0 | 0 | 0 | 0 | |
| | | $P_2$ | | 0 | -5/4 | 0 | 0 | -5/4 | 5/4 | 5/2 | 0 | 0 | 1 | |

续表

| 序号 | $c_B$ | $x_B$ | $b$ | $x_1$ 0 | $x_2$ 0 | $d_1^-$ $P_1$ | $d_1^+$ 0 | $d_2^-$ 0 | $d_2^+$ 0 | $d_3^-$ 0 | $d_3^+$ $2.5P_2$ | $d_4^-$ 0 | $d_4^+$ $P_2$ | $\theta_j$ |
|---|---|---|---|---|---|---|---|---|---|---|---|---|---|---|
| IV | 0 | $d_2^+$ | 80/3 | 0 | $-1/5$ | 1/15 | $-1/15$ | $-1$ | 1 | 0 | 0 | 0 | 0 | — |
|  | $2.5P_2$ | $d_3^+$ | 70/3 | 0 | [2/5] | 1/30 | $-1/30$ | 0 | 0 | $-1$ | 1 | 0 | 0 | (350/6) |
|  | 0 | $x_1$ | 250/3 | 1 | 2/5 | 1/30 | $-1/30$ | 0 | 0 | 0 | 0 | 0 | 0 | (1 250/6) |
|  | 0 | $d_4^-$ | 100 | 0 | 1 | 0 | 0 | 0 | 0 | 0 | 0 | 1 | $-1$ | 100 |
|  | 检验数 | $P_1$ |  | 0 | 0 | 1 | 0 | 0 | 0 | 0 | 0 | 0 | 0 |  |
|  |  | $P_2$ |  | 0 | $(-1)$ | $-1/12$ | 1/12 | 0 | 0 | 5/2 | 0 | 0 | 1 |  |
| V | 0 | $d_2^+$ | 115/3 | 0 | 0 | 1/12 | $-1/12$ | $-1$ | 1 | $-1/2$ | 1/2 | 0 | 0 |  |
|  | 0 | $x_2$ | 175/3 | 0 | 1 | 1/12 | $-1/12$ | 0 | 0 | $-5/2$ | 5/2 | 0 | 0 |  |
|  | 0 | $x_1$ | 60 | 1 | 0 | 0 | 0 | 0 | 0 | $-1$ | 1 | 0 | 0 |  |
|  | 0 | $d_4^-$ | 125/3 | 0 | 0 | $-1/12$ | 1/12 | 0 | 0 | 5/2 | $-5/2$ | 1 | $-1$ |  |
|  | 检验数 | $P_1$ |  | 0 | 0 | 1 | 0 | 0 | 0 | 0 | 0 | 0 | 0 |  |
|  |  | $P_2$ |  | 0 | 0 | 0 | 0 | 0 | 0 | 0 | 5/2 | 0 | 1 |  |

## §4　目标规划的层次分析法

层次分析法（Analytic Hierarchy Process，AHP）是指将一个复杂的多目标决策问题作为一个系统，将目标分解为多个目标或准则，进而分解为多指标（或准则、约束）的若干层次，通过定性指标模糊量化方法算出层次单排序（权数）和总排序，以作为目标（多指标）、多方案优化决策的系统方法。该方法是美国运筹学家匹茨堡大学教授萨蒂（T. L. Saaty）于 20 世纪 70 年代初，在为美国国防部研究"根据各个工业部门对国家福利的贡献大小而进行电力分配"课题时，应用网络系统理论和多目标综合评价方法，提出的一种层次权重决策分析方法。

根据目标规划求解思路是从高层到底层逐层优化的原则，对一般的目标规划问题：

$$\min z = \sum_{k=1}^{K} P_k \sum_{l=1}^{L} (\omega_{kl}^- d_l^- + \omega_{kl}^+ d_l^+)$$

$$\text{s. t.} \begin{cases} \sum_{j=1}^{n} c_{lj} x_j + d_l^- - d_l^+ = g_l \ (l=1,2,\cdots,L) \\ \sum_{j=1}^{n} a_{ij} x_j \leqslant (=,\geqslant) b_i \ (i=1,2,\cdots,m) \\ x_j \geqslant 0 \ (j=1,2,\cdots,n) \\ d_l^+, d_l^- \geqslant 0 \ (l=1,2,\cdots,L) \end{cases}$$

层次算法的步骤如下：

第一步，对目标函数中的 $P_1$ 层次进行优化，建立第一层次的线性规划模型 $\text{LP}_1$ 并求解。$\text{LP}_1$ 的目标函数为

$$\min z_1 = \sum_{l=1}^{L} (\omega_{1l}^- d_1^- + \omega_{1l}^+ d_1^+)$$

$\text{LP}_1$ 的约束条件含原目标规划的所有约束。

第二步，对 $P_2$ 层次进行优化。

由于下一层次的优化应在前面各层次优化的基础上进行，若第一层次目标函数最优值为 $z_1^*$，则构建 $P_2$ 层次的线性规划模型 $\text{LP}_2$，其目标函数为

$$\min z_2 = \sum_{l=1}^{L} (\omega_{2l}^- d_1^- + \omega_{2l}^+ d_1^+)$$

约束条件除含有原目标规划的所有约束条件之外，由于这一步优化是在前一步优化的基础上进行的，所以前一步优化的结果应成为一个新的约束条件，即约束条件增加了一个式子：

$$\sum_{l=1}^{L} (\omega_{1l}^- d_1^- + \omega_{1l}^+ d_1^+) \leqslant z_1^*$$

小于等于使得上一步的最优值在计算后不会发生改变.

第三步,依此类推,得到第 $P_s(s \geqslant 3)$ 层次进行优化时建立的线性规划模型 $\mathrm{LP}_s$:

$$\min z_s = \sum_{l=1}^{L}(\omega_{sl}^- d_s^- + \omega_{sl}^+ d_s^+)$$

$$\text{s. t.} \begin{cases} \sum_{l=1}^{L}(\omega_{rl}^- d_r^- + \omega_{rl}^+ d_r^+) \leqslant z_r^* \quad (r=1,\cdots,s-1) \\ \sum_{j=1}^{n} a_{ij}x_j \leqslant (=,\geqslant)b_i \quad (i=1,\cdots,m) \\ \sum_{j=1}^{n} c_{lj}x_j + d_l^- - d_l^+ = g_l \quad (l=1,\cdots,L) \\ x_j \geqslant 0 \quad (j=1,\cdots,n),\ d_l^-,d_l^+ \geqslant 0 \quad (l=1,\cdots,L) \end{cases}$$

当进行到 $s=K$ 时,对 $P_K$ 层次建立的线性规划模型 $\mathrm{LP}_K$ 的最优解即为目标规划问题的最优解(满意解).

**例 6-10**　用层次算法求解例 6-6 目标规划.

**解**　$P_1$ 层次的优化模型 $\mathrm{LP}_1$ 为

$$\min z_1 = d_1^-$$

$$\text{s. t.} \begin{cases} 2x_1+2x_2 & \leqslant 12 \\ 2x_1+3x_2+d_1^--d_1^+ & =15 \\ 2x_1-x_2 + d_2^--d_2^+ & =0 \\ 4x_1 + d_3^--d_3^+ & =16 \\ 5x_2 + d_4^--d_4^+ & =15 \\ x_1,x_2,d_i^-,d_i^+ \geqslant 0 \quad (i=1,2,3,4) \end{cases}$$

利用线性规划的单纯形法对其求解,得

$x_1=1.875,\ x_2=3.75,\ d_1^-=d_1^+=d_3^+=d_4^-=0,\ d_3^-=8.5,\ d_4^+=3.75,\ z_1^*=0$

因为 $z_1^*=0$,因此在 $P_2$ 层次的优化模型中加上约束条件 $d_1^-=0$(因为 $d_1^-$ 最小就只能是 0,因此不用写小于号),得 $P_2$ 层次的优化模型 $\mathrm{LP}_2$ 为

$$\min z_2 = d_2^- + d_2^+$$

$$\text{s. t.} \begin{cases} 2x_1+2x_2 & \leqslant 12 \\ 2x_1+3x_2+d_1^--d_1^+ & =15 \\ 2x_1-x_2 + d_2^--d_2^+ & =0 \\ 4x_1 + d_3^--d_3^+ & =16 \\ 5x_2 + d_4^--d_4^+ & =15 \\ d_1^- & =0 \\ x_1,x_2,d_i^-,d_i^+ \geqslant 0 \quad (i=1,\cdots,4) \end{cases}$$

求解后所得最优值与最优解与 LP$_1$ 相同，即

$$x_1=1.875, \quad x_2=3.75, \quad d_1^-=d_1^+=d_3^+=d_4^-=0, \quad d_3^-=8.5, \quad d_4^+=3.75, \quad z_2^*=0$$

由于 $z_2^*=0$，故对 $P_3$ 层次进行优化的时候，在 LP$_2$ 的基础上加上约束 $d_2^-+d_2^+=0$，得 $P_3$ 层次的优化模型 LP$_3$ 为

$$\min z_3 = 3(d_3^- + d_3^+) + d_4^+$$

$$\text{s. t.} \begin{cases} 2x_1 + 2x_2 & \leqslant 12 \\ 2x_1 + 3x_2 + d_1^- - d_1^+ & = 15 \\ 2x_1 - x_2 + d_2^- - d_2^+ & = 0 \\ 4x_1 + d_3^- - d_3^+ & = 16 \\ 5x_2 + d_4^- - d_4^+ = 15 \\ d_1^- & = 0 \\ d_1^- + d_2^+ & = 0 \\ x_1, x_2, d_i^-, d_i^+ \geqslant 0 \quad (i=1,\cdots,4) \end{cases}$$

求解 LP$_3$ 得

$$x_1=2, \quad x_2=4, \quad d_1^-=d_2^-=d_2^+=d_3^+=d_4^-=0, \quad d_1^+=1, \quad d_3^-=8, \quad d_4^+=5, \quad z_3^*=29$$

此时，所有各层次的优化都已经完成，而最后一个层次的最优值 $z_3^*=29$，因此并没有取得最优解，这个值只是该目标规划问题的满意解. 满意解为 $x_1=2$，$x_2=4$，即图 6-3 中的点 $F(2,4)$.

# §5  目标规划的应用举例

目标规划的方法已被广泛应用于生产计划、财务分析、市场研究、行政教育、人力和资源管理等方面. 相对于线性规划，目标规划在解决实际问题中更为灵活，并能解决多目标决策的优化问题.

**例 6-11**  已知某公司有 3 个工厂生产的产品供应 4 个用户需要，各工厂生产量、用户需求量及从各工厂到用户的单位产品的运输费用如表 6-9 所示.

表 6-9

| 工厂＼用户 | 1 | 2 | 3 | 4 | 生产量 |
|---|---|---|---|---|---|
| 1 | 5 | 2 | 6 | 7 | 300 |
| 2 | 3 | 5 | 4 | 6 | 200 |
| 3 | 4 | 5 | 2 | 3 | 400 |
| 需求量 | 200 | 100 | 450 | 250 | |

用表上作业法求得最优调配方案如表 6-10，总运费为 2 950 元.

表 6-10

| 工厂＼用户 | 1 | 2 | 3 | 4 | 生产量 |
|---|---|---|---|---|---|
| 1 | 200 | 100 | | | 300 |
| 2 | 0 | | 200 | | 300 |
| 3 | | | 250 | 150 | 400 |
| 虚设 | | | | 100 | 100 |
| 需求量 | 200 | 100 | 450 | 250 | |

但上述方案只考虑了运费最少,没有考虑到很多具体情况和条件.故公司领导层研究后确定了制订调配方案时要考虑的 7 项目标,并规定重要性次序如下:

$P_1$:用户 4 为重要部门,需要量必须全部满足;

$P_2$:供应用户 1 的产品中,工厂 3 的产品不少于 100 单位;

$P_3$:为兼顾一般,每个用户满足率不低于 80%;

$P_4$:新方案总运费不超过原方案的 10%;

$P_5$:因道路限制,从工厂 2 到用户 4 的路线应尽量避免分配运输任务;

$P_6$:用户 1 和用户 3 的满足率应尽量保持平衡;

$P_7$:力求减少总运费.

**解** 设 $x_{ij}$ 为 $i$ 工厂调配给 $j$ 用户的数量,则

(1)供应量的约束为

$$x_{11}+x_{12}+x_{13}+x_{14}\leqslant 300$$
$$x_{22}+x_{22}+x_{23}+x_{24}\leqslant 200$$
$$x_{31}+x_{32}+x_{33}+x_{34}\leqslant 400$$

需求量的约束为

$$x_{11}+x_{21}+x_{31}+d_1^--d_1^+=200$$
$$x_{12}+x_{22}+x_{32}+d_2^--d_2^+=100$$
$$x_{13}+x_{23}+x_{33}+d_3^--d_3^+=450$$
$$x_{14}+x_{24}+x_{34}+d_4^--d_4^+=250$$

(2)用户 1 需要量中工厂 3 的产品不少于 100 单位,

$$x_{31}+d_5^--d_5^+=100$$

(3)各用户满足率不低于 80%,

$$x_{11}+x_{21}+x_{31}+d_6^--d_6^+=160$$
$$x_{12}+x_{22}+x_{32}+d_7^--d_7^+=80$$
$$x_{13}+x_{23}+x_{33}+d_8^--d_8^+=360$$
$$x_{14}+x_{24}+x_{34}+d_9^--d_9^+=200$$

(4)运费的限制(原方案总运费为 2 950 元),

$$\sum_{i=1}^{3} \sum_{j=1}^{4} c_{ij} x_{ij} + d_{10}^{-} - d_{10}^{+} = 3\ 245$$

（5）道路通过的限制，

$$x_{24} + d_{11}^{-} - d_{11}^{+} = 0$$

（6）用户 1 和用户 3 的满足率保持平衡，

$$(x_{11} + x_{21} + x_{31}) - \frac{200}{450}(x_{13} + x_{23} + x_{33}) + d_{12}^{-} - d_{12}^{+} = 0$$

（7）力求减少总运费，

$$\sum_{i=1}^{3} \sum_{j=1}^{4} c_{ij} x_{ij} + d_{13}^{-} - d_{13}^{+} = 2\ 950$$

目标函数为

$$\min z = P_1 d_4^- + P_2 d_5^- + P_3 (d_6^- + d_7^- + d_8^- + d_9^-) + P_4 d_{10}^+ + P_5 d_{11}^+ +$$
$$P_6 (d_{12}^- + d_{12}^+) + P_7 d_{13}^+$$

所以所求目标规划模型为

$$\min z = P_1 d_4^- + P_2 d_5^- + P_3 (d_6^- + d_7^- + d_8^- + d_9^-) + P_4 d_{10}^+ + P_5 d_{11}^+ +$$
$$P_6 (d_{12}^- + d_{12}^+) + P_7 d_{13}^+$$

$$\text{s. t.} \begin{cases} x_{11} + x_{12} + x_{13} + x_{14} \leqslant 300 \\ x_{22} + x_{22} + x_{23} + x_{24} \leqslant 200 \\ x_{31} + x_{32} + x_{33} + x_{34} \leqslant 400 \\ x_{11} + x_{21} + x_{31} + d_1^- - d_1^+ = 200 \\ x_{12} + x_{22} + x_{32} + d_2^- - d_2^+ = 100 \\ x_{13} + x_{23} + x_{33} + d_3^- - d_3^+ = 450 \\ x_{14} + x_{24} + x_{34} + d_4^- - d_4^+ = 250 \\ x_{31} + d_5^- - d_5^+ = 100 \\ x_{11} + x_{21} + x_{31} + d_6^- - d_6^+ = 160 \\ x_{12} + x_{22} + x_{32} + d_7^- - d_7^+ = 80 \\ x_{13} + x_{23} + x_{33} + d_8^- - d_8^+ = 360 \\ x_{14} + x_{24} + x_{34} + d_9^- - d_9^+ = 200 \\ \sum_{i=1}^{3} \sum_{j=1}^{4} c_{ij} x_{ij} + d_{10}^- - d_{10}^+ = 3\ 245 \\ x_{24} + d_{11}^- - d_{11}^+ = 0 \\ (x_{11} + x_{21} + x_{31}) - \frac{200}{450}(x_{13} + x_{23} + x_{33}) + d_{12}^- - d_{12}^+ = 0 \\ \sum_{i=1}^{3} \sum_{j=1}^{4} c_{ij} x_{ij} + d_{13}^- - d_{13}^+ = 2\ 950 \\ x_{ij}, d_k^-, d_k^+ \geqslant 0 \quad (i = 1,2,3; j = 1,2,3,4; k = 1,2,\cdots,13) \end{cases}$$

**例 6-12** 某研究所现有科研人员 38 名,定编人数 42 名,人员的工资级别与各级人员定编数如表 6-11 所示.

表 6-11

| 级 别 | 年工资额/(万元·人$^{-1}$) | 现有人数/名 | 定编人数/名 |
|---|---|---|---|
| Ⅳ.实习研究员 | 10 | 18 | 15 |
| Ⅲ.助理研究员 | 12 | 10 | 15 |
| Ⅱ.副研究员 | 15 | 7 | 8 |
| Ⅰ.研究员 | 20 | 3 | 4 |

现拟进行工资与人员调整,调整的原则与目标如下:

$P_1$:工资总额不超过 500 万元/年;

$P_2$:各级人员数不超过定编人数;

$P_3$:升入Ⅰ,Ⅱ,Ⅲ级的人数分别不低于各定编人数的 20%,25%,40%.

并且规定Ⅳ级人员的缺额由外调或招聘增补,其余各级人员应从原有次低级别的人员中晋升.已知Ⅰ、Ⅱ级人员即将离休各一人.应如何确定各级人员调整人数?

**解** (1)决策变量

设 $x_j(j=1,2,3,4)$ 为第 $j$ 级人员增补数.

(2)目标约束

① 工资总额的目标约束为

$$10(18-x_3+x_4)+12(10-x_2+x_3)+15(7-1-x_1+x_2)+20(3-1+x_1)\leqslant 500$$

化简得

$$5x_1+3x_2+2x_3+10x_4\leqslant 70$$

故有

$$5x_1+3x_2+2x_3+10x_4+d_1^- -d_1^+=70$$

② 各级定编人数的目标约束为

Ⅳ级:$18-x_3+x_4\leqslant 15$,即 $x_3-x_4\geqslant 3$;

Ⅲ级:$10-x_2+x_3\leqslant 15$,即 $-x_2+x_3\leqslant 5$;

Ⅱ级:$6-x_1+x_2\leqslant 8$,即 $-x_1+x_2\leqslant 2$;

Ⅰ级:$2+x_1\leqslant 4$,即 $x_1\leqslant 2$.

故有

$$x_3-x_4+d_2^- -d_2^+=3$$
$$-x_2+x_3+d_3^- -d_3^+=5$$
$$-x_1+x_2+d_4^- -d_4^+=2$$

$$x_1 + d_5^- - d_5^+ = 2$$

③ 晋级人数的目标约束为

晋入Ⅲ级：$x_3 \geqslant 15 \times 0.40 = 6$；

晋入Ⅱ级：$x_2 \geqslant 8 \times 0.25 = 2$；

晋入Ⅰ级：$x_1 \geqslant 4 \times 0.20 \approx 1$.

故有

$$x_3 + d_6^- - d_6^+ = 6$$
$$x_2 + d_7^- - d_7^+ = 2$$
$$x_1 + d_8^- - d_8^+ = 1$$

（3）目标函数

$P_1$ 级：$z_1 = d_1^+$

$P_2$ 级：$z_2 = d_2^- + d_3^+ + d_4^+ + d_5^+$

$P_3$ 级：$z_3 = d_6^- + d_7^- + d_8^-$

目标函数为

$$\min z = P_1 d_1^+ + P_2(d_2^- + d_3^+ + d_4^+ + d_5^+) + P_3(d_6^- + d_7^- + d_8^-)$$

所以所求目标规划模型为

$$\min z = P_1 d_1^+ + P_2(d_2^- + d_3^+ + d_4^+ + d_5^+) + P_3(d_6^- + d_7^- + d_8^-)$$

$$\text{s. t.} \begin{cases} 5x_1 + 3x_2 + 2x_3 + 10x_4 + d_1^- - d_1^+ = 70 \\ \quad\quad\quad x_3 - x_4 + d_2^- - d_2^+ = 3 \\ \quad -x_2 + x_3 \quad\quad + d_3^- - d_3^+ = 5 \\ -x_1 + x_2 \quad\quad\quad + d_4^- - d_4^+ = 2 \\ \quad x_1 \quad\quad\quad\quad + d_5^- - d_5^+ = 2 \\ \quad\quad\quad x_3 \quad\quad + d_6^- - d_6^+ = 6 \\ \quad\quad x_2 \quad\quad\quad + d_7^- - d_7^+ = 2 \\ \quad x_1 \quad\quad\quad\quad + d_8^- - d_8^+ = 1 \\ x_1, x_2, x_3, x_4, d_i^-, d_i^+ \geqslant 0 \quad (i = 1, 2, \cdots, 8) \end{cases}$$

**例 6-13** 某副食品批发商店预测其经营的某种商品今后 4 个月购进与销出价格（单位：千元/吨）如表 6-12 所示. 该店经营此种商品肯定能批发销售出去，但最大销量受到仓库容量的限制，而正常库容量为 3 吨，必要时还可占用机动库容量 2 吨. 该店每月初批发销货，每月中旬采购进货，进货所需钱款完全依赖销售收入. 假定该店第 1 月初库存量为 2 吨，其成本价格为 2.5 千元/吨，而且该月初无现金.

表 6-12

| 月份 | 购价 | 销价 |
|------|------|------|
| 1 | 2.6 | 2.9 |
| 2 | 2.5 | 2.7 |
| 3 | 2.7 | 3.1 |
| 4 | 2.8 | 3.3 |

该店预订今后 4 个月的经营目标如下：

$P_1$：每个月都使用正常容量，尽量不要超储；

$P_2$：每月下旬都应储存 1 千元以备急用；

$P_3$：力求今后 4 个月总盈利达到最大.

应如何拟订购销计划？

**解**　分析可知：

① 每月进货量受上月累积销售收入的限制，而第 1 月的进货量全靠该月初 2 吨库存商品销售后的收入；

② 每月销售量受到半月库存量与上月采购量的限制；

③ 销售利润同采购量、销售量、进价、销价有关.

下面建立该问题的目标规划模型.

（1）决策变量

设 $x_j =$ 第 $j$ 月的采购量（吨），$y_j =$ 第 $j$ 月的销售量（吨），$j = 1,2,3,4$.

（2）约束条件

① 各月销量的约束. 因为每月都于月初销售，故各月销量 $y_j$ 不能多于各月初的库存量. 第 1 月的销量 $y_1$ 不能多于该月初库存量 2 吨. 故有

$$y_1 \leqslant 2$$

第 2 月的销量 $y_2$ 不能多于第 2 月初或第 1 月末的库存量 $2 - y_1 + x_1$，故有

$$y_2 \leqslant 2 - y_1 + x_1$$

类似可得

$$y_3 \leqslant 2 - y_1 + x_1 - y_2 + x_2$$

$$y_4 \leqslant 2 - y_1 + x_1 - y_2 + x_2 - y_3 + x_3$$

以上 4 个约束为系统约束，不允许有丝毫超出. 把它们化成标准形式如下：

$$y_1 + s_1 = 2$$

$$y_1 + y_2 - x_1 + s_2 = 2$$

$$y_1 + y_2 + y_3 - x_1 - x_2 + s_3 = 2$$
$$y_1 + y_2 + y_3 + y_4 - x_1 - x_2 - x_3 + s_4 = 2$$

其中，$s_r (r=1,2,3,4)$ 是松弛变量.

② 各月采购量的约束. 因每月采购量依赖月初销售收入而定，就是说，每月购货款数不能超过手头拥有的现金数，故有

$$2.6x_1 \leqslant 2.9y_1$$
$$2.5x_2 \leqslant 2.9y_1 - 2.6x_1 + 2.7y_2$$
$$2.7x_3 \leqslant 2.9y_1 - 2.6x_1 + 2.7y_2 - 2.5x_2 + 3.1y_3$$
$$2.8x_4 \leqslant 2.9y_1 - 2.6x_1 + 2.7y_2 - 2.5x_2 + 3.1y_3 - 2.7x_3 + 3.3y_4$$

这些约束也是系统约束，移项并添上松弛变量可得

$$-2.9y_1 + 2.6x_1 + s_5 = 0$$
$$-2.9y_1 - 2.7y_2 + 2.6x_1 + 2.5x_2 + s_6 = 0$$
$$-2.9y_1 - 2.7y_2 - 3.1y_3 + 2.6x_1 + 2.5x_2 + 2.7x_3 + s_7 = 0$$
$$-2.9y_1 - 2.7y_2 - 3.1y_3 - 3.3y_4 + 2.6x_1 + 2.5x_2 + 2.7x_3 + 2.8x_4 + s_8 = 0$$

③ 正常库容量的目标约束. 各月库存量都需力争不超过正常库容量 3 吨. 第 1 月库存量为

$$2 - y_1 + x_1 \leqslant 3, \text{或} -y_1 + x_1 \leqslant 1$$

第 2 月库存量为

$$(2 - y_1 + x_1) - y_2 + x_2 \leqslant 3, \text{或} -y_1 - y_2 + x_1 + x_2 \leqslant 1$$

类似可得

$$-y_1 - y_2 - y_3 + x_1 + x_2 + x_3 \leqslant 1$$
$$-y_1 - y_2 - y_3 - y_4 + x_1 + x_2 + x_3 + x_4 \leqslant 1$$

给以上 4 个约束添上偏差变量，得

$$-y_1 + x_1 + d_1^- - d_1^+ = 1$$
$$-y_1 + y_2 + x_1 + x_2 + d_2^- - d_2^+ = 1$$
$$-y_1 - y_2 - y_3 + x_1 + x_2 + x_3 + d_3^- - d_3^+ = 1$$
$$-y_1 - y_2 - y_3 - y_4 + x_1 + x_2 + x_3 + x_4 + d_4^- - d_4^+ = 1$$

④ 各月储备金的目标约束. 因每月下旬都应储存 1 千元以备急需，而第 1 月没有存款，故可得下述目标约束：

$$2.9y_1 - 2.6x_1 + d_5^- - d_5^+ = 1$$
$$2.9y_1 + 2.7y_2 - 2.6x_1 - 2.5x_2 + d_6^- - d_6^+ = 1$$

$$2.9y_1+2.7y_2+3.1y_3-2.6x_1-2.5x_2-2.7x_3+d_7^- -d_7^+ =1$$
$$2.9y_1+2.7y_2+3.1y_3+3.3y_4-2.6x_1-2.5x_2-2.7x_3-2.8x_4+d_8^- +d_8^+ =1$$

⑤ 总盈利的目标约束. 总盈利即 4 个月的累积利润, 因为这级目标要求总盈利达到最大, 无具体数量指标, 故为能构成目标约束, 需设一具体目标值. 由于这级目标优先级最低, 只有其他各优先级目标全部满足以后才轮到考虑它, 因此该目标值无论取为多大也不会影响其他目标. 但若取值偏低, 则其他目标先行满足以后, 该级目标立即满足, 这样将得到一个"最优解", 但由于该级目标定得偏低, 却达不到实际可能达到的最大盈利. 因此该级目标宁可定得偏高些, 这样即便求解时它得不到满足, 也能得到一个"次优解", 而该解所对应的总盈利额正是实际所能达到的最大值.

基于上述想法, 现在根据题意给最大总盈利估计一个上界. 表 6-12 中的销购差价就是单位盈利额(千元/吨), 取其极差: $3.3-2.5=0.8$, 作为单位盈利的上界; 又考虑到即便每月经营数量都可达上界 5 吨(每月正常库容量 3 吨与最大机动库容量 2 吨之和), 这样 4 个月总盈利的上界为 $0.8\times5\times4=16$(千元). 当然, 实际最大总盈利远比它小. 但是由前所述可知取它无妨, 于是就设总盈利目标为 16 千元.

现在可以考虑构成这个目标约束了. 由于这 4 个月的累积利润等于总销售收入减去总销售成本, 而第 1 月销售成本为 $2.5\times2=5$(千元), 第 2,3,4 月的销售成本依次为 $2.6x_1,2.5x_2,2.7x_3$; 又知第 $1\sim4$ 月每月的销售收入依次为 $2.9y_1$, $2.7y_2,3.1y_3,3.3y_4$, 因此 4 个月累积利润应满足:

$$2.9y_1+2.7y_2+3.1y_3+3.3y_4-5-2.6x_1-2.5x_2-2.7x_3\geqslant6$$

故得

$$2.9y_1+2.7y_2+3.1y_3+3.3y_4-2.6x_1-2.5x_2-2.7x_3+d_9^- -d_9^+ =21$$

(3) 目标函数

$P_1$ 级目标为不超过正常库容量, 故有 $z_1=d_1^+ +d_2^+ +d_3^+ +d_4^+$;

$P_2$ 级目标为每月下旬至少储备 1 千元, 故有 $z_2=d_5^- +d_6^- +d_7^- +d_8^-$;

$P_3$ 级目标为 4 个月累积利润不低于 16 千元, 故有 $z_3=d_9^-$.

因此可得目标函数

$$\min z=P_1z_1+P_2z_2+P_3z_3$$

即      $$\min z=P_1(d_1^+ +d_2^+ +d_3^+ +d_4^+)+P_2(d_5^- +d_6^- +d_7^- +d_8^-)+P_3d_9^-$$

所以所求目标规划模型为

$$\min\, z = P_1(d_1^+ + d_2^+ + d_3^+ + d_4^+) + P_2(d_5^- + d_6^- + d_7^- + d_8^-) + P_3 d_9^-$$

$$\text{s. t.}\begin{cases}
y_1 + s_1 = 2 \\
y_1 + y_2 - x_1 + s_2 = 2 \\
y_1 + y_2 + y_3 - x_1 - x_2 + s_3 = 2 \\
y_1 + y_2 + y_3 + y_4 - x_1 - x_2 - x_3 + s_4 = 2 \\
-2.9y_1 + 2.6x_1 + s_5 = 0 \\
-2.9y_1 - 2.7y_2 + 2.6x_1 + 2.5x_2 + s_6 = 0 \\
-2.9y_1 - 2.7y_2 - 3.1y_3 + 2.6x_1 + 2.5x_2 + 2.7x_3 + s_7 = 0 \\
-2.9y_1 - 2.7y_2 - 3.1y_3 - 3.3y_4 + 2.6x_1 + 2.5x_2 + 2.7x_3 + 2.8x_4 + s_8 = 0 \\
-y_1 + x_1 + d_1^- - d_1^+ = 1 \\
-y_1 - y_2 + x_1 + x_2 + d_2^- - d_2^+ = 1 \\
-y_1 - y_2 - y_3 + x_1 + x_2 + x_3 + d_3^- - d_3^+ = 1 \\
-y_1 - y_2 - y_3 - y_4 + x_1 + x_2 + x_3 + x_4 + d_4^- - d_4^+ = 1 \\
2.9y_1 - 2.6x_1 + d_5^- - d_5^+ = 1 \\
2.9y_1 + 2.7y_2 - 2.6x_1 - 2.5x_2 + d_6^- - d_6^+ = 1 \\
2.9y_1 + 2.7y_2 + 3.1y_3 - 2.6x_1 - 2.5x_2 - 2.7x_3 + d_7^- - d_7^+ = 1 \\
2.9y_1 + 2.7y_2 + 3.1y_3 + 3.3y_4 - 2.6x_1 - 2.5x_2 - 2.7x_3 - 2.8x_4 + d_8^- + d_8^+ = 1 \\
2.9y_1 + 2.7y_2 + 3.1y_3 + 3.3y_4 - 2.6x_1 - 2.5x_2 - 2.7x_3 + d_9^- - d_9^+ = 21 \\
x_1, x_2, x_3, x_4, y_1, y_2, y_3, y_4, d_i^-, d_i^+ \geqslant 0 \ (i=1,2,\cdots,9)
\end{cases}$$

# 习题六

一、若用以下表达式作为目标规划的目标函数，试述其逻辑是否正确？

(1) $\max\, z = d_1^- + d_1^+$；　　　　　(2) $\max\, z = d_1^- - d_1^+$；

(3) $\min\, z = d_1^- + d_1^+$；　　　　　(4) $\min\, z = d_1^- - d_1^+$.

二、分别用图解法和单纯形法求解下列目标规划问题.

(1) $\min\, z = P_1 d_1^+ + P_2(d_2^- + d_2^+) + P_3 d_3^-$

$$\text{s. t.}\begin{cases}
2x_1 + x_2 \leqslant 11 \\
x_1 - x_2 + d_1^- - d_1^+ = 0 \\
x_1 - 2x_2 + d_2^- - d_2^+ = 10 \\
8x_1 + 10x_2 + d_3^- - d_3^+ = 56 \\
x_1, x_2, d_i^-, d_i^+ \geqslant 0 \ (i=1,2,3)
\end{cases}$$

（2）$\min z = P_1(d_1^- + d_1^+) + P_2(2d_2^+ + d_3^+)$

$$\text{s. t.} \begin{cases} x_1 - 10x_2 + d_1^- - d_1^+ = 50 \\ 3x_1 + 5x_2 + d_2^- - d_2^+ = 20 \\ 8x_1 + 6x_2 + d_3^- - d_3^+ = 100 \\ x_1, x_2, d_i^-, d_i^+ \geqslant 0 \quad (i=1,2,3) \end{cases}$$

（3）$\min z = P_1(d_1^- + d_1^+) + P_2 d_2^- + P_3 d_3^+$

$$\text{s. t.} \begin{cases} x_1 + x_2 + d_1^- - d_1^+ = 10 \\ 3x_1 + 4x_2 + d_2^- - d_2^+ = 50 \\ 8x_1 + 10x_2 + d_3^- - d_3^+ = 300 \\ x_1, x_2, d_i^-, d_i^+ \geqslant 0 \quad (i=1,2,3) \end{cases}$$

（4）$\min z = P_1 d_1^- + P_2 d_4^+ + P_3(2d_2^- + d_3^-)$

$$\text{s. t.} \begin{cases} x_1 + x_2 + d_1^- - d_1^+ = 40 \\ x_1 + d_2^- - d_2^+ = 24 \\ x_2 + d_3^- - d_3^+ = 30 \\ x_1 + x_2 + d_4^- - d_4^+ = 50 \\ x_1, x_2, d_i^-, d_i^+ \geqslant 0 \quad (i=1,2,3,4) \end{cases}$$

（5）$\min z = P_1(d_1^+ + d_1^+) + P_2 d_2^+ + P_3 d_3^- + P_4(d_3^- + 1.5d_4^-)$

$$\text{s. t.} \begin{cases} x_1 + x_2 + d_1^- - d_1^+ = 40 \\ x_1 + x_2 + d_2^- - d_2^+ = 100 \\ x_1 + d_3^- - d_3^+ = 30 \\ x_2 + d_4^- - d_4^+ = 15 \\ x_1, x_2, d_i^-, d_i^+ \geqslant 0 \quad (i=1,2,3,4) \end{cases}$$

三、某厂有甲、乙两个车间生产同一种产品，每小时产量分别是 18 件和 12件. 若每天正常工作时间为 8 小时，试拟订生产计划以满足下列目标：

$P_1$：日产量不低于 300 件；

$P_2$：充分利用工时指标（依甲、乙产量比例确定权数）；

$P_3$：必须加班时应使两车间加班时间均衡.

要求建立目标规划模型并用图解法解.

四、某厂拟生产甲、乙两种产品，每件利润分别为 20 元和 30 元. 这两种产品都要在 $A, B, C, D$ 四种设备上加工，每件甲产品需占用各设备依次为 2,1,4,0 机时，每件乙产品需占用各设备依次为 2,2,0,4 机时，而这四种设备正常生产能力依次为每天 12,8,16,12 机时. 此外，$A, B$ 两种设备每天还可加班运行. 试拟订一个满足下列目标的生产计划：

$P_1$：两种产品每天总利润不低于 120 元；

$P_2$：两种产品的产量尽可能均衡；

$P_3$：$A$，$B$ 设备都应不超负荷，其中 $A$ 设备能力还应充分利用（$A$ 比 $B$ 重要 3 倍）.

要求建立目标规划模型并用图解法求解.

五、某纺织厂生产两种布料：衣料布与窗帘布，利润分别为 1.5、2.5 元/米. 该厂两班生产，每周生产时间为 80 小时，每小时可生产任一种布料 1 000 米. 据市场调查分析知道每周销量为：衣料布 45 000 米，窗帘布 70 000 米. 试拟订生产计划满足以下目标：

$P_1$：不使产品滞销；

$P_2$：每周利润不低于 225 000 元；

$P_3$：充分利用生产能力，尽量少加班.

要求建立目标规划模型并用图解法求解.

六、某电商有 5 名工作人员，其中经理 1 人、副经理 1 人、全日工 2 人、半日工 1 人，有关情况见表 6-13.

表 6-13

| 工作人员 | 贡献/<br>（元·工时$^{-1}$） | 工作量<br>（工时·月$^{-1}$） | 工资/（元·月$^{-1}$）<br>（相当天销售额的 5.5%） | 加班限额/<br>（工时·月$^{-1}$） |
|---|---|---|---|---|
| 经　理 | 2 400 | 200 | | 24 |
| 副经理 | 1 600 | 200 | 17 000 | 24 |
| 全日工甲 | 900 | 172 | 8 700 | 52 |
| 全日工乙 | 500 | 160 | 5 200 | 32 |
| 半日工 | 150 | 100 | | 32 |

表中"贡献"栏内的数字，是按每人实际工作的绩效所折合的销售额平均值. 试建立数学模型以达到下述目标：

$P_1$：保证全体工作员维持正常工作量；

$P_2$：销售额达到每月 1 200 000 元以上；

$P_3$：副经理月工资不低于 17 000 元；

$P_4$：广告费不超过 45 000 元/月；

$P_5$：工作人员加班时间均不超过限额；

$P_6$：保证全日工甲每月收入 8 700 元，全日工乙每月收入 5 200 元.

# 第七章 非线性规划

非线性规划(Nonlinear Programming,NP)是具有非线性约束条件或目标函数的数学规划,是运筹学的最重要分支之一.非线性规划的理论是在线性规划的基础上发展起来的.1951 年,库恩(H. W. Kuhn)和塔克(A. W. Tucker)等提出了非线性规划的最优性条件,为它的发展奠定了基础.特别是 20 世纪 70 年代以来,随着电子计算机的普遍使用,非线性规划的理论和方法有了很大的发展,其应用领域也越来越广泛,包括管理、经济、军事、生产过程自动化、工程设计和产品优化设计等方面.

非线性规划问题的求解要比线性规划问题的求解困难得多,而且也不像线性规划问题那样具有统一的数学模型及如单纯形法这一通用解法.非线性规划没有能够适应所有问题的一般求解方法,其各种算法大多有自己特定的适用范围,具有一定的局限性.

本书在简要介绍非线性规划基本概念和一维搜索的基础上,重点介绍无约束极值问题和约束极值问题的求解方法.

## §1 基本概念

### 一、非线性规划问题的提出

**例 7-1** (投资问题)假定某投资公司计划总投资为 $b$ 亿元,可供选择投资的项目共有 $n$ 个.已知第 $j$ 个项目的投资额为 $a_j$ 亿元,相应收益为 $c_j$ 亿元,问应如何安排投资计划,使盈利率(即单位投资可得到的收益)最高?

**解** 设 $x_j$ 表示第 $j$ 个项目的投资比例,目标函数盈利率为

$$f(x_1,x_2,\cdots,x_n)=\frac{\sum_{j=1}^{n}c_jx_j}{\sum_{j=1}^{n}a_jx_j}$$

则 $x_j$ 应满足的约束条件

$$\sum_{j=1}^{n}a_jx_j\leqslant b$$

所以建立数学模型如下：

$$\max f(x_1, x_2, \cdots, x_n) = \frac{\sum_{j=1}^{n} c_j x_j}{\sum_{j=1}^{n} a_j x_j}$$

$$\text{s. t.} \begin{cases} \sum_{j=1}^{n} a_j x_j \leqslant b \\ 0 \leqslant x_j \leqslant 1 \end{cases} (j = 1, 2, \cdots, n)$$

**例 7-2** （容器设计问题）某公司生产贮藏用容器，用户要求该公司制造一种敞口的长方体容器，容积为 12 m³，该容器底为正方形，容器总重量不超过 68 kg. 已知制作容器四壁的材料为 10 元/m²，重 3 kg；制作容器底部的材料为 20 元/m²，重 2 kg. 试问如何设计该容器可使所需成本最小？

**解** 设容器的底边长和高分别为 $x_1, x_2$，则问题的数学模型为

$$\min f(x_1, x_2) = 40 x_1 x_2 + 20 x_1^2$$

$$\text{s. t.} \begin{cases} x_1^2 x_2 = 12 \\ 12 x_1 x_2 + 2 x_1^2 \leqslant 68 \\ x_1, x_2 \geqslant 0 \end{cases}$$

## 二、非线性规划的数学模型

设 $\boldsymbol{x} = (x_1, x_2, \cdots, x_n)^{\mathrm{T}}$ 是 $n$ 维欧氏空间 $\mathbf{R}^n$ 中的一个点（向量），函数 $f(\boldsymbol{x})$，$g_i(\boldsymbol{x})$ $(i = 1, 2, \cdots, m)$，$h_j(\boldsymbol{x})$ $(j = 1, 2 \cdots, l)$ 是定义在 $\mathbf{R}^n$ 上的实值函数，则称数学模型

$$\min f(\boldsymbol{x})$$

$$\text{s. t.} \begin{cases} g_i(\boldsymbol{x}) \leqslant 0 \ (i = 1, 2, \cdots, m) \\ h_j(\boldsymbol{x}) = 0 \ (j = 1, 2, \cdots, l) \end{cases} \tag{7-1}$$

为数学规划（Mathematical Programming，MP），$f(\boldsymbol{x})$ 称为数学规划（7-1）的目标函数，$g_i(\boldsymbol{x})$ $(i = 1, 2, \cdots, m)$，$h_j(\boldsymbol{x})$ $(j = 1, 2 \cdots, l)$ 称为数学规划（7-1）的约束函数.

$$X = \left\{ \boldsymbol{x} \in \mathbf{R}^n \left| \begin{array}{l} g_i(\boldsymbol{x}) \leqslant 0 \ (i = 1, 2, \cdots, m) \\ h_j(\boldsymbol{x}) = 0 \ (j = 1, 2, \cdots, l) \end{array} \right. \right\} \tag{7-2}$$

称为数学规划（7-1）的可行域或约束集. 对 $\forall \boldsymbol{x} \in X$，称 $\boldsymbol{x}$ 为数学规划（7-1）的可行解或可行点.

记 $g(\boldsymbol{x}) = (g_1(\boldsymbol{x}), g_2(\boldsymbol{x}), \cdots, g_m(\boldsymbol{x}))^{\mathrm{T}}$，$h(\boldsymbol{x}) = (h_1(\boldsymbol{x}), h_2(\boldsymbol{x}), \cdots, h_l(\boldsymbol{x}))^{\mathrm{T}}$，则数学规划（7-1）可简记为

$$\min f(\boldsymbol{x})$$

$$\text{s. t.} \begin{cases} g(\boldsymbol{x}) \leqslant \boldsymbol{0} \\ h(\boldsymbol{x}) = \boldsymbol{0} \end{cases} \tag{7-3}$$

或者

$$\min_{x \in X} f(\boldsymbol{x}) \tag{7-4}$$

如果目标函数 $f(\boldsymbol{x})$、约束函数 $g_i(\boldsymbol{x})$ $(i=1,2,\cdots,m)$ 和 $h_j(\boldsymbol{x})$ $(j=1,2,\cdots,l)$ 均为线性函数,则数学规划(7-1)即前面几章讨论的线性规划;如果目标函数和约束函数中至少有一个是非线性函数,则称数学规划(7-1)为非线性规划. 特别地, 当可行域 $X=\boldsymbol{R}^n$ 时,数学规划(7-1)简记为

$$\min\ f(\boldsymbol{x}) \tag{7-5}$$

该数学规划称为无约束非线性规划或无约束最优化问题;当 $X \neq \boldsymbol{R}^n$ 时,称非线性规划(7-1)为约束非线性规划或约束最优化问题.

### 三、非线性规划问题的图解法

当只有两个自变量时,求解非线性规划问题也可像对线性规划那样借助于图解法.

**例 7-3**　求解下述非线性规划问题

$$\min\ f(\boldsymbol{x})=(x_1-2)^2+(x_2-2)^2$$
$$\text{s. t.}\ \ h(\boldsymbol{x})=x_1+x_2-6=0$$

**解**　若令其目标函数 $f(\boldsymbol{x})=c$,则目标函数是一条曲线或一张曲面(通常称为等值线或等值面). 此例中,若设 $f(\boldsymbol{x})=2$ 和 $f(\boldsymbol{x})=4$,则可得两个圆形等值线,见图 7-1.

由图 7-1 可见,等值线 $f(\boldsymbol{x})=2$ 和约束条件直线 $h(\boldsymbol{x})=x_1+x_2-6=0$ 相切,切点 $D$ 即为此问题的最优解 $\boldsymbol{x}^*=(3,3)^{\mathrm{T}}$,其目标函数值 $f(\boldsymbol{x}^*)=2$.

此例中,约束 $h(\boldsymbol{x})=x_1+x_2-6=0$

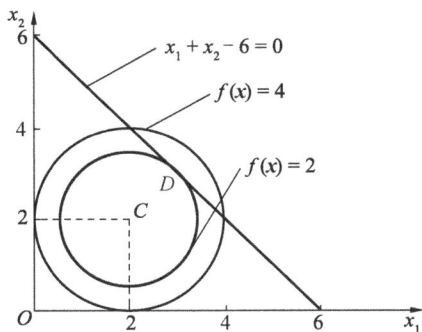

**图 7-1**

对最优解产生了影响,若以 $h(\boldsymbol{x})=x_1+x_2-6\leqslant 0$ 代替原来的约束 $h(\boldsymbol{x})=x_1+x_2-6=0$,则新的非线性规划的最优解变为 $\boldsymbol{x}^*=(2,2)^{\mathrm{T}}$,即图 7-1 中的点 $C$,此时 $f(\boldsymbol{x})=0$. 由于此最优点位于可行域的内部,故事实上约束 $h(\boldsymbol{x})=x_1+x_2-6\leqslant 0$ 并未发挥约束作用,问题相当于一个无约束极值问题.

注:线性规划若存在最优解,最优解只能在其可行域的边界上(特别是在可行域的顶点上)得到;而非线性规划的最优解(如果存在)则可能在可行域的任意一点上得到,并非仅局限在边界上.

### 四、极值问题的几个定义

由于线性规划的目标函数和约束条件都是线性函数，所以其可行域是凸集.因此求得的最优解就一定是整个可行域上的全局最优解.非线性规划则不然，局部最优解未必就一定是全局最优.下面就局部和全局极值问题给出如下一些定义：

设 $X \subset \mathbf{R}^n$，$f(\boldsymbol{x})$ 为定义在 $X$ 上的 $n$ 元实函数，$\boldsymbol{x}, \boldsymbol{x}^* \in X$.

(1) 若 $\exists \varepsilon > 0$，当 $\| \boldsymbol{x} - \boldsymbol{x}^* \| < \varepsilon$ 时，均有不等式 $f(\boldsymbol{x}) \geqslant f(\boldsymbol{x}^*)$，则称 $\boldsymbol{x}^*$ 为 $f(\boldsymbol{x})$ 在 $X$ 上的局部极小点，$f(\boldsymbol{x}^*)$ 为局部极小值；

(2) 若 $\exists \varepsilon > 0$，当 $\| \boldsymbol{x} - \boldsymbol{x}^* \| < \varepsilon$ 时，均有不等式 $f(\boldsymbol{x}) > f(\boldsymbol{x}^*)$，则称 $\boldsymbol{x}^*$ 为 $f(\boldsymbol{x})$ 在 $X$ 上的严格局部极小点，$f(\boldsymbol{x}^*)$ 为严格局部极小值；

(3) 若均有不等式 $f(\boldsymbol{x}) \geqslant f(\boldsymbol{x}^*)$，则称 $\boldsymbol{x}^*$ 为 $f(\boldsymbol{x})$ 在 $X$ 上的全局极小点，$f(\boldsymbol{x}^*)$ 为全局极小值；

(4) 若均有不等式 $f(\boldsymbol{x}) > f(\boldsymbol{x}^*)$，则称 $\boldsymbol{x}^*$ 为 $f(\boldsymbol{x})$ 在 $X$ 上的严格全局极小点，$f(\boldsymbol{x}^*)$ 为严格全局极小值.

### 五、极值点存在的条件

对于无约束的多元函数，其极值存在的必要条件和充分条件与一元函数的相应条件类似.

**定理 7-1** （必要条件）设 $X \subset \mathbf{R}^n$ 为开集，$f(\boldsymbol{x})$ 在 $X$ 上有一阶连续偏导数，且在点 $\boldsymbol{x}^* \in X$ 取得局部极值，则必有

$$\frac{\partial f(\boldsymbol{x}^*)}{\partial x_1} = \frac{\partial f(\boldsymbol{x}^*)}{\partial x_2} = \cdots = \frac{\partial f(\boldsymbol{x}^*)}{\partial x_n} = 0 \tag{7-6}$$

或

$$\nabla f(\boldsymbol{x}^*) = 0 \tag{7-7}$$

式 (7-7) 中 $\nabla f(\boldsymbol{x}^*) = \left( \dfrac{\partial f(\boldsymbol{x}^*)}{\partial x_1}, \dfrac{\partial f(\boldsymbol{x}^*)}{\partial x_2}, \cdots, \dfrac{\partial f(\boldsymbol{x}^*)}{\partial x_n} \right)^{\mathrm{T}}$，称为函数 $f(\boldsymbol{x})$ 在点 $\boldsymbol{x}^*$ 处的梯度.

由高等数学可知，$\nabla f(\boldsymbol{x}^*)$ 的方向为点 $\boldsymbol{x}^*$ 处等值面（等值线）的法线方向，沿这一方向函数值增加最快，见图 7-2.

满足 $\dfrac{\partial f(\boldsymbol{x}^*)}{\partial x_1} = \dfrac{\partial f(\boldsymbol{x}^*)}{\partial x_2} = \cdots = \dfrac{\partial f(\boldsymbol{x}^*)}{\partial x_n} = 0$ 或 $\nabla f(\boldsymbol{x}^*) = 0$ 的点称为平稳点或驻点.极值点一定是驻点，但驻点不一定是极值点.

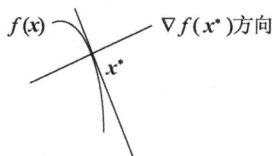

**图 7-2**

**定理 7-2** （充分条件）设 $X \subset \mathbf{R}^n$ 为开集，$f(\boldsymbol{x})$ 在 $X$ 上具有二阶连续偏导数，$\boldsymbol{x}^* \in X$，若 $\nabla f(\boldsymbol{x}^*) = 0$ 且对任何非零向量 $\boldsymbol{x} \in X$ 都存在

$$\boldsymbol{x}^{\mathrm{T}} \boldsymbol{H}(\boldsymbol{x}^*) \boldsymbol{x} > 0$$

则 $x^*$ 为 $f(x)$ 的严格局部极小点,其中,$H(x^*)$ 称为 $f(x)$ 在点 $x^*$ 处的海赛(Hesse)矩阵.

$$H(x^*)=\begin{pmatrix} \dfrac{\partial^2 f(x^*)}{\partial x_1^2} & \dfrac{\partial^2 f(x^*)}{\partial x_1 x_2} & \cdots & \dfrac{\partial^2 f(x^*)}{\partial x_1 x_n} \\[2mm] \dfrac{\partial^2 f(x^*)}{\partial x_2 x_1} & \dfrac{\partial^2 f(x^*)}{\partial x_2^2} & \cdots & \dfrac{\partial^2 f(x^*)}{\partial x_2 x_n} \\[2mm] \vdots & \vdots & & \vdots \\[2mm] \dfrac{\partial^2 f(x^*)}{\partial x_n x_1} & \dfrac{\partial^2 f(x^*)}{\partial x_n x_2} & \cdots & \dfrac{\partial^2 f(x^*)}{\partial x_n^2} \end{pmatrix}$$

由线性代数知识可知,对任何非零向量 $x\in R^n$ 都存在:(1) $x^{\mathrm{T}}Hx>0$,则矩阵 $H$ 正定,其各阶顺序主子式大于零;(2) $x^{\mathrm{T}}Hx<0$,则矩阵 $H$ 负定,则其各阶顺序主子式负、正交替.

现以 $h_{ij}$ 代表矩阵 $H$ 中的元素,上述矩阵 $H$ 正定的条件可表示为

$$h_{11}>0;\begin{vmatrix} h_{11} & h_{12} \\ h_{21} & h_{22} \end{vmatrix}>0;\cdots;\begin{vmatrix} h_{11} & \cdots & h_{1n} \\ \vdots & & \vdots \\ h_{n1} & \cdots & h_{nn} \end{vmatrix}>0$$

矩阵 $H$ 负定的条件可表示为

$$h_{11}<0;\begin{vmatrix} h_{11} & h_{12} \\ h_{21} & h_{22} \end{vmatrix}>0;\begin{vmatrix} h_{11} & h_{12} & h_{13} \\ h_{21} & h_{22} & h_{23} \\ h_{31} & h_{32} & h_{33} \end{vmatrix}<0;\cdots;(-1)^n\begin{vmatrix} h_{11} & \cdots & h_{1n} \\ \vdots & & \vdots \\ h_{n1} & \cdots & h_{nn} \end{vmatrix}>0$$

**定理 7-2′**　(充分条件)如果 $f(x)$ 在点 $x^*$ 的梯度为零且海赛矩阵正定,则 $x^*$ 为 $f(x)$ 的严格局部极小点.

## §2　凸函数和凸规划

求解非线性规划问题的算法虽多,但求整体最优解的一般计算方法还没有出现,一般求出的仅是非线性规划问题的局部最优解,而我们的目的是求问题的整体最优解,这就产生了矛盾.一般的处理方法是从理论上确定在哪些情况下,求出的局部最优值一定是整体最优值.对特殊的非线性规划——凸规划问题,已经证明了其局部极值一定是整体极值.

**一、凸函数及其性质**

1. 凸函数定义

设 $f(x)$ 为定义在 $R^n$ 中某一凸集 $D$ 上的函数,若对于任何实数 $\alpha$ （$0<\alpha<1$）及 $D$ 中的任意两点 $x^{(1)}$ 和 $x^{(2)}$,恒有

$$f(\alpha x^{(1)} + (1-\alpha)x^{(2)}) \leqslant \alpha f(x^{(1)}) + (1-\alpha)f(x^{(2)})$$

则称 $f(x)$ 为定义在 $D$ 上的凸函数；若上式为严格不等式，则称 $f(x)$ 为定义在 $D$ 上的严格凸函数．改变不等号的方向，即可得到凹函数和严格凹函数的定义．

凸函数和凹函数的几何意义是十分明显的，若函数图形上任意两点的连线，处处都不在函数图形的下方，则此函数是凸函数，见图 7-3；若函数图形上任意两点的连线，处处都不在函数图形的上方，则此函数是凹函数，见图 7-4．

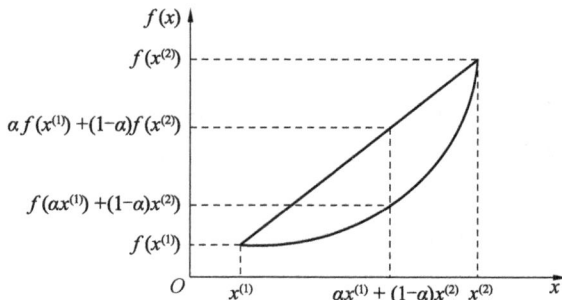

图 7-3

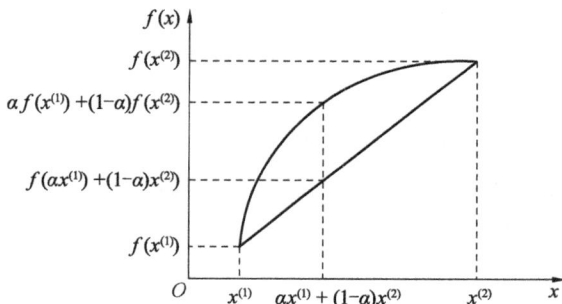

图 7-4

**2. 凸函数的性质**

**定理 7-3**　设 $f(x)$ 为定义在凸集 $D$ 上的凸函数，则对于任意实数 $\lambda \geqslant 0$，函数 $\lambda f(x)$ 也是定义在 $D$ 上的凸函数．

**定理 7-4**　设 $f_1(x)$ 和 $f_2(x)$ 为定义在凸集 $D$ 上的两个凸函数，则其和 $f(x) = f_1(x) + f_2(x)$ 仍然是定义在 $D$ 上的凸函数．

上述性质可推广为：有限个凸函数的非负线性组合 $\lambda_1 f_1(x) + \lambda_2 f_2(x) + \cdots + \lambda_m f_m(x)$，$\lambda_i \geqslant 0$（$i = 1, 2, \cdots, m$）仍为凸函数．

根据凸函数的定义，上述性质是非常容易证明的．但是凸函数的乘积不一定是凸函数．

下面的定理建立了凸集和凸函数的关系．

**定理 7-5** 设 $f(\boldsymbol{x})$ 为定义在凸集 $D$ 上的凸函数,则对于任意实数 $b$,集合(称为水平集)$S_b=\{\boldsymbol{x}\,|\,\boldsymbol{x}\in D, f(\boldsymbol{x})\leqslant b\}$ 是凸集.

**证明** 任取 $\boldsymbol{x}^{(1)},\boldsymbol{x}^{(2)}\in S_b$,则有 $f(\boldsymbol{x}^{(1)})\leqslant b, f(\boldsymbol{x}^{(2)})\leqslant b$.

任取 $\alpha\in(0,1)$,因为 $D$ 是凸集,故有

$$\alpha\boldsymbol{x}^{(1)}+(1-\alpha)\boldsymbol{x}^{(2)}\in D$$

由于 $f$ 是 $D$ 上的凸函数,由定义可知

$$f(\alpha\boldsymbol{x}^{(1)}+(1-\alpha)\boldsymbol{x}^{(2)})\leqslant\alpha f(\boldsymbol{x}^{(1)})+(1-\alpha)f(\boldsymbol{x}^{(2)})\leqslant b$$

由集合 $S_b$ 的定义可知 $\alpha\boldsymbol{x}^{(1)}+(1-\alpha)\boldsymbol{x}^{(2)}\in S_b$,所以 $S_b$ 是凸集.

**定理 7-6** 设 $D$ 为 $\mathbf{R}^n$ 上的开凸集,$f(\boldsymbol{x})$ 在 $D$ 上具有一阶连续偏导数,则 $f(\boldsymbol{x})$ 为 $D$ 上的凸函数的充分必要条件是,对于属于 $D$ 的任意两个不同点 $\boldsymbol{x}^{(1)}$ 和 $\boldsymbol{x}^{(2)}$ 恒有

$$f(\boldsymbol{x}^{(2)})\geqslant f(\boldsymbol{x}^{(1)})+\nabla f(\boldsymbol{x}^{(1)})^{\mathrm{T}}(\boldsymbol{x}^{(2)}-\boldsymbol{x}^{(1)}) \tag{7-8}$$

**证明** (必要性)由于 $f(\boldsymbol{x})$ 为 $D$ 上的凸函数,对任意的 $\alpha\in(0,1)$ 有

$$f(\alpha\boldsymbol{x}^{(2)}+(1-\alpha)\boldsymbol{x}^{(1)})\leqslant\alpha f(\boldsymbol{x}^{(2)})+(1-\alpha)f(\boldsymbol{x}^{(1)})$$

故

$$\frac{f(\boldsymbol{x}^{(1)}+\alpha(\boldsymbol{x}^{(2)}-\boldsymbol{x}^{(1)}))-f(\boldsymbol{x}^{(1)})}{\alpha}\leqslant f(\boldsymbol{x}^{(2)})-f(\boldsymbol{x}^{(1)}) \tag{7-9}$$

由多元函数的泰勒公式知

$$f(\boldsymbol{x}^{(1)}+\alpha(\boldsymbol{x}^{(2)}-\boldsymbol{x}^{(1)}))-f(\boldsymbol{x}^{(1)})=\alpha\nabla f(\boldsymbol{x}^{(1)})^{\mathrm{T}}(\boldsymbol{x}^{(2)}-\boldsymbol{x}^{(1)})+o\|\alpha(\boldsymbol{x}^{(2)}-\boldsymbol{x}^{(1)})\|$$
$$\tag{7-10}$$

将式(7-10)代入式(7-9),有

$$\nabla f(\boldsymbol{x}^{(1)})^{\mathrm{T}}(\boldsymbol{x}^{(2)}-\boldsymbol{x}^{(1)})+\frac{o\|\alpha(\boldsymbol{x}^{(2)}-\boldsymbol{x}^{(1)})\|}{\alpha}\leqslant f(\boldsymbol{x}^{(2)})-f(\boldsymbol{x}^{(1)})$$

令 $\alpha\to0^+$,可得

$$\nabla f(\boldsymbol{x}^{(1)})^{\mathrm{T}}(\boldsymbol{x}^{(2)}-\boldsymbol{x}^{(1)})\leqslant f(\boldsymbol{x}^{(2)})-f(\boldsymbol{x}^{(1)})$$

(充分性)设

$$\nabla f(\boldsymbol{x}^{(1)})^{\mathrm{T}}(\boldsymbol{x}^{(2)}-\boldsymbol{x}^{(1)})\leqslant f(\boldsymbol{x}^{(2)})-f(\boldsymbol{x}^{(1)})$$

对任意的 $\alpha\in(0,1)$,取 $\boldsymbol{x}=\alpha\boldsymbol{x}^{(1)}+(1-\alpha)\boldsymbol{x}^{(2)}$,故有 $\boldsymbol{x}\in D$. 由于 $D$ 为 $\mathbf{R}^n$ 上的开凸集,对 $\boldsymbol{x}^{(1)},\boldsymbol{x}\in D$ 和 $\boldsymbol{x}^{(2)},\boldsymbol{x}\in D$,由式(7-6)分别有

$$f(\boldsymbol{x})+\nabla f(\boldsymbol{x})^{\mathrm{T}}(\boldsymbol{x}^{(1)}-\boldsymbol{x})\leqslant f(\boldsymbol{x}^{(1)}) \tag{7-11}$$

$$f(\boldsymbol{x})+\nabla f(\boldsymbol{x})^{\mathrm{T}}(\boldsymbol{x}^{(2)}-\boldsymbol{x})\leqslant f(\boldsymbol{x}^{(2)}) \tag{7-12}$$

将式(7-11)乘以 $\alpha$,式(7-12)乘以 $1-\alpha$,两式相加可得

$$f(\alpha\boldsymbol{x}^{(1)}+(1-\alpha)\boldsymbol{x}^{(2)})=f(\boldsymbol{x})\leqslant\alpha f(\boldsymbol{x}^{(1)})+(1-\alpha)f(\boldsymbol{x}^{(2)})$$

由定义知,$f(\boldsymbol{x})$ 为 $D$ 上的凸函数.

注:如果式(7-8)为严格不等式,它就是严格凸函数的充要条件;如果式(7-8)中的不等号反向,就可得凹函数(严格不等号时为严格凹函数)的充要条件.

**定理 7-7** 设 $D \subset \mathbf{R}^n$ 是非空开凸集，$f(x)$ 在 $D$ 上二阶连续可导，则 $f(x)$ 是 $D$ 上的凸函数(凹函数)的充要条件是 $f(x)$ 的 Hesse 矩阵 $\nabla^2 f(x)$ 在 $D$ 上是半正定(半负定)的.

证明略.

注：如果 $f(x)$ 的 Hesse 矩阵 $\nabla^2 f(x)$ 在 $D$ 上是正定(负定)的，则 $f(x)$ 是 $D$ 上的严格凸函数(凹函数).

**例 7-4** 设 $f(x) = \dfrac{1}{2} x^{\mathrm{T}} A x + b^{\mathrm{T}} x + c$，其中 $x \in \mathbf{R}^n$，$A$ 是一个 $n$ 阶对称矩阵，$b \in \mathbf{R}^n, c \in \mathbf{R}$，验证 $f(x)$ 是 $\mathbf{R}^n$ 上的二次凸函数.

**证明** $\nabla f(x) = A x + b, \nabla^2 f(x) = A.$

由于 $A$ 是一个 $n$ 阶对称矩阵，即 $\nabla^2 f$ 正定，有定理可证 $f(x)$ 是 $\mathbf{R}^n$ 上的二次凸函数.

## 二、凸规划

给定非线性规划：

$$\min f(x)$$
$$\text{s. t.} \begin{cases} g_i(x) \leqslant 0 \ (i=1,2,\cdots,m) \\ h_j(x) = 0 \ (j=1,2,\cdots,l) \end{cases} \tag{7-13}$$

其约束集为 $X = \{x \mid g_j(x) \leqslant 0, j=1,\cdots,m; h_i(x)=0, i=1,\cdots,l\}$，如果 $f(x)$ 为凸函数，$X$ 为凸集，则非线性规划(7-13)问题称为凸规划.

下述定理给出用目标函数和约束函数来描述凸规划的条件.

**定理 7-8** 若 $g_i(x) \ (i=1,\cdots,m)$ 均为 $\mathbf{R}^n$ 上的凸函数(或 $-g_i(x)$ 为凹函数)，$h_j(x) \ (i=1,\cdots,l)$ 均为线性函数，并且 $f(x)$ 是 $X$ 上的凸函数，则非线性规划(7-13)为凸规划.

凸规划的可行域是凸集，其局部最优解即为全局最优解；若 $f(x)$ 为严格凸函数，最优解若存在必唯一. 由此可见，凸规划是一类比较简单而又具有重要理论意义的非线性规划. 由于线性函数既可以视为凸函数，也可以视为凹函数，故线性规划也属于凸规划.

**例 7-5** 判断下述非线性规划是否是凸规划：

$$\min f(x) = x_1^2 + x_2^2 - 4x_1 + 4$$
$$\text{s. t.} \begin{cases} g_1(x) = x_1 - x_2 + 2 \geqslant 0 \\ g_2(x) = -x_1^2 + x_2 - 1 \geqslant 0 \\ x_1, x_2 \geqslant 0 \end{cases}$$

**解** $f(x)$ 的海赛矩阵 $H_f = \begin{pmatrix} 2 & 0 \\ 0 & 2 \end{pmatrix}$ 正定，故 $f(x)$ 为严格凸函数；$g_2(x)$ 的海赛

矩阵 $\boldsymbol{H}_{g_2} = \begin{pmatrix} -2 & 0 \\ 0 & 0 \end{pmatrix}$ 半负定,故 $g_2(\boldsymbol{x})$ 为凹函数. 由于其他约束条件均为线性函数,所以此非线性规划是凸规划.

## §3 下降迭代算法

对可微函数来说,为了求最优解,可令其梯度为零,由此求出稳定点(驻点). 然后利用充分条件进行判断,从而求出最优解. 但是对一般的 $n$ 元函数 $f(\boldsymbol{x})$ 来说,由条件 $\nabla f(\boldsymbol{x}) = 0$ 得到的往往是一个非线性方程组,求解困难. 此外,很多实际问题一般很难求出或根本求不出目标函数对各自变量的偏导数,从而使得一阶必要条件式(7-6)无法应用. 另一方面,在实际应用中,并不需要求出精确解,而只需要求出满足实际精度需求的近似解. 所以,除了特殊情形之外,一般采用所谓的迭代法.

### 一、基本思想

给定一个初始估计解 $\boldsymbol{x}^{(0)}$,然后按某种规则(即算法)找出一个比 $\boldsymbol{x}^{(0)}$ 更好的解 $\boldsymbol{x}^{(1)}$,如此递推即可得到一个解的序列 $\{\boldsymbol{x}^{(k)}\}$,若这一解的序列存在极限 $\boldsymbol{x}^*$,即 $\lim\limits_{k \to \infty}(\boldsymbol{x}^{(k)} - \boldsymbol{x}^*) = 0$,则称 $\boldsymbol{x}^*$ 为最优解.

由于递推步骤的有限性,一般很难得到精确解,当满足所要求的精度时即可停止迭代而得到一个近似解.

### 二、下降算法

若某种算法产生的解序列 $\{\boldsymbol{x}^{(k)}\}$ 能使目标函数 $f(\boldsymbol{x}^{(k)})$ 逐步减少,那么就称此算法为下降算法.“下降”的要求其实是很容易满足的,因此下降算法包括了很多具体的算法.

若从 $\boldsymbol{x}^{(k)}$ 出发沿任何方向移动都不能使目标函数下降,则 $\boldsymbol{x}^{(k)}$ 是一个局部极小点;若从 $\boldsymbol{x}^{(k)}$ 出发至少存在一个方向能使目标函数下降,则可选定某一下降方向 $\boldsymbol{P}^{(k)}$,沿这一方向前进一步,得到下一个点 $\boldsymbol{x}^{(k+1)}$.

沿 $\boldsymbol{P}^{(k)}$ 方向前进一步相当于在射线 $\boldsymbol{x} = \boldsymbol{x}^{(k)} + \lambda \boldsymbol{P}^{(k)}$ 上选定一个新的点 $\boldsymbol{x}^{(k+1)} = \boldsymbol{x}^{(k)} + \lambda_k \boldsymbol{P}^{(k)}$,其中 $\boldsymbol{P}^{(k)}$ 为搜索方向,$\lambda_k$ 为步长.

确定搜索方向 $\boldsymbol{P}^{(k)}$ 是关键的一步,各种算法的区别主要在于确定搜索方向 $\boldsymbol{P}^{(k)}$ 的方法不同.

步长 $\lambda_k$ 的选定一般都是以使目标函数在搜索方向上下降最多为依据的,称为最佳步长;即沿射线 $\boldsymbol{x} = \boldsymbol{x}^{(k)} + \lambda \boldsymbol{P}^{(k)}$ 求目标函数 $f(\boldsymbol{x})$ 的极小值

$$\lambda_k : \min f(\boldsymbol{x}^{(k)} + \lambda \boldsymbol{P}^{(k)})$$

由于确定步长是通过求以 $\lambda$ 为变量的一元函数 $f(\boldsymbol{x}^{(k)}+\lambda\boldsymbol{P}^{(k)})$ 的极小点 $\lambda_k$ 来实现的,故称这一过程为一维搜索.

一维搜索有一个非常重要的性质,即在搜索方向上所得最优点的梯度和搜索方向正交;这一性质可表达成

$$f(\boldsymbol{x}^{(k+1)})=\min_{\lambda} f(\boldsymbol{x}^{(k)}+\lambda\boldsymbol{P}^{(k)})$$

$$\boldsymbol{x}^{(k+1)}=\boldsymbol{x}^{(k)}+\lambda_k\boldsymbol{P}^{(k)}$$

则有

$$\nabla f(\boldsymbol{x}^{(k+1)})^{\mathrm{T}} \cdot \boldsymbol{P}^{(k)}=0$$

其几何意义如图 7-5 所示.

因为真正的极值点 $\boldsymbol{x}^*$ 在求解之前并不知道,所以只能根据相继两次迭代的结果来建立终止准则. 通常采用的准则($\varepsilon_1,\varepsilon_2,\varepsilon_3$, $\varepsilon_4,\varepsilon_5$ 是事先给定的充分小的正数)有

(1) 相继两次迭代的绝对误差:

$|\boldsymbol{x}^{(k+1)}-\boldsymbol{x}^{(k)}|<\varepsilon_1$,$|f(\boldsymbol{x}^{(k+1)})-f(\boldsymbol{x}^{(k)})|<\varepsilon_2$

(2) 相继两次迭代的相对误差:

$$\frac{|\boldsymbol{x}^{(k+1)}-\boldsymbol{x}^{(k)}|}{|\boldsymbol{x}^{(k)}|}<\varepsilon_3,\frac{|f(\boldsymbol{x}^{(k+1)})-f(\boldsymbol{x}^{(k)})|}{|f(\boldsymbol{x}^{(k)})|}<\varepsilon_4$$

(3) 目标函数梯度的模充分小:

$$\|\nabla f(\boldsymbol{x}^{(k)})\|<\varepsilon_5$$

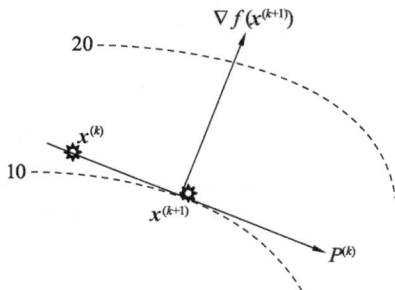

图 7-5

## §4 一维搜索方法

一维搜索法又称线性搜索法,即沿某一已知方向求目标函数的极小点. 因此,它仅适用目标函数为单变量的非线性规划问题.

设数学模型为

$$\min_{t\geqslant 0} \varphi(t) \qquad (7\text{-}14)$$
$$(t_{\max}\geqslant t\geqslant 0)$$

其中 $t\in\mathbf{R}$,对 $t\geqslant 0$ 的非线性规划(7-14)问题称为一维搜索问题,对 $t$ 的取值为 $t_{\max}\geqslant t\geqslant 0$ 时的非线性规划(7-14)问题称为有效一维搜索问题.

一维搜索的方法很多,本书只介绍两种精确的一维搜索法:不用导数的黄金分割法和使用导数的牛顿(Newton)法.

### 一、0.618 法(黄金分割法)

0.618 法(黄金分割法)是一种寻求单谷函数极小点的一种方法,由美国数学

家基弗(J. C. Kiefer)于 1953 年提出,我国著名数学家华罗庚于 20 世纪六七十年代对其简化、补充,并在我国进行推广,目前广泛应用于各个领域.

1. 基本原理

单谷函数:$\varphi(t)$ 是定义在 $[a,b]$ 上的一元函数,如果存在一个 $t^* \in [a,b]$,使得 $\varphi(t)$ 在 $[a,t^*]$ 上严格递减,在 $[t^*,b]$ 上严格递增,则称 $\varphi(t)$ 为 $[a,b]$ 上的单谷函数,区间 $[a,b]$ 称为函数 $\varphi(t)$ 的单谷区间.

黄金分割法是等速对称的搜索方法,每次试点均取在区间长度的 0.618 和 0.382 处,见图 7-6.

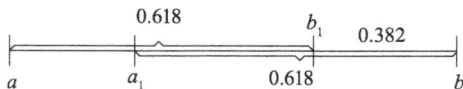

**图 7-6**

2. 算法步骤

(1) 确定单谷区间 $[a,b]$,给定最后区间精度 $\varepsilon > 0$.

(2) 计算探索点 $t_1 = a + 0.382(b-a)$,$t_2 = a + 0.618(b-a)$,并计算 $\varphi_1 = \varphi(t_1)$,$\varphi_2 = \varphi(t_2)$.

(3) 若 $\varphi_1 \leqslant \varphi_2$,转(4);否则,转(5).

(4) 若 $t_2 - a \leqslant \varepsilon$,停止迭代,输出 $t_1$;否则,令 $b = t_2$,$t_2 = t_1$,$t_1 = b - 0.618(b-a)$,$\varphi_2 = \varphi_1$,$\varphi_1 = \varphi(t_1)$,转(3).

(5) 若 $b - t_1 \leqslant \varepsilon$,停止迭代,输出 $t_2$;否则,令 $a = t_1$,$t_1 = t_2$,$t_2 = a + 0.618(b-a)$,$\varphi_1 = \varphi_2$,$\varphi_2 = \varphi(t_2)$,转(3).

**例 7-6**　求函数 $f(x) = 3x^2 - 21x - 1$ 在区间 $[0,20]$ 上的极小点,要求缩短后的区间长度不大于原区间长度的 5%.

**解**　由题意知,$a = 0$,$b = 20$,$\delta = 5\%$,则

$$a_1 = a + 0.382(b-a) = 0 + 0.382(20-0) = 7.64$$
$$b_1 = a + 0.618(b-a) = 0 + 0.618(20-0) = 12.36$$
$$f(7.64) = 9.08, \ f(12.36) = 190.33$$
$$f(4.72) = -36.07, \ f(2.92) = -38.49$$
$$f(1.80) = -30.16, \ f(3.60) = -39.88$$
$$f(4.03) = -39.33, \ f(3.34) = -39.60$$

黄金分割的搜索过程用图 7-7 加以展示.

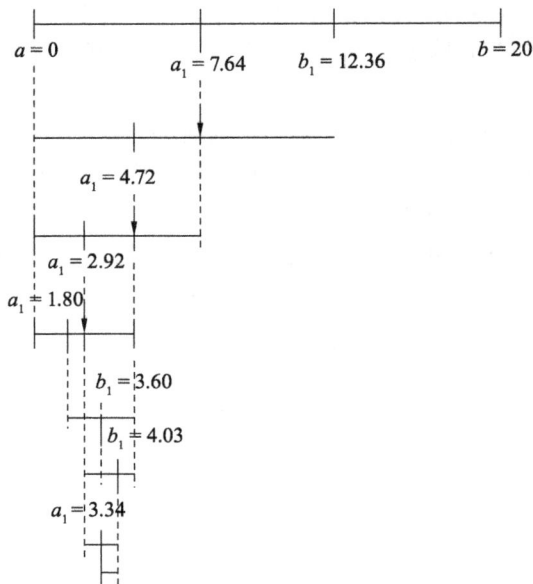

图 7-7

由于 $4.03-3.34=0.69<20\times5\%=1$，因此，符合精度要求的近似极小点为 $\frac{3.34+4.03}{2}\approx3.685$，近似极小值为 $-37.647\ 325$.

## 二、牛顿法

考虑式(7-14)的一维搜索问题

$$\min \varphi(t)$$

其中 $\varphi(t)$ 是二次可微的，且 $\varphi''(t)\neq0$.

### 1. 基本思想

用 $\varphi(t)$ 在探索点 $t_k$ 处的二阶泰勒展开式 $g(t)$ 来近似代替 $\varphi(t)$，其中

$$g(t)=\varphi(t_k)+\varphi'(t_k)(t-t_k)+\frac{\varphi''(t_k)}{2}(t-t_k)^2 \tag{7-15}$$

求 $g(t)$ 的最小值点来作为新的探索点 $t_{k+1}$，即令

$$g'(t)=\varphi'(t_k)+\varphi''(t_k)(t-t_k)=0 \tag{7-16}$$

则

$$t_{k+1}=t_k-\frac{\varphi'(t_k)}{\varphi''(t_k)}. \tag{7-17}$$

### 2. 算法步骤

(1) 给定初始点 $t_1$ 和精度 $\varepsilon$.

(2) 如果 $|\varphi'(t_k)|<\varepsilon$，停止迭代，输出 $t_k$. 否则，当 $\varphi''(t_k)=0$ 时，解题失败；当

$\varphi''(t_k) \neq 0$ 时,转(3).

(3) 计算 $t_{k+1} = t_k - \dfrac{\varphi'(t_k)}{\varphi''(t_k)}$,如果 $|t_{k+1}-t_k| < \varepsilon$,停止迭代,输出 $t_{k+1}$,否则 $k = k+1$,转(2).

**例 7-7**　求解 $\min \varphi(t) = \displaystyle\int_0^t \arctan x \, dx$.

**解**　取 $t_1 = 1$,计算得 $\varphi'(t) = \arctan t$,$\varphi''(t) = \dfrac{1}{1+t^2}$.

迭代过程见表 7-1.

表 7-1

| $k$ | $t_k$ | $\varphi'(t_k)$ | $1/\varphi''(t_k)$ |
|---|---|---|---|
| 1 | 1 | 0.785 4 | 2 |
| 2 | −0.570 8 | −0.517 8 | 1.325 8 |
| 3 | 0.116 9 | 0.116 3 | 1.013 7 |
| 4 | −0.001 061 | | |

由微积分可知该问题的最优解为 $t^* = 0$,显然,用牛顿法经过 3 次迭代得到的 $t_k$ 已经非常接近最优解了.

# §5　无约束极值问题

$n$ 元函数的无约束非线性规划问题:
$$\min f(\boldsymbol{x})$$
其中 $\boldsymbol{x} = (x_1, \cdots, x_n)^{\mathrm{T}} \in \mathbf{R}^n$,$f(\boldsymbol{x})$ 是定义在 $\mathbf{R}^n$ 上的实值函数.

求解无约束非线性规划问题的方法,称为无约束最优化方法.

求无约束最优化方法大体分为两大类:一类要用到函数的一阶导数和(或)二阶导数,由于该方法涉及函数的解析性质,故称为解析法;另一类在迭代过程中只用到函数的数值,而不要求函数的解析性质,故称为直接法.

## 一、梯度法(最速下降法)

梯度法又称为最速下降法,是在 1847 年由著名数学家柯西(Cauchy)给出的,是解析法中最古老的一种,也是最优化方法的基础.

1. 基本原理

假设无约束极值问题的目标函数 $f(\boldsymbol{x})$ 有一阶连续偏导数,且具有极小点 $\boldsymbol{x}^*$.以 $\boldsymbol{x}^{(k)}$ 表示极小点的第 $k$ 次近似,为了求其第 $k+1$ 次近似点 $\boldsymbol{x}^{(k+1)}$,在 $\boldsymbol{x}^{(k)}$ 点沿方

向 $\boldsymbol{P}^{(k)}$ 作射线 $\boldsymbol{x}=\boldsymbol{x}^{(k)}+\lambda\boldsymbol{P}^{(k)}$，在此步长 $\lambda\geqslant0$. 现将 $f(\boldsymbol{x})$ 在 $\boldsymbol{x}^{(k)}$ 处进行泰勒展开，有

$$f(\boldsymbol{x})=f(\boldsymbol{x}^{(k)}+\lambda\boldsymbol{P}^{(k)})=f(\boldsymbol{x}^{(k)})+\lambda\nabla f(\boldsymbol{x}^{(k)})^{\mathrm{T}}\boldsymbol{P}^{(k)}+o(\lambda)$$

其中，$o(\lambda)$ 是 $\lambda$ 的高阶无穷小. 对于充分小的 $\lambda$，只要

$$\nabla f(\boldsymbol{x}^{(k)})^{\mathrm{T}}\boldsymbol{P}^{(k)}<0 \tag{7-18}$$

即可保证 $f(\boldsymbol{x})=f(\boldsymbol{x}^{(k)}+\lambda\boldsymbol{P}^{(k)})<f(\boldsymbol{x}^{(k)})$. 此时，若取

$$\boldsymbol{x}^{(k+1)}=\boldsymbol{x}^{(k)}+\lambda\boldsymbol{P}^{(k)} \tag{7-19}$$

就一定能使目标函数得到改善.

现在考察不同的方向 $\boldsymbol{P}^{(k)}$，假设 $\boldsymbol{P}^{(k)}$ 的模一定不为零，并设 $\nabla f(\boldsymbol{x}^{(k)})\neq0$（否则 $\boldsymbol{x}^{(k)}$ 是平稳点）；那么，使式(7-18)成立的 $\boldsymbol{P}^{(k)}$ 有无穷多个，为了使目标函数能得到尽量大的改善，必须寻求能使 $\nabla f(\boldsymbol{x}^{(k)})^{\mathrm{T}}\boldsymbol{P}^{(k)}$ 取最小值的 $\boldsymbol{P}^{(k)}$.

由于 $\nabla f(\boldsymbol{x}^{(k)})^{\mathrm{T}}\boldsymbol{P}^{(k)}=\|\nabla f(\boldsymbol{x}^{(k)})\|\cdot\|\boldsymbol{P}^{(k)}\|\cos\theta$，当 $\boldsymbol{P}^{(k)}$ 与 $\nabla f(\boldsymbol{x}^{(k)})$ 反向（即 $\cos\pi=-1$）时，$\nabla f(\boldsymbol{x}^{(k)})^{\mathrm{T}}\boldsymbol{P}^{(k)}$ 取最小值. $\boldsymbol{P}^{(k)}=-\nabla f(\boldsymbol{x}^{(k)})$ 被称为负梯度方向，在 $\boldsymbol{x}^{(k)}$ 的某一小的邻域内，负梯度方向是使函数值下降最快的方向.

为了得到下一个近似点，在选定搜索方向之后，还要确定步长 $\lambda$. $\lambda$ 的计算可以采用试算法，即首先选取一个 $\lambda$ 值进行试算，看它是否满足不等式 $f(\boldsymbol{x}^{(k+1)})=f(\boldsymbol{x}^{(k)}+\lambda\boldsymbol{P}^{(k)})<f(\boldsymbol{x}^{(k)})$；如果满足就迭代下去，否则缩小 $\lambda$ 使不等式成立. 由于采用负梯度方向，满足该不等式的 $\lambda$ 总是存在的.

另一种方法是通过在 $\boldsymbol{x}^{(k)}$ 负梯度方向上的一维搜索，来确定使得 $f(\boldsymbol{x}^{(k+1)})=f(\boldsymbol{x}^{(k)}+\lambda\boldsymbol{P}^{(k)})$ 最小的 $\lambda_k$. 这种梯度法就是所谓的最速下降法.

**2. 基本步骤**

(1) 选取一个初始近似点 $\boldsymbol{x}^{(0)}$，给定终止误差 $\varepsilon>0$，令 $k=0$.

(2) 计算 $\nabla f(\boldsymbol{x}^{(k)})$，若 $\|\nabla f(\boldsymbol{x}^{(k)})\|^2\leqslant\varepsilon$，停止迭代，输出 $\boldsymbol{x}^{(k)}$，否则转(3).

(3) 取 $\boldsymbol{P}^{(k)}=-\nabla f(\boldsymbol{x}^{(k)})$.

(4) 进行一维搜索，求步长 $\lambda_k$，使得 $f(\boldsymbol{x}^{(k)}+\lambda_k\boldsymbol{P}^{(k)})=\min f(\boldsymbol{x}^{(k)}+\lambda\boldsymbol{P}^{(k)})$，并计算 $\boldsymbol{x}^{(k+1)}=\boldsymbol{x}^{(k)}-\lambda_k\nabla f(\boldsymbol{x}^{(k)})$，转(2).

**例 7-8** 试用梯度法求 $f(\boldsymbol{x})=x_1^2+25x_2^2$ 的极小点，$\varepsilon=0.1$.

**解** 取初始近似点 $\boldsymbol{x}^{(0)}=(2,2)^{\mathrm{T}}$，$\nabla f(\boldsymbol{x}^{(0)})=(4,100)^{\mathrm{T}}$，则

$$\|\nabla f(\boldsymbol{x}^{(0)})\|^2=(\sqrt{4^2+100^2})^2=10\ 016>\varepsilon$$

$$\boldsymbol{H}(\boldsymbol{x})=\begin{pmatrix}2&0\\0&50\end{pmatrix}$$

$$\boldsymbol{x}^{(1)}=\boldsymbol{x}^{(0)}-\lambda_0\nabla f(\boldsymbol{x}^{(0)})=\begin{pmatrix}2\\2\end{pmatrix}-\lambda\begin{pmatrix}4\\100\end{pmatrix}=\begin{pmatrix}2-4\lambda\\2-100\lambda\end{pmatrix}$$

$$f(\boldsymbol{x}^{(1)})=\min\{(2-4\lambda)^2+25(2-100\lambda)^2\}=\min\varphi(\lambda)$$

$$\lambda_0=\frac{626}{31\ 252}$$

$$\pmb{x}^{(1)} = (1.919\ 877, -0.307\ 178 \times 10^{-2})^{\mathrm{T}}$$

继续进行下去,经过 10 次迭代后,得到最优解 $\pmb{x}^* = (0,0)^{\mathrm{T}}$.

**例 7-9**　试用梯度法求 $f(\pmb{x}) = 4x_1 + 6x_2 - 2x_1^2 - 2x_1 x_2 - 2x_2^2$ 的极大点.

**解**　设 $\pmb{x}^{(0)} = (1,1)$,因有 $\nabla f(\pmb{x}) = (4 - 4x_1 - 2x_2, 6 - 2x_1 - 4x_2)$,所以有 $\nabla f(\pmb{x}^{(0)}) = (-2, 0)$.下一个迭代点 $\pmb{x}^{(1)}$ 是这样得到的:

由　　　　　$\pmb{x}^{(1)} = \pmb{x}^{(0)} + \lambda \nabla f(\pmb{x}^{(0)}) = (1,1) + \lambda(-2,0) = (1-2\lambda, 1)$

有　　　　　　　　　$f(\pmb{x}^{(1)}) = -2(1-2\lambda)^2 + 2(1-2\lambda) + 4$

令函数 $f(\pmb{x}^{(1)})$ 对 $\lambda$ 的导数为 0,可求得最佳步长 $\lambda_1 = \dfrac{1}{4}$,于是有 $\pmb{x}^{(1)} = (1-2\lambda, 1)$ $= \left(\dfrac{1}{2}, 1\right)$,同理可进行后续的各步迭代.

第二次迭代:$\nabla f(\pmb{x}^{(1)}) = (0,1)$,$\lambda_2 = \dfrac{1}{4}$,$\pmb{x}^{(2)} = \left(\dfrac{1}{2}, \dfrac{5}{4}\right)$;

第三次迭代:$\nabla f(\pmb{x}^{(2)}) = \left(-\dfrac{1}{2}, 0\right)$,$\lambda_3 = \dfrac{1}{4}$,$\pmb{x}^{(3)} = \left(\dfrac{3}{8}, \dfrac{5}{4}\right)$;

第四次迭代:$\nabla f(\pmb{x}^{(3)}) = \left(0, \dfrac{1}{4}\right)$,$\lambda_4 = \dfrac{1}{4}$,$\pmb{x}^{(4)} = \left(\dfrac{3}{8}, \dfrac{21}{16}\right)$;

第五次迭代:$\nabla f(\pmb{x}^{(4)}) = \left(-\dfrac{1}{8}, 0\right)$,$\lambda_5 = \dfrac{1}{4}$,$\pmb{x}^{(5)} = \left(\dfrac{11}{32}, \dfrac{21}{16}\right)$;

第六次迭代:因为 $\nabla f(\pmb{x}^{(5)}) = \left(0, \dfrac{1}{16}\right)$,所以

$$\parallel \nabla f(\pmb{x}^{(5)}) \parallel^2 = \left[\sqrt{0^2 + \left(\dfrac{1}{16}\right)^2}\,\right]^2 = \dfrac{1}{256} \approx 0.0039$$

由于 $\parallel \nabla f(\pmb{x}^{(5)}) \parallel^2$ 已经很小,所以过程可以在这一步结束.近似的极大点是 $\pmb{x}^{(5)} = \left(\dfrac{11}{32}, \dfrac{21}{16}\right)$.

由于负梯度方向的最速下降性和正梯度方向的最速上升性,人们很容易认为梯度方向是最理想的搜索方向.必须指出点 $\pmb{x}$ 处的梯度方向,仅在点 $\pmb{x}$ 的一个小邻域内才具有最速的性质,而对于整个优化过程来说,那就是另外一回事了.由上述两例可以看出,当二次

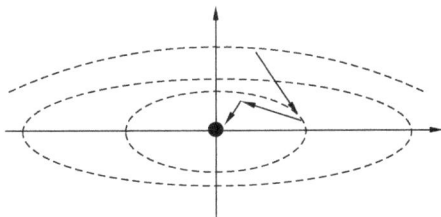

**图 7-8**

函数的等值线为同心椭圆时,采用梯度法其搜索路径呈直角锯齿状,如图 7-8 所示;最初几步函数值变化显著,但是越接近最优点,收敛的速度越不够理想.

## 二、牛顿法

牛顿法是解非线性联立方程的一种迭代程序，是前述梯度法的一部分，也是一维搜索问题在多元函数中的拓展.

### 1. 基本原理

若非线性目标函数 $f(\boldsymbol{x})$ 具有二阶连续偏导，在 $\boldsymbol{x}^{(k)}$ 为其极小点的某一近似，在这一点取 $f(\boldsymbol{x})$ 的二阶泰勒展开，即

$$f(\boldsymbol{x}) \approx f(\boldsymbol{x}^{(k)}) + \nabla f(\boldsymbol{x}^{(k)})^{\mathrm{T}} \Delta \boldsymbol{x} + \frac{1}{2} \Delta \boldsymbol{x}^{\mathrm{T}} \boldsymbol{H}(\boldsymbol{x}^{(k)}) \Delta \boldsymbol{x} \tag{7-20}$$

则其梯度为

$$\nabla f(\boldsymbol{x}) \approx \nabla f(\boldsymbol{x}^{(k)}) + \boldsymbol{H}(\boldsymbol{x}^{(k)}) \Delta \boldsymbol{x} \tag{7-21}$$

这一近似函数的极小点应满足

$$\nabla f(\boldsymbol{x}^{(k)}) + \boldsymbol{H}(\boldsymbol{x}^{(k)}) \Delta \boldsymbol{x} = \boldsymbol{0} \tag{7-22}$$

从而

$$\Delta \boldsymbol{x} = \boldsymbol{x} - \boldsymbol{x}^{(k)} = -\boldsymbol{H}(\boldsymbol{x}^{(k)})^{-1} \nabla f(\boldsymbol{x}^{(k)}) \tag{7-23}$$

即

$$\boldsymbol{x} = \boldsymbol{x}^{(k)} - \boldsymbol{H}(\boldsymbol{x}^{(k)})^{-1} \nabla f(\boldsymbol{x}^{(k)}) \tag{7-24}$$

若 $f(\boldsymbol{x})$ 是二次函数，则其海赛矩阵为常数，式(7-21)是精确的. 在这种情况下，从任意一点出发，用式(7-24)只要一步即可求出 $f(\boldsymbol{x})$ 的极小点(假设海赛矩阵正定).

如果 $f(\boldsymbol{x})$ 不是二次函数，式(7-21)仅是一个近似表达式. 此时，按式(7-24)求得的极小点，只是 $f(\boldsymbol{x})$ 的近似极小点. 在这种情况下，常按下式选取搜索方向：

$$\boldsymbol{P}^{(k)} = -\boldsymbol{H}(\boldsymbol{x}^{(k)})^{-1} \nabla f(\boldsymbol{x}^{(k)}) \tag{7-25}$$

$$\boldsymbol{x}^{(k+1)} = \boldsymbol{x}^{(k)} + \lambda_k \boldsymbol{P}^{(k)} \tag{7-26}$$

$$\lambda_k = \min f(\boldsymbol{x}^{(k)} + \lambda \boldsymbol{P}^{(k)}) \tag{7-27}$$

按照这种方式求函数 $f(\boldsymbol{x})$ 极小点的方法称为牛顿法，式(7-25)所示的搜索方向称为牛顿方向. 为了方便计算，通常取 $\lambda_k = 1$.

### 2. 算法步骤

(1) 给定初始点 $\boldsymbol{x}^{(0)}$ 和精度 $\varepsilon$，令 $k = 0$.

(2) 如果 $\| \nabla f(\boldsymbol{x}^{(k)}) \| \leqslant \varepsilon$，则取 $\boldsymbol{x}^* \approx \boldsymbol{x}^{(k)}$，否则，转(3).

(3) 计算 $\boldsymbol{P}^{(k)} = -\nabla^2 f(\boldsymbol{x}^{(k)})^{-1} \nabla f(\boldsymbol{x}^{(k)})$.

(4) 令 $\boldsymbol{x}^{(k+1)} = \boldsymbol{x}^{(k)} + \boldsymbol{P}^{(k)}$，$k = k+1$，转(2).

**例 7-10** 试用牛顿法求 $f(\boldsymbol{x}) = 2(x_1 + x_2)^2 + 2(x_1^2 + x_2^2)$ 的极小值.

**解** $\nabla f(\boldsymbol{x}) = (4(x_1 + x_2) + 4x_1, 4(x_1 + x_2) + 4x_2)^{\mathrm{T}}$

$$\boldsymbol{H}(\boldsymbol{x}) = \begin{pmatrix} 8 & 4 \\ 4 & 8 \end{pmatrix} (\text{正定})$$

取 $\boldsymbol{x}^{(0)} = (5, 2)^{\mathrm{T}}$，则

$$\nabla f(\boldsymbol{x}^{(0)}) = \begin{pmatrix} 48 \\ 36 \end{pmatrix}, \boldsymbol{H}(\boldsymbol{x}^{(0)}) = \begin{pmatrix} 8 & 4 \\ 4 & 8 \end{pmatrix}, \boldsymbol{H}(\boldsymbol{x}^{(0)})^{-1} = \begin{pmatrix} \dfrac{1}{6} & -\dfrac{1}{12} \\ -\dfrac{1}{12} & \dfrac{1}{6} \end{pmatrix}$$

$$\boldsymbol{x}^{(1)} = \boldsymbol{x}^{(0)} - \boldsymbol{H}(\boldsymbol{x}^{(0)})^{-1} \nabla f(\boldsymbol{x}^{(0)}) = \begin{pmatrix} 5 \\ 2 \end{pmatrix} - \begin{pmatrix} \dfrac{1}{6} & -\dfrac{1}{12} \\ -\dfrac{1}{12} & \dfrac{1}{6} \end{pmatrix} \begin{pmatrix} 48 \\ 36 \end{pmatrix} = \begin{pmatrix} 0 \\ 0 \end{pmatrix}$$

因 $f(\boldsymbol{x}^{(1)}) = (0,0)^{\mathrm{T}}$，故 $\boldsymbol{x}^{(1)} = (0,0)^{\mathrm{T}}$ 为 $f(\boldsymbol{x})$ 的极小点，极小值是 $0$.

**例 7-11**　试用牛顿法求 $f(\boldsymbol{x}) = \dfrac{3}{2}x_1^2 + \dfrac{1}{2}x_2^2 - x_1 x_2 - 2x_1$ 的极小值.

**解**
$$\nabla f(\boldsymbol{x}) = (3x_1 - x_2 - 2, x_2 - x_1)^{\mathrm{T}}$$

$$\boldsymbol{H}(\boldsymbol{x}) = \begin{pmatrix} 3 & -1 \\ -1 & 1 \end{pmatrix} (\text{正定})$$

取 $\boldsymbol{x}^{(0)} = (0,0)^{\mathrm{T}}$，则

$$\nabla f(\boldsymbol{x}^{(0)}) = \begin{pmatrix} -2 \\ 0 \end{pmatrix}, \boldsymbol{H}(\boldsymbol{x}^{(0)}) = \begin{pmatrix} 3 & -1 \\ -1 & 1 \end{pmatrix}, \boldsymbol{H}(\boldsymbol{x}^{(0)})^{-1} = \begin{pmatrix} \dfrac{1}{2} & \dfrac{1}{2} \\ \dfrac{1}{2} & \dfrac{3}{2} \end{pmatrix}$$

$$\boldsymbol{x}^{(1)} = \boldsymbol{x}^{(0)} - \boldsymbol{H}(\boldsymbol{x}^{(0)})^{-1} \nabla f(\boldsymbol{x}^{(0)}) = \begin{pmatrix} 0 \\ 0 \end{pmatrix} - \begin{pmatrix} \dfrac{1}{2} & \dfrac{1}{2} \\ \dfrac{1}{2} & \dfrac{3}{2} \end{pmatrix} \begin{pmatrix} -2 \\ 0 \end{pmatrix} = \begin{pmatrix} 1 \\ 1 \end{pmatrix}$$

因 $f(\boldsymbol{x}^{(1)}) = (0,0)^{\mathrm{T}}$，故 $\boldsymbol{x}^{(1)} = (1,1)^{\mathrm{T}}$ 为 $f(\boldsymbol{x})$ 的极小点，极小值是 $-1$.

牛顿法是一种二次收敛的算法，当 $f(\boldsymbol{x})$ 的二阶导数及其海赛矩阵的逆矩阵便于计算时，这一方法非常有效.

### 三、共轭梯度法

#### 1. 基本原理

共轭方向法，也称为 FR 法，是一类方法的总称，它原是为求解目标函数为二次函数的问题而设计的. 这类方法的特点是：搜索方向是与二次函数的系数矩阵有关的所谓共轭方向. 用这类方法求解 $n$ 元二次函数的极小问题，最多进行 $n$ 次一维搜索便可求得极小点. 因为可微的非二次函数在极小点附近的性态近似于二次函数，因此，这类方法也能用于求可微的非二次函数的无约束问题：

考虑二次严格凸函数的无约束最优化问题：

$$\min f(\boldsymbol{x}) = \frac{1}{2}\boldsymbol{x}^{\mathrm{T}}\boldsymbol{A}\boldsymbol{x} + \boldsymbol{b}^{\mathrm{T}}\boldsymbol{x} + c \qquad (7\text{-}28)$$

其中，$\boldsymbol{A}$ 是 $n$ 阶实对称正定矩阵，$\boldsymbol{b} \in \mathbf{R}^n$，$c \in \mathbf{R}$.

共轭方向：若有 $\boldsymbol{d}^{1^{\mathrm{T}}}\boldsymbol{A}\boldsymbol{d}^2=0$ 则称 $\boldsymbol{d}^1$ 与 $\boldsymbol{d}^2$ 关于 $\boldsymbol{A}$ 共轭.

**定理 7-9** 设 $\boldsymbol{A}$ 为 $n\times n$ 对称正定阵，$\boldsymbol{d}^1,\boldsymbol{d}^2,\cdots,\boldsymbol{d}^k$ 为关于 $\boldsymbol{A}$ 共轭的非零向量，则这一组向量线性独立.

证明略.

通常，我们把从任意点出发，沿着某组共轭方向进行一维搜索求解无约束优化问题的方法称为共轭方向法.

如果利用迭代点处的负梯度向量为基础产生一组共轭方向，这样的方法称为共轭梯度法. 因此共轭梯度法的算法实际上就是形成一组共轭方向，并在该方向上搜索的过程.

任意取定初始点 $\boldsymbol{x}^0\in\mathbf{R}^n$，若 $\nabla f(\boldsymbol{x}^0)\neq\boldsymbol{0}$，第一个搜索方向取

$$\boldsymbol{p}^0=-\nabla f(\boldsymbol{x}^0) \tag{7-29}$$

从 $\boldsymbol{x}^0$ 点沿方向 $\boldsymbol{p}^0$ 进行精确一维搜索求得 $t_0$，则

$$\boldsymbol{x}^1=\boldsymbol{x}^0+t_0\boldsymbol{p}^0$$

若 $\nabla f(\boldsymbol{x}^1)=0$，则已获得最优解 $\boldsymbol{x}^*=\boldsymbol{x}^1$；否则，第二个搜索方向采用如下形式：

$$\boldsymbol{p}^1=-\nabla f(\boldsymbol{x}^1)+\lambda_0\boldsymbol{p}^0 \tag{7-30}$$

其中 $\lambda_0$ 的选择要使方向 $\boldsymbol{p}^1$ 与 $\boldsymbol{p}^0$ 是关于 $\boldsymbol{A}$ 共轭的. 利用 $(\boldsymbol{p}^1)^{\mathrm{T}}\boldsymbol{A}\boldsymbol{p}^0=0$，由式 (7-30)可得

$$\lambda_0=\frac{(\boldsymbol{p}^0)^{\mathrm{T}}\boldsymbol{A}\nabla f(\boldsymbol{x}^1)}{(\boldsymbol{p}^0)^{\mathrm{T}}\boldsymbol{A}\boldsymbol{p}^0} \tag{7-31}$$

若已获得 $\boldsymbol{A}$ 的共轭方向 $\boldsymbol{p}^0,\boldsymbol{p}^1,\cdots,\boldsymbol{p}^k$ 和依次沿它们进行一维搜索所得到的迭代点 $\boldsymbol{x}^1,\cdots,\boldsymbol{x}^{k+1}$. 若 $\nabla f(\boldsymbol{x}^{k+1})=0$，则问题(7-28)的最优解 $\boldsymbol{x}^*=\boldsymbol{x}^{k+1}$；否则，下一个搜索方向为

$$\boldsymbol{p}^{k+1}=-\nabla f(\boldsymbol{x}^{k+1})+\sum_{i=0}^{k}a_i\boldsymbol{p}^i$$

为使 $\boldsymbol{p}^{k+1}$ 与 $\boldsymbol{p}^0,\boldsymbol{p}^1,\cdots,\boldsymbol{p}^{k-1}$ 是关于 $\boldsymbol{A}$ 共轭的，可以证明必有 $a_0=a_1=\cdots=a_{k-1}=0$，从而有

$$\boldsymbol{p}^{k+1}=-\nabla f(\boldsymbol{x}^{k+1})+\lambda_k\boldsymbol{p}^k \tag{7-32}$$

为使 $\boldsymbol{p}^{k+1}$ 与 $\boldsymbol{p}^k$ 是关于 $\boldsymbol{A}$ 共轭的，由 $(\boldsymbol{p}^{k+1})^{\mathrm{T}}\boldsymbol{A}\boldsymbol{p}^k=0$，可求得

$$\lambda_k=\frac{(\boldsymbol{p}^k)^{\mathrm{T}}\boldsymbol{A}\nabla f(\boldsymbol{x}^{k+1})}{(\boldsymbol{p}^k)^{\mathrm{T}}\boldsymbol{A}\boldsymbol{p}^k},\ k=0,1,\cdots,n-2 \tag{7-33}$$

利用二次凸函数的结构及精确一维搜索的性质，可以证明式(7-31)，式(7-33)可以简化为便于记忆的公式：

当 $k=0$ 时，

$$\lambda_0=\frac{\|\nabla f(\boldsymbol{x}^1)\|^2}{\|\nabla f(\boldsymbol{x}^0)\|^2} \tag{7-34}$$

当 $1\leqslant k\leqslant n-2$ 时,

$$\lambda_k=\frac{\parallel\bigtriangledown f(\boldsymbol{x}^{k+1})\parallel^2}{\parallel\bigtriangledown f(\boldsymbol{x}^k)\parallel^2} \tag{7-35}$$

**2. 算法步骤**

(1) 任取初始点 $\boldsymbol{x}^0$,给定终止误差 $\varepsilon>0$.

(2) 计算 $\bigtriangledown f(\boldsymbol{x}^0)$,若 $\parallel\bigtriangledown f(\boldsymbol{x}^0)\parallel\leqslant\varepsilon$,停止迭代,输出 $\boldsymbol{x}^0$;否则转(3).

(3) 取 $\boldsymbol{p}^0=-\bigtriangledown f(\boldsymbol{x}^0)$,令 $k=0$.

(4) 进行一维搜索,求 $t_k$,使得 $f(\boldsymbol{x}^k+t_k\boldsymbol{p}^k)=\min\limits_{t\geqslant0}f(\boldsymbol{x}^k+t\boldsymbol{p}^k)$;令 $\boldsymbol{x}^{k+1}=\boldsymbol{x}^k+t_k\boldsymbol{p}^k$.

(5) 计算 $\bigtriangledown f(\boldsymbol{x}^{k+1})$,若 $\parallel\bigtriangledown f(\boldsymbol{x}^{k+1})\parallel\leqslant\varepsilon$,停止迭代,输出 $\boldsymbol{x}^{k+1}$;否则转(6).

(6) 若 $k+1=n$,令 $\boldsymbol{x}^0=\boldsymbol{x}^n$,转(3);否则转(7).

(7) $\boldsymbol{p}^{k+1}=-\bigtriangledown f(\boldsymbol{x}^{k+1})+\lambda_k\boldsymbol{p}^k$,其中 $\lambda_k=\frac{\parallel\bigtriangledown f(\boldsymbol{x}^{k+1})\parallel^2}{\parallel\bigtriangledown f(\boldsymbol{x}^k)\parallel^2}$,令 $k=k+1$,转(4).

**例 7-12**  用 FR 算法求解以下问题:

$$\min f(x_1,x_2)=x_1^2+25x_2^2,$$

取初始点 $\boldsymbol{x}^0=(2,2)^{\mathrm{T}}$,终止误差为 $10^{-6}$.

**解**
$$\boldsymbol{p}^0=-\bigtriangledown f(\boldsymbol{x}^0)=-(4,100)^{\mathrm{T}}$$
$$\boldsymbol{x}^1=(1.919\,88,-0.003\,07)^{\mathrm{T}}$$
$$\bigtriangledown f(\boldsymbol{x}^1)=(3.839\,75,-0.153\,59)^{\mathrm{T}}$$
$$\lambda_0=\frac{\parallel\bigtriangledown f(\boldsymbol{x}^1)\parallel^2}{\parallel\bigtriangledown f(\boldsymbol{x}^0)\parallel^2}=0.001\,472$$

$$\boldsymbol{p}^1=-\bigtriangledown f(\boldsymbol{x}^0)+\lambda_0\boldsymbol{p}^0=\begin{pmatrix}-3.839\,75\\0.153\,59\end{pmatrix}+0.001\,472\begin{pmatrix}-4\\-100\end{pmatrix}=\begin{pmatrix}-3.845\,65\\0.006\,15\end{pmatrix}$$

由此有

$$\boldsymbol{x}^1+t\boldsymbol{p}^1=\begin{pmatrix}1.919\,88-3.845\,65t\\-0.003\,07+0.006\,15t\end{pmatrix}$$

且有
$$\frac{\mathrm{d}}{\mathrm{d}t}f(\boldsymbol{x}^1+t\boldsymbol{p}^1)=29.579\,97t-14.767\,30$$

令上式等于 0,可求得 $t_1=0.499\,23$,因而,下一个迭代点为

$$\boldsymbol{x}^2=\boldsymbol{x}^1+t_1\boldsymbol{p}^1=\begin{pmatrix}1.919\,88\\-0.003\,07\end{pmatrix}+0.499\,23\begin{pmatrix}-3.845\,65\\0.006\,15\end{pmatrix}=\begin{pmatrix}0\\0\end{pmatrix}$$

由于 $\parallel\bigtriangledown f(\boldsymbol{x}^2)\parallel=0<\varepsilon$,停止迭代,输出问题的整体最优解.

对于二次函数的情形,从理论上说,进行 $n$ 次迭代即可达到极小值.但是,在实际计算中,由于数据的舍入及计算误差的积累,往往做不到这一点.此外,由于 $n$ 维问题的共轭方向最多只有 $n$ 个,在 $n$ 步以后继续如上计算是没有实际意义的.因此,在实际应用时,如迭代到 $n$ 步还不收敛,就将 $\boldsymbol{x}^n$ 作为新的初始点,重新开始迭代.

## §6 约束极值问题

大多数的工程最优化问题,其变量的取值是受到一定限制的,这种限制是通过约束条件来实现的.带有约束条件的极值问题称为约束极值问题(也称为规划问题).

### 一、最优性条件

1. 约束优化的数学模型

现考虑一般形式的非线性规划数学模型:

$$\min f(\boldsymbol{x})$$
$$\text{s. t.} \begin{cases} g_i(\boldsymbol{x}) \leqslant 0 \ (i=1,2,\cdots,m) \\ h_j(\boldsymbol{x}) = 0 \ (j=1,2,\cdots,l) \end{cases} \tag{7-1}$$

假设 $f(\boldsymbol{x})$, $h_i(\boldsymbol{x})$ 和 $g_i(\boldsymbol{x})$ 均具有一阶连续偏导数, $\boldsymbol{x}^{(0)}$ 是非线性规划的一个可行解, $J=\{1,\cdots,m\}$ 为等式约束的下标集.

2. 约束优化的几个定义

考虑某一不等式约束 $g_i(\boldsymbol{x}) \geqslant 0$, $\boldsymbol{x}^{(0)}$ 满足该不等式有两种可能:① $g_i(\boldsymbol{x}^{(0)}) > 0$,此时 $\boldsymbol{x}^{(0)}$ 不在由该约束形成的可行域边界上,因此该约束对 $\boldsymbol{x}^{(0)}$ 的微小变动不起限制作用,从而称该约束为无效约束;② $g_i(\boldsymbol{x}^{(0)})=0$,此时 $\boldsymbol{x}^{(0)}$ 处在由该约束形成的可行域边界上,因此该约束对 $\boldsymbol{x}^{(0)}$ 的微小变动会起某种限制作用,从而称该约束为积极约束.显而易见,所有等式约束都是积极约束.令 $I=\{1,\cdots,p\}$,关于点 $\boldsymbol{x}^{(0)}$ 的所有积极约束的下标集记为 $I(\boldsymbol{x}^0)=\{i \mid g_i(\boldsymbol{x}^0)=0, i \in I\}$.

$\boldsymbol{x}^{(0)}$ 是非线性规划的一个可行解,对于此点的某一方向 $\boldsymbol{P}$,若存在实数 $\lambda_0 > 0$ 使任意 $\lambda \in [0,\lambda_0]$ 均有 $\boldsymbol{x}^{(0)}+\lambda\boldsymbol{P} \in X$,就称方向 $\boldsymbol{P}$ 是 $\boldsymbol{x}^{(0)}$ 点的一个可行方向,此处 $X$ 代表非线性规划的可行域.

若 $\boldsymbol{P}$ 是 $\boldsymbol{x}^{(0)}$ 点的任一可行方向,则对该点所有积极约束 $g_i(\boldsymbol{x}) \geqslant 0$ 均有:

$$\nabla g_i(\boldsymbol{x}^{(0)})^{\mathrm{T}}\boldsymbol{P} \geqslant 0, \ i \in I(\boldsymbol{x}^0) \tag{7-36}$$

如图 7-9 所示.

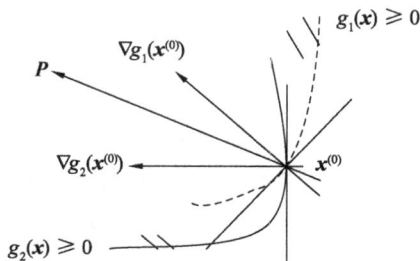

**图 7-9**

另一方面,由泰勒展开式

$$g_i(\boldsymbol{x}^{(0)}+\lambda\boldsymbol{P})=g_i(\boldsymbol{x}^{(0)})+\lambda\nabla g_i(\boldsymbol{x}^{(0)})^\mathrm{T}\boldsymbol{P}+o(\lambda)$$

可知,对所有积极约束,当 $\lambda>0$ 足够小时,只要

$$\nabla g_i(\boldsymbol{x}^{(0)})^\mathrm{T}\boldsymbol{P}>0, \quad i\in I(\boldsymbol{x}^0) \tag{7-37}$$

就有

$$g_i(\boldsymbol{x}^{(0)}+\lambda\boldsymbol{P})\geqslant 0, \quad i\in I(\boldsymbol{x}^0)$$

此外,对 $\boldsymbol{x}^{(0)}$ 点所有的无效约束来讲,由于约束函数的连续性,当 $\lambda>0$ 足够小时,上式依然成立. 从而,只要方向 $\boldsymbol{P}$ 满足式(7-37),即可保证 $\boldsymbol{P}$ 是 $\boldsymbol{x}^{(0)}$ 点的可行方向.

非线性规划的某一可行点 $\boldsymbol{x}^{(0)}$,对该点的任一方向来说,若存在实数 $\lambda_0>0$ 使任意 $\lambda\in[0,\lambda_0]$ 均有 $f(\boldsymbol{x}^{(0)}+\lambda\boldsymbol{P})<f(\boldsymbol{x}^{(0)})$,就称方向 $\boldsymbol{P}$ 是 $\boldsymbol{x}^{(0)}$ 点的一个下降方向.

将目标函数 $f(\boldsymbol{x})$ 在 $\boldsymbol{x}^{(0)}$ 处作一阶泰勒展开,若方向 $\boldsymbol{P}$ 满足

$$\nabla f(\boldsymbol{x}^{(0)})^\mathrm{T}\boldsymbol{P}<0 \tag{7-38}$$

则 $\boldsymbol{P}$ 必是点 $\boldsymbol{x}^{(0)}$ 的一个下降方向.

如果方向 $\boldsymbol{P}$ 既是点 $\boldsymbol{x}^{(0)}$ 的一个可行方向,又是一个下降方向,就称 $\boldsymbol{P}$ 是点 $\boldsymbol{x}^{(0)}$ 的一个可行下降方向. 显然,如果某点存在可行下降方向,那么该点就不会是极小点;反之,如果某点是极小点,则该点不存在可行下降方向.

**3. 库恩–塔克条件**

库恩–塔克条件(Kuhn-Tucker 条件,简称 K-T 条件,满足这一条件的点称为 K-T 点)是 1951 年 Kuhn 和 Tucker 提出的关于约束非线性规划问题的著名必要条件.

**定理 7-10**　设 $f:\mathbf{R}^n\rightarrow\mathbf{R}$ 和 $g:\mathbf{R}^n\rightarrow\mathbf{R}, i\in I(\boldsymbol{x}^*)$ 在点 $\boldsymbol{x}^*$ 处可微,$g_i, i\in I\backslash I(\boldsymbol{x}^*), h_j:\mathbf{R}^n\rightarrow\mathbf{R}, j\in J$,在点 $\boldsymbol{x}^*$ 处可微,并且各 $\nabla g_i(\boldsymbol{x}^*), i\in I(\boldsymbol{x}^*)$,$\nabla h_j(\boldsymbol{x}^*), j\in J$ 线性无关,若 $\boldsymbol{x}^*$ 是约束优化的局部最优解,则存在两组实数 $\lambda_i^*$,$i\in I(\boldsymbol{x}^*)$ 和 $\mu_j^*, j\in J$,使得

$$\begin{cases} \nabla f(\boldsymbol{x}^*)+\sum_{i\in I(\boldsymbol{x}^*)}\nabla g_i(\boldsymbol{x}^*)+\sum_{j\in J}\nabla h_j(\boldsymbol{x}^*)=\boldsymbol{0} \\ \lambda_i^*\geqslant 0, \quad i\in I(\boldsymbol{x}^*) \end{cases} \tag{7-39}$$

式(7-39)称为 K-T 条件,满足 K-T 条件的点称为约束优化问题的 K-T 点.

然而,由于最优解是未知的,因此积极约束集也是未知的,因此上述条件对于求解约束优化问题是不起作用的.

若在上述定理中进一步要求各个 $g_i(\boldsymbol{x}), i\in I$ 在点 $\boldsymbol{x}^*$ 处均可微,则 K–T 条件可以写成更为方便的形式:

$$\begin{cases} \nabla f(\boldsymbol{x}^*) + \sum_{i=1}^{p} \lambda_i^* \ \nabla g_i(\boldsymbol{x}^*) + \sum_{j=1}^{q} u_j^* \ \nabla h_j(\boldsymbol{x}^*) = \boldsymbol{0} \\ \lambda_i^* g_i(\boldsymbol{x}^*) = 0, \ i = 1,\cdots,p \\ \lambda_i^* \geqslant 0, \ i = 1,\cdots,p \end{cases} \qquad (7\text{-}40)$$

其中 $\lambda_i^* g_i(\boldsymbol{x}^*), i \in I$ 称为互补松紧条件.

K-T 条件是非线性规划领域中最重要的理论成果之一,是确定某点为极值点的必要条件;一般来讲它并不是充分条件,因此满足这一条件的点并非一定就是极值点.但是对于凸规划,K-T 条件是极值点存在的充分必要条件.

**例 7-13** 求解下述非线性规划问题:

$$\min f(\boldsymbol{x}) = 3x_1^2 + x_2^2 + 2x_1x_2 + 6x_1 + 2x_2$$
$$\text{s. t. } 2x_1 - x_2 = 4$$

**解**
$$\boldsymbol{H}(\boldsymbol{x}) = \begin{pmatrix} \dfrac{\partial^2 f}{\partial x_1^2} & \dfrac{\partial^2 f}{\partial x_1 \partial x_2} \\ \dfrac{\partial^2 f}{\partial x_2 \partial x_1} & \dfrac{\partial^2 f}{\partial x_2^2} \end{pmatrix} = \begin{pmatrix} 6 & 2 \\ 2 & 2 \end{pmatrix}$$

由于 $\boldsymbol{H}(\boldsymbol{x})$ 是正定矩阵,所以 $f(\boldsymbol{x})$ 是严格的凸函数,又由于约束条件 $2x_1 - x_2 = 4$ 是线性函数,所以此非线性规划是凸规划,即此时 K-T 条件是极值点存在的充分必要条件.

$$\nabla f(\boldsymbol{x}) = (6x_1 + 2x_2 + 6, 2x_2 + 2x_1 + 2)^{\mathrm{T}}$$
$$\nabla h(\boldsymbol{x}) = (2, -1)^{\mathrm{T}}$$

引入拉格朗日乘子 $\mu_1^*$,设 K-T 点为 $\boldsymbol{x}^* = (x_1^*, x_2^*)^{\mathrm{T}}$,则该问题的 K-T 条件为

$$\begin{pmatrix} 6x_1^* + 2x_2^* + 6 \\ 2x_2^* + 2x_1^* + 2 \end{pmatrix} - \mu_1^* \begin{pmatrix} 2 \\ -1 \end{pmatrix} = \begin{pmatrix} 0 \\ 0 \end{pmatrix}$$

即
$$6x_1^* + 2x_2^* + 6 - 2\mu_1^* = 0, \ 2x_1^* + 2x_2^* + 2 + \mu_1^* = 0$$

求解此二式与约束条件 $2x_1 - x_2 = 4$ 形成的联立方程组可得

$$x_1^* = \frac{7}{11}, \ x_2^* = -\frac{30}{11}, \ \mu_1^* = \frac{24}{11}$$

所以该问题有最优解 $\boldsymbol{x}^* = \left(\dfrac{7}{11}, -\dfrac{30}{11}\right)$,最优值 $f(\boldsymbol{x}^*) = 3.55$.

**例 7-14** 求解下述非线性规划问题:

$$\max f(\boldsymbol{x}) = (x-4)^2$$
$$\text{s. t. } \begin{cases} g_1(\boldsymbol{x}) = x - 1 \geqslant 0 \\ g_2(\boldsymbol{x}) = 6 - x \geqslant 0 \end{cases}$$

**解** 设 K-T 点为 $\boldsymbol{x}^*$,目标函数极小化 $\min f(\boldsymbol{x}) = -(x-4)^2$,各函数的梯度分别为

$$\nabla f(\boldsymbol{x}) = -2(x-4),\ \nabla g_1(\boldsymbol{x}) = 1,\ \nabla g_2(\boldsymbol{x}) = -1$$

对两个约束条件分别引入拉格朗日乘子 $\lambda_1^*$ 和 $\lambda_2^*$,则有如下 K-T 条件:

$$\begin{cases} -2(x^*-4) - \lambda_1^* + \lambda_2^* = 0 \\ \lambda_1^*(x^*-1) = 0 \\ \lambda_2^*(6-x^*) = 0 \\ \lambda_1^*,\lambda_2^* \geqslant 0 \end{cases}$$

为求解该方程组,需要考虑以下几种情况:

(1) $\lambda_1^*,\lambda_2^* > 0$ 时,无解;

(2) $\lambda_1^* > 0,\lambda_2^* = 0$ 时,$x^* = 1$,$f(x^*) = 9$;

(3) $\lambda_1^* = 0,\lambda_2^* > 0$ 时,$x^* = 6$,$f(x^*) = 4$;

(4) $\lambda_1^* = 0,\lambda_2^* = 0$ 时,$x^* = 4$,$f(x^*) = 0$.

对应第(2)、(3)、(4)三种情况,得到 3 个 K-T
点;其中 $x^* = 1$ 和 $x^* = 6$ 是极大值点,而 $x^* = 4$
是极小值点.参照图 7-10,很容易得到最优解 $x^* = 1$,最优值 $f(x^*) = 9$.

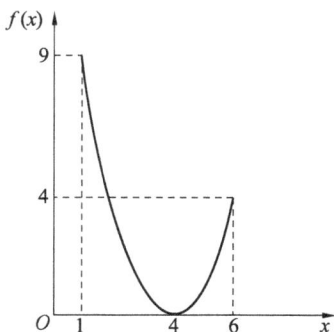

图 7-10

## 二、惩罚函数法

采用惩罚函数法求解约束优化问题的基本思想是:利用问题中的约束函数作出
适当的带有参数的惩罚函数,然后在原来的目标函数上加上惩罚函数构造出带参数
的增广目标函数,把约束优化问题的求解转换为求解一系列无约束非线性规划问
题.这种把一个约束优化问题的求解归结为一系列无约束问题的求解方法,也叫作
序列无约束极小化方法(Sequential Unconstrained Minimization Technique,SUMT).

常用的制约函数有两种基本类型,一类为惩罚函数(也称为外点法),另一类
为障碍函数(也称为内点法).

### 1. 外点法

考虑非线性规划

$$\min f(\boldsymbol{x})$$
$$\text{s. t.} \begin{cases} g_i(\boldsymbol{x}) \leqslant 0 \ (i=1,2,\cdots,m) \\ h_j(\boldsymbol{x}) = 0 \ (j=1,2,\cdots,l) \end{cases} \tag{7-1}$$

其中 $\boldsymbol{x} = (x_1,x_2,\cdots x_n)^{\mathrm{T}} \in \mathbf{R}^n$,并假设出现的所有函数都是连续的,问题(7-1)的可
行域为 $X = \{\boldsymbol{x} \mid g_i(\boldsymbol{x}) \leqslant 0, i=1,\cdots,m; h_j(\boldsymbol{x})=0, j=1,\cdots,l\}$.

(1) 基本思想

将问题(7-1)转换为无约束极小化问题求解的原始想法是,设法适当地加大
不可行点处对应的目标函数值,使不可行点不能成为相应无约束极小化问题的最
优解.具体地说,就是预先选定一个很大的正数 $c$,构造一个罚函数

$$p(\boldsymbol{x}) = \begin{cases} 0, & \boldsymbol{x} \in X \\ c, & \boldsymbol{x} \notin X \end{cases}$$

然后利用 $p(\boldsymbol{x})$ 构造一个增广目标函数
$$F(\boldsymbol{x}) = f(\boldsymbol{x}) + p(\boldsymbol{x})$$

由于在可行点处 $F(\boldsymbol{x})$ 和 $f(\boldsymbol{x})$ 的值相同,而在不可行点处对应的 $F(\boldsymbol{x})$ 的值很大,所以相应的以增广目标函数 $F(\boldsymbol{x})$ 为目标函数的无约束极小化问题
$$\min F(\boldsymbol{x}) = f(\boldsymbol{x}) + p(\boldsymbol{x}) \tag{7-41}$$
的最优解,必定也是约束优化问题的最优解.

上述原始想法虽然可以将带有约束条件的优化问题转化为无约束的问题求解,但构造的罚函数可能不满足连续性或光滑性.

为此,对于约束优化问题,可选取函数
$$p_c(\boldsymbol{x}) = c\sum_{i=1}^{p}\big[\max\{g_i(\boldsymbol{x}),0\}\big]^2 + c\sum_{j=1}^{q}\big[h_j(\boldsymbol{x})\big]^2 \tag{7-42}$$
其中,$c$ 叫作罚参数或罚因子. 相应地构造增广目标函数为
$$F_c(\boldsymbol{x}) = f(\boldsymbol{x}) + p_c(\boldsymbol{x}) \tag{7-43}$$
只要 $c$ 充分大,总可使约束优化问题转为无约束优化问题
$$\min F_c(\boldsymbol{x})$$

然而,在实际计算中,选取大小合适的 $c$ 并不简单. 为此,人们做了效果相同的一点改变:选取一递增且趋于无穷的正罚参数列 $\{c_k\}$,此时,随着 $k$ 的增大,罚函数对每个不可行点 $\boldsymbol{x}$ 施加的惩罚也逐步增大,且在每个不可行点 $\boldsymbol{x}$ 处,当 $k$ 趋于无穷大时,惩罚也趋于无穷大. 这样求解无约束优化问题就转换成为求一系列无约束极小化问题
$$\min F_{c_k}(\boldsymbol{x}) = f(\boldsymbol{x}) + p_{c_k}(\boldsymbol{x}), \quad k = 1, 2, \cdots \tag{7-44}$$
的解,其中
$$p_{c_k} = c_k\sum_{i=1}^{p}\big[\max\{g_i(\boldsymbol{x}),0\}\big]^2 + c_k\sum_{j=1}^{q}\big[h_j(\boldsymbol{x})\big]^2 \tag{7-45}$$

(2) 罚函数法的计算步骤

① 选取初始点 $\boldsymbol{x}^0$,罚参数列 $\{c_k\}(k=1,2,\cdots)$,给出检验终止误差 $\varepsilon > 0$,令 $k=1$;

② 构造罚函数 $p_{c_k}(\boldsymbol{x})$,再构造约束优化问题的增广目标函数,即
$$\min F_{c_k}(\boldsymbol{x}) = f(\boldsymbol{x}) + p_{c_k}(\boldsymbol{x}), \quad k = 1, 2, \cdots$$

③ 选取某种无约束最优化方法,以 $\boldsymbol{x}^{k-1}$ 为初始点,求解 $\min F_{c_k}(\boldsymbol{x})$,得到最优解 $\boldsymbol{x}^k$,若 $\boldsymbol{x}^k$ 已满足某种终止条件,停止迭代,输出 $\boldsymbol{x}^k$. 否则令 $k=k+1$,转②.

**例 7-15** 求解非线性规划问题:
$$\min f(\boldsymbol{x}) = x_1 + x_2$$
$$\text{s. t.} \begin{cases} g_1(\boldsymbol{x}) = -x_1^2 + x_2 \geqslant 0 \\ g_2(\boldsymbol{x}) = x_1 \geqslant 0 \end{cases}$$

**解** 构造惩罚函数

$$P(\boldsymbol{x},M)=x_1+x_2+M\{[\min\{0,-x_1^2+x_2\}]^2+[\min\{0,x_1\}]^2\}$$

$$\frac{\partial P}{\partial x_1}=1+2M[\min\{0,(-x_1^2+x_2)(-2x_1)\}]+2M[\min\{0,x_1\}]$$

$$\frac{\partial P}{\partial x_2}=1+2M[\min\{0,-x_1^2+x_2\}]$$

对于不满足约束条件的点 $\boldsymbol{x}=(x_1,x_2)^{\mathrm{T}}$,可以有 $-x_1^2+x_2<0$ 或 $x_1<0$.

令 $\dfrac{\partial P}{\partial x_1}=\dfrac{\partial P}{\partial x_2}=0$,得 $\min P(\boldsymbol{x},M)$ 的解为

$$\boldsymbol{x}(M)=\Big(-\frac{1}{2(1+M)},\frac{1}{4(1+M)^2}-\frac{1}{2M}\Big)^{\mathrm{T}}$$

取 $M=1,2,3,4$ 可得如下结果:

$$M=1,\boldsymbol{x}=\Big(-\frac{1}{4},-\frac{7}{16}\Big)^{\mathrm{T}}$$

$$M=2,\boldsymbol{x}=\Big(-\frac{1}{6},-\frac{2}{9}\Big)^{\mathrm{T}}$$

$$M=3,\boldsymbol{x}=\Big(-\frac{1}{8},-\frac{29}{192}\Big)^{\mathrm{T}}$$

$$M=4,\boldsymbol{x}=\Big(-\frac{1}{10},-\frac{23}{200}\Big)^{\mathrm{T}}$$

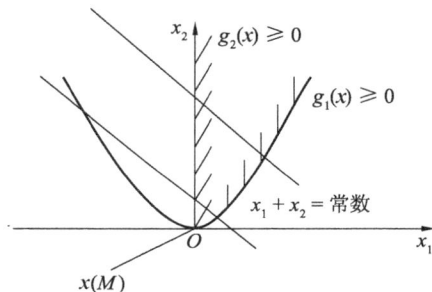

图 7-11

由此可知 $\boldsymbol{x}(M)$ 从 $X$ 的外部逐步逼近 $X$ 的边界,当 $M$ 趋于无穷时,$\boldsymbol{x}(M)$ 趋于原问题的极小解 $\boldsymbol{x}_{\min}=(0,0)^{\mathrm{T}}$,见图 7-11.

2. 内点法

外点法的最大特点是其初始点可以任意选择(不要求是可行点),这虽然给计算带来了很大的方便,但是如果目标函数 $f(\boldsymbol{x})$ 在可行域外比较复杂,甚至根本没有定义,就无法使用外点法了.

(1) 基本思想

仿照外点法,通过函数叠加的办法改造原有目标函数,使改造后的目标函数(称为障碍函数)具有这样的性质:在可行域 $X$ 的内部与边界面较远的点上,障碍函数与原目标函数应尽可能地接近;而在接近边界面的点上,障碍函数取相当大的数值. 可以想象,满足这种要求的障碍函数,其极小值自然不会在可行域 $X$ 的边界上达到;这就是说,用障碍函数来代替(近似)原目标函数,并在可行域 $X$ 的内部使其极小化. 虽然可行域 $X$ 是一个闭集,但因极小点不在闭集的边界上,因而障碍函数实际上已使约束极值问题转化为了无约束极值问题.

因此内点法的基本思想是:在可行域的边界上设置一道"屏障",当迭代过程靠近可行域的边界时,新的目标函数值迅速增大,从而使迭代点始终保持在可行域的内部.

为使可行区域的内点与边界能一目了然,易于构造障碍函数,此处考虑仅带

不等式约束的非线性优化问题：

$$\min f(\boldsymbol{x})$$
$$\text{s. t.} \quad g_i(\boldsymbol{x}) \leqslant 0, \ i=1,\cdots,m \tag{7-46}$$

上述问题可行域 $X$ 的内部可记为 $X_1 = \{\boldsymbol{x} \in \mathbf{R}^n \mid g(\boldsymbol{x}) < 0\}$.

根据分析，问题(7-46)可以转化为下述一系列无约束非线性规划问题：

$$\min_{\boldsymbol{x} \in X_0} \overline{P}(\boldsymbol{x}, r_k), \ k=1,2,3,\cdots \tag{7-47}$$

其中

$$P(\boldsymbol{x}, r_k) = f(\boldsymbol{x}) - r_k \sum_{i=1}^{p} \frac{1}{g_i(\boldsymbol{x})}, r_k > 0, \tag{7-48}$$

或

$$P(\boldsymbol{x}, r_k) = f(\boldsymbol{x}) - r_k \sum_{i=1}^{p} \ln[-g_i(\boldsymbol{x})], r_k > 0 \tag{7-49}$$

$$X_0 = \{\boldsymbol{x} \mid g_i(\boldsymbol{x}) > 0, \ i=1,2,\cdots,m\}$$

$B_{r_k}(\boldsymbol{x}) = -r_k \sum_{i=1}^{p} \frac{1}{g_i(\boldsymbol{x})}$ 或 $B_{r_k}(\boldsymbol{x}) = -r_k \sum_{i=1}^{p} \ln[-g_i(\boldsymbol{x})]$ 称为障碍函数，$r_k$ 称为罚参数或罚因子. 从障碍项的构成不难看出，在可行域 $X$ 的边缘上，至少有一个 $g_i(\boldsymbol{x}) = 0$，从而有 $\overline{P}(\boldsymbol{x}, r_k)$ 为无穷大.

如果从可行域内部的某一点 $\boldsymbol{x}^{(0)}$ 出发，按无约束极小化方法对式(7-49)进行迭代(注意：在进行一维搜索时要适当控制步长，以免迭代跨越 $X_0$ 的边界)，则随着 $r_k$ 的逐步减少 $(r_1 > r_2 > \cdots > r_k > \cdots > 0)$，障碍项所起到的作用也越来越小，因而所求出的 $\min_{\boldsymbol{x} \in X_0} \overline{P}(\boldsymbol{x}, r_k)$ 的解 $\boldsymbol{x}(r_k)$ 也逐步逼近原问题的极小解 $\boldsymbol{x}_{\min}$. 若原问题的极小解在可行域的边界上，则随着 $r_k$ 的逐步减少(障碍作用越来越小)所求出的障碍函数极小解不断靠近边界，直到满足某一特定的精度要求.

(2) 障碍函数法计算步骤

① 选取初始点 $\boldsymbol{x}^0 \in X_1$，罚参数列 $\{r_k\}(k=1,2,\cdots)$，给出检验终止误差 $\varepsilon > 0$，令 $k=1$；

② 构造障碍函数 $B_{r_k}$，再构造约束优化问题的增广目标函数，即

$$P(\boldsymbol{x}, r_k) = f(\boldsymbol{x}) - r_k \sum_{i=1}^{p} \frac{1}{g_i(\boldsymbol{x})}, \ r_k > 0$$

或

$$P(\boldsymbol{x}, r_k) = f(\boldsymbol{x}) - r_k \sum_{i=1}^{p} \ln[-g_i(\boldsymbol{x})], \ r_k > 0$$

③ 选取某种无约束最优化方法，以 $\boldsymbol{x}^{k-1}$ 为初始点，求解 $\min P(\boldsymbol{x}, r_k)$，得到最优解 $\boldsymbol{x}^k$，若 $\boldsymbol{x}^k$ 已满足某种终止条件，停止迭代，输出 $\boldsymbol{x}^k$. 否则令 $k=k+1$，转②.

**例 7-16** 试用内点法求解非线性规划问题：

$$\min f(\boldsymbol{x}) = \frac{1}{3}(x_1+1)^3 + x_2$$

$$\text{s. t.} \begin{cases} g_1(\boldsymbol{x}) = x_1 - 1 \geqslant 0 \\ g_2(\boldsymbol{x}) = x_2 \geqslant 0 \end{cases}$$

**解**　构造障碍函数

$$\overline{P}(\boldsymbol{x},r) = \frac{1}{3}(x_1+1)^3 + x_2 + \frac{r}{x_1-1} + \frac{r}{x_2}$$

$$\frac{\partial \overline{P}}{\partial x_1} = (x_1+1)^2 - \frac{r}{(x_1-1)^2} = 0, \quad \frac{\partial \overline{P}}{\partial x_2} = 1 - \frac{r}{x_2^2} = 0$$

求解方程组,可得

$$x_1(r) = \sqrt{1+\sqrt{r}}, \quad x_2(r) = \sqrt{r},$$

如此得最优解

$$\boldsymbol{x}_{\min} = \lim_{r \to 0} (\sqrt{1+\sqrt{r}}, \sqrt{r})^{\mathrm{T}} = (1,0)^{\mathrm{T}}$$

此例可以通过上述解析法进行求解,但并非所有问题都能适用于解析法.如果问题不便用解析法.只能采用迭代法进行求解.

**例 7-17**　试用内点法求解非线性规划问题:

$$\min f(\boldsymbol{x}) = x_1 + x_2$$

$$\text{s. t.} \begin{cases} g_1(\boldsymbol{x}) = -x_1^2 + x_2 \geqslant 0 \\ g_2(\boldsymbol{x}) = x_1 \geqslant 0 \end{cases}$$

**解**　采用自然对数构造障碍函数

$$\overline{P}(\boldsymbol{x},r) = x_1 + x_2 - r\ln(-x_1^2+x_2) - r\ln x_1$$

各步迭代结果列于表 7-2 并绘制于图 7-12 中.

表 7-2

| | $r_k$ | $x_1(r_k)$ | $x_2(r_k)$ |
|---|---|---|---|
| $k=1$ | 1.000 | 0.500 | 0.125 |
| $k=2$ | 0.500 | 0.309 | 0.595 |
| $k=3$ | 0.250 | 0.183 | 0.283 |
| $k=4$ | 0.100 | 0.085 | 0.107 |
| $k=5$ | 0.001 | 0.000 | 0.000 |

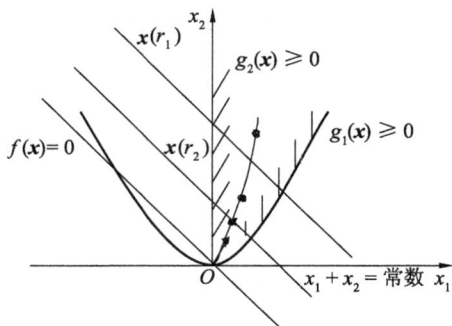

图 7-12

# 习题七

一、判断下列函数的凸凹性.

(1) $f(\boldsymbol{x}) = (4-x)^3, x \leqslant 4$；

(2) $f(\boldsymbol{x}) = x_1^2 + 2x_1 x_2 + 3x_2^2$；

(3) $f(\boldsymbol{x}) = x_1 x_2$.

二、分别用牛顿法和黄金分割法求下列函数的极小值.

(1) $f(\boldsymbol{x}) = x^4 - 15x^3 + 72x^2 - 135x$，初始的搜索区间为 $x \in [1,15]$，要求 $|f(x_n) - f(x_{n-1})| \leqslant 0.5$.

(2) $f(\boldsymbol{x}) = 2x^2 - x - 1$，初始区间为 $[-1,1]$，精度 $\varepsilon \leqslant 0.3$.

三、计算出下列函数的梯度和海赛矩阵.

(1) $f(\boldsymbol{x}) = x_1^2 + x_2^2 + x_3^2$；　　　(2) $f(\boldsymbol{x}) = \ln(x_1^2 + x_1 x_2 + x_2^2)$；

(3) $f(\boldsymbol{x}) = 3x_1 x_2^2 + 4\mathrm{e}^{x_1 x_2}$；　　　(4) $f(\boldsymbol{x}) = x_1^{x_2} + \ln(x_1 x_2)$.

四、用最速下降法求解下列问题(迭代一次).

(1) $\min f(\boldsymbol{x}) = 2x_1^2 + x_2^2$，初始点 $\boldsymbol{x}^0 = (1,1)^{\mathrm{T}}$；

(2) $\min f(\boldsymbol{x}) = x_1^2 - 2x_1 x_2 + 4x_2^2 + x_1 - 3x_2$，初始点 $\boldsymbol{x}^0 = (1,1)^{\mathrm{T}}$.

五、用牛顿法求解 $\max f(\boldsymbol{x}) = \dfrac{1}{x_1^2 + x_2^2 + 2}$，初始点 $\boldsymbol{x}^{(0)} = (4,0)^{\mathrm{T}}$，分别用最佳步长和固定步长 $\lambda = 1.0$ 进行计算.

六、写出下列非线性规划问题的 K-T 条件.

(1) $\min f(\boldsymbol{x}) = x_1$　　　　　(2) $\min f(\boldsymbol{x}) = (x_1 - 3)^2 + (x_2 - 3)^2$

　　 s. t. $\begin{cases} (1-x_1)^3 - x_2 \geqslant 0 \\ x_1, x_2 \geqslant 0 \end{cases}$　　 s. t. $\begin{cases} 4 - x_1 - x_2 \geqslant 0 \\ x_1, x_2 \geqslant 0 \end{cases}$

七、分析下述非线性规划在 $\boldsymbol{x}^{(1)} = (0,0)^{\mathrm{T}}, \boldsymbol{x}^{(2)} = (4,0)^{\mathrm{T}}, \boldsymbol{x}^{(3)} = (2,3)^{\mathrm{T}}, \boldsymbol{x}^{(4)} =$

$(0,2)^T$ 和 $x^{(5)} = \left(\dfrac{48}{13}, \dfrac{6}{13}\right)^T$ 各点处的可行下降方向.

八、设二次规划：

$$\max f(\boldsymbol{x}) = 4x_1 - x_1^2 + 8x_2 - x_2^2$$

$$\text{s. t.} \begin{cases} x_1 + x_2 \leqslant 2 \\ x_1, x_2 \geqslant 0 \end{cases}$$

（1）用 K-T 条件求解；

（2）写出等价的线性规划问题并求解.

九、分别用内点法和外点法求解下列非线性规划问题.

（1）$\min f(\boldsymbol{x}) = (x_1 - 2)^4 + (x_1 - 2x_2)^2$　　（2）$\min f(\boldsymbol{x}) = x_1^2 - 6x_1 + 2x_2 + 9$

　　 s. t. $x_1^2 - x_2 = 0$ 　　　　　　　　　　　　　　　 s. t. $x_1 \geqslant 3, x_2 \geqslant 3$

十、用外点法求解下述非线性规划问题.

$$\min f(\boldsymbol{x}) = x_1^2 + x_2^2$$

$$\text{s. t.} \quad x_2 - 1 \geqslant 0$$

十一、试用内点法求解下述非线性规划问题.

$$\min f(\boldsymbol{x}) = (x+1)^2$$

$$\text{s. t.} \quad \boldsymbol{x} \geqslant \boldsymbol{0}$$

（1）障碍项采用倒数函数；

（2）障碍项采用对数函数.

十二、某工厂向用户提供发动机，按合同规定，其交货数量和日期是：第一季度末交 40 台，第二季末交 60 台，第三季末交 80 台.工厂的最大生产能力为每季 100 台，每季的生产费用是 $f(x) = 50x + 0.2x^2$（元），其中 $x$ 为该季生产发动机的台数.若工厂生产的发动机多，多余的发动机可移到下季向用户交货，这样，工厂就需支付存贮费，每台发动机每季的存贮费为 4 元.问该厂每季应生产多少台发动机，才能既满足交货合同，又使工厂所花费的费用最少？（假定第一季度开始时发动机无存货）

# 第八章　动态规划

动态规划（Dynamic Programming）是运筹学的一个分支，是求解决策过程（Decision Process）最优化的数学方法。20 世纪 50 年代初美国数学家贝尔曼（R. E. Bellman）等人在研究多阶段决策过程（Multistep Decision Process）的优化问题时，提出了著名的最优化原理（Principle of Optimality），把多阶段过程转化为一系列单阶段问题，逐个求解，创立了解决这类过程优化问题的新方法——动态规划。

动态规划自问世以来在经济管理、生产调度、工程技术和最优控制等方面得到了广泛的应用。例如最短路线、库存管理、资源分配、设备更新、排序、装载等问题，用动态规划方法比用其他方法求解更为方便。

动态规划程序设计是对解最优化问题的一种途径、一种方法，而不是一种特殊算法。不像前面所述的搜索或数值计算那样，具有一个标准的数学表达式和明确清晰的解题方法。动态规划程序设计往往是针对一种最优化问题，由于各种问题的性质不同，确定最优解的条件也互不相同，因而动态规划的设计方法对不同的问题，有各具特色的解题方法，但不存在一种万能的动态规划算法可以解决各类最优化问题。

动态规划可以按照决策过程的演变是否确定，分为确定性动态规划和随机性动态规划；也可以按照决策变量的取值是否连续，分为连续性动态规划和离散性动态规划。本书主要介绍动态规划的基本概念、理论和方法，并通过典型案例说明这些理论和方法的应用。

## §1　最优化原理

### 一、多阶段决策问题

如果一类活动过程可以分为若干个互相联系的阶段，在每一个阶段都需做出决策（采取措施），一个阶段的决策确定以后，常常影响到下一个阶段的决策，从而就完全确定了一个过程的活动路线，则称它为多阶段决策问题。

各个阶段的决策构成一个决策序列，称为一个策略。每一个阶段都有若干个决策可供选择，因而就有许多策略可供选取，对应于一个策略可以确定活动的效果，这个效果可以用数量来确定.策略不同,效果也不同.多阶段决策问题,就是要在可以选择的那些策略中,选取一个最优策略,使在预定的标准下达到最好的效果.

## 二、动态规划问题中的术语

**阶段** 把所给求解问题的过程恰当地分成若干个相互联系的阶段,以便于求解,过程不同,阶段数就可能不同.描述阶段的变量称为阶段变量.在多数情况下,阶段变量是离散的,用 $k$ 表示.此外,也有阶段变量是连续的情形.如果过程可以在任何时刻做出决策,且在任意两个不同的时刻之间允许有无穷多个决策时,阶段变量就是连续的.

$k$ 的编号方式有两种:① 顺序编号法,即初始阶段编号为 1,以后随进程逐渐增大;② 逆序编号法,即令最后一个阶段的编号为 1,往前推时编号逐渐增大.

**状态** 状态表示每个阶段开始面临的自然状况或客观条件,它不以人们的主观意志为转移,也称为不可控因素.在上面的例子中,状态就是某阶段的出发位置,它既是该阶段某路的起点,同时又是前一阶段某支路的终点.

过程的状态通常可以用一个或一组数来描述,称为状态变量.一般地,状态是离散的,但有时为了方便也将状态取成连续的.当然,在现实生活中,由于变量形式的限制,所有的状态都是离散的,但从分析的观点,有时将状态作为连续的处理将会有很大的好处.此外,状态可以有多个分量(多维情形),因而用向量来代表;而且在每个阶段的状态维数可以不同.

当过程按所有可能不同的方式发展时,过程各段的状态变量将在某一确定的范围内取值.状态变量取值的集合称为状态集合.

**无后效性** 我们要求状态具有下面的性质:如果给定某一阶段的状态,则在这一阶段以后过程的发展不受这阶段以前各段状态的影响,所有各阶段都确定时,整个过程也就确定了.换句话说,过程的每一次实现可以用一个状态序列表示,在前面的例子中每阶段的状态是该线路的始点,确定了这些点的序列,整个线路也就完全确定.从某一阶段以后的线路开始,当这段的始点给定时,不受以前线路(所通过的点)的影响.状态的这个性质意味着过程的历史只能通过当前的状态去影响它的未来的发展,这个性质称为无后效性.

**决策** 一个阶段的状态给定以后,从该状态演变到下一阶段某个状态的一种选择(行动)称为决策.在最优控制中,决策也称为控制.在许多问题中,决策可以自然而然地表示为一个数或一组数.不同的决策对应着不同的数值.描述决策的变量称决策变量,因状态满足无后效性,故在每个阶段选择决策时只需考虑当前的状态而无须考虑过程的历史.

决策变量的范围称为允许决策集合.

**策略** 由每个阶段的决策组成的序列称为策略.对于每一个实际的多阶段决

策过程,可供选取的策略有一定的范围限制,这个范围称为允许策略集合.允许策略集合中达到最优效果的策略称为最优策略.

**状态转移方程** 给定 $k$ 阶段状态变量 $x(k)$ 的值后,如果这一阶段的决策变量一经确定,第 $k+1$ 阶段的状态变量 $x(k+1)$ 也就完全确定,即 $x(k+1)$ 的值随 $x(k)$ 和第 $k$ 阶段的决策 $u(k)$ 的值变化而变化,那么可以把这一关系看成 $(x(k),$ $u(k))$ 与 $x(k+1)$ 确定的对应关系,用 $x(k+1)=T_k(x(k),u(k))$ 表示.这是从第 $k$ 阶段到第 $k+1$ 阶段的状态转移规律,称为状态转移方程.

**指标函数** 指标函数有阶段指标函数和过程指标函数之分.阶段指标函数是对应某一阶段决策的效率度量,用 $g_k=r(s_k,d_k)$ 来表示;过程指标函数是用来衡量所实现过程优劣的数量指标,是定义在全过程(策略)或后续子过程(子策略)上的一个数量函数,从第 $k$ 个阶段起的一个子策略所对应的过程指标函数常用 $G_{k,N}$ 来表示,即

$$G_{k,N}=R(S_k,d_k,S_{k+1},d_{k+1},\cdots,S_N,d_N) \tag{8-1}$$

构成动态规划的过程指标函数,应具有可分性并满足递推关系,即

$$G_{k,N}=g_k\bigoplus G_{k+1,N}$$

这里的 $\bigoplus$ 表示某种运算,最常见的运算关系有如下两种:

(1) 过程指标函数是其所包含的各阶段指标函数的"和",即

$$G_{k,N}=\sum_{j=k}^{N}g_j$$

于是

$$G_{k,N}=g_k+G_{k+1,N}$$

(2) 过程指标函数是其所包含的各阶段指标函数的"积",即

$$G_{k,N}=\prod_{j=k}^{N}g_j$$

于是

$$G_{k,N}=g_k\times G_{k+1,N}$$

**最优指标函数** 从第 $k$ 个阶段起的最优子策略所对应的过程指标函数称为最优指标函数,可以用式(8-2)表示:

$$f_k(S_k)=\operatorname*{opt}_{d_{k\sim N}}\{g_k\bigoplus g_{k+1}\bigoplus\cdots\bigoplus g_N\} \tag{8-2}$$

其中"opt"是最优化"optimization"的缩写,可根据题意取最大"max"或最小"min".在不同的问题中,指标函数的含义可能是不同的,它可能是距离、利润、成本、产量或资源量等.

如何获得最优指标函数呢?一个 $N$ 阶段的决策过程,具有如下一些特性:

(1) 刚好有 $N$ 个决策点;

(2) 对第 $k$ 阶段而言,除了其所处的状态 $S_k$ 和所选择的决策 $d_k$ 外,再没有任

何其他因素影响决策的最优性了；

(3) 第 $k$ 阶段仅影响第 $k+1$ 阶段的决策,这一影响是通过 $S_{k+1}$ 来实现的；

(4) 贝尔曼(Bellman)最优化原理:在最优策略的任意一阶段上,无论过去的状态和决策如何,对过去决策所形成的当前状态而言,余下的诸决策必须构成最优子策略.

根据贝尔曼最优化原理,可以将式(8-2)表示为递推最优指标函数关系式(8-3)或式(8-4):

$$f_k(S_k) = \underset{d_{k\sim N}}{\mathrm{opt}}\{g_k \oplus g_{k+1} \oplus \cdots \oplus g_N\} = \underset{d_k}{\mathrm{opt}}\{g_k + f_{k+1}(S_{k+1})\} \tag{8-3}$$

$$f_k(S_k) = \underset{d_{k\sim N}}{\mathrm{opt}}\{g_k \oplus g_{k+1} \oplus \cdots \oplus g_N\} = \underset{d_k}{\mathrm{opt}}\{g_k \times f_{k+1}(S_{k+1})\} \tag{8-4}$$

利用式(8-3)和式(8-4)可表示出最后一个阶段(第 $N$ 个阶段,即 $k=N$)的最优指标函数:

$$f_N(S_N) = \underset{d_N}{\mathrm{opt}}\{g_N + f_{N+1}(S_{N+1})\} \tag{8-5}$$

$$f_N(S_N) = \underset{d_N}{\mathrm{opt}}\{g_N \times f_{N+1}(S_{N+1})\} \tag{8-6}$$

其中 $f_{N+1}(S_{N+1})$ 称为边界条件.一般情况下,第 $N$ 个阶段的输出状态 $S_{N+1}$ 已经不再影响此过程的策略,即式(8-5)中的边界条件 $f_{N+1}(S_{N+1})=0$,式(8-6)中的边界条件 $f_{N+1}(S_{N+1})=1$；但当问题第 $N$ 个阶段的输出状态 $S_{N+1}$ 对本过程的策略产生某种影响时,边界条件 $f_{N+1}(S_{N+1})$ 就要根据问题的具体情况取适当的值,这一情况将在后续例题中加以反映.

已知边界条件 $f_{N+1}(S_{N+1})$,利用式(8-5)或式(8-6)即可求得最后一个阶段的最优指标函数 $f_N(S_N)$；有了 $f_N(S_N)$,继续利用式(8-3)或式(8-4)即可求得最后两个阶段的最优指标函数 $f_{N-1}(S_{N-1})$；有了 $f_{N-1}(S_{N-1})$,进一步又可以求得最后三个阶段的最优指标函数 $f_{N-2}(S_{N-2})$；反复递推下去,最终即可求得全过程 $N$ 个阶段的最优指标函数 $f_1(S_1)$,从而使问题得到解决.由于上述最优指标函数的构建是按阶段的逆序从后向前进行的,所以也称为动态规划的逆序算法.

**最优性原理** 作为整个过程的最优策略,它满足:相对前面决策所形成的状态而言,余下的子策略必然构成"最优子策略".最优性原理实际上是要求问题的最优策略的子策略也是最优.

### 三、动态规划的基本思想

动态规划的基本思想是把待求解的问题分解成若干个子问题,先求解子问题,然后再从这些子问题的解得到原问题的解,其中用动态规划分解得到的子问题往往不是互相独立的.动态规划在查找有很多重叠子问题的情况的最优解时有效.它将问题重新组合成子问题.为了避免多次解决这些子问题,它们的结果都逐渐被计算和保存,从简单的问题直到整个问题都被解决.因此,动态规划保存递归时的结果,因而不会在解决同样的问题时花费时间.动态规划只能应用于有最优子结构的问题.最优子结构的意思是局部最优解能决定全局最优解(对有些问题,这个要求并不能完全满足,有时需要引入一定的近似).简单地说,问题能够分解成子问题来解决.求解思想总结如下:

(1)将多阶段决策过程划分阶段,恰当地选取状态变量、决策变量及定义最优指标函数,从而把问题化成一族同类型的子问题,然后逐个求解.

(2)求解时从边界条件开始,顺(或逆)过程行进方向,逐段递推寻优.在每一个子问题求解时,都要使用它前面已求出的子问题的最优结果,最后一个子问题的最优解,就是整个问题的最优解.

(3)动态规划方法是既把当前一段与未来各段分开,又把当前效益和未来效益结合起来考虑的一种最优化方法,因此每段的最优决策选取是从全局考虑的,与该段的最优选择一般是不同的.

因此,动态规划求解的基本步骤如下:

(1)找出最优解的性质,并刻画其结构特征;

(2)递归地定义最优值;

(3)以自底向上的方式计算出最优值;

(4)根据计算最优值时得到的信息,构造最优解.

## §2　确定性的定期多阶段决策问题

有的多阶段决策过程给定一个状态集合 $X_T$,如果经过有限阶段,状态 $x$ 一定能进入 $X_T$,就说阶段数是有限的.这一节将讨论几类确定性的阶段数给定的多阶段决策问题,包括决策集合是有限的或者无限的,利用最优化的原理找出它们的递推公式,并给出解法.

### 一、旅行售货员问题

旅行售货员问题(Travelling Salesperson Problem,简称 TSP 问题)是优化问题中一个著名问题,许多优化问题(包括许多实际问题)都可以转化为旅行售货员问题.

从 $v_0$ 出发,经过 $n$ 个城市 $v_1,v_2,\cdots,v_n$,然后回到 $v_0$.设从 $v_i$ 到 $v_j$ 的距离为 $d_{ij}$,其中 $d_{ij}$ 可能不等于 $d_{ji}$;如果没有直接从 $v_i$ 到 $v_j$ 的路,则设 $d_{ij}=\infty$,找一条最短路线.

我们把这个问题作为多阶段决策问题来考虑,第 $k$ 阶段是已经到过 $k$ 个城市(包括 $v_0$),决定下一个是什么城市;因此第 $k$ 阶段的状态是当前所在城市及所有还没有去过的城市,即 $(v_{i_k},V_k)$,其中 $v_{i_k}$ 是当前所在城市,$V_k$ 是所有还没有去过的

城市的集合,决策变量是下一个城市 $v_{j_k} \in V_k$,所以状态转移为

$$(v_{i_{k+1}}, V_{k+1}) = (v_{j_k}, V_k \setminus \{v_{j_k}\}).$$

记 $f_k(v_i, V)$ 为从 $v_i$ 出发经过 $k$ 个 $V$ 中所有城市回到 $v_0$ 的最短距离,则有递推关系:

$$f_k(v_i, V) = \min_{v_j \in V} \{d_{ij} + f_{k-1}(v_j, V \setminus \{v_j\})\}$$

$$f_0(v_i, \Phi) = d_{i0} \tag{8-7}$$

**例 8-1** 对图 8-1 求从 $v_0$ 出发,经过 $v_1, v_2, v_3$,再回到 $v_0$ 的最短路线和最短总路程.

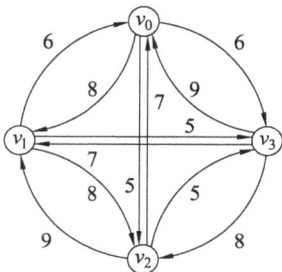

**图 8-1**

**解** 用距离矩阵 $\boldsymbol{D}$ 来表示从 $v_i$ 到 $v_j$ 的距离,即 $\boldsymbol{D} = \{d_{ij}\}_{i,j=0}^n$.

因此图 8-1 的距离矩阵为

$$\boldsymbol{D} = \begin{pmatrix} 0 & 8 & 5 & 6 \\ 6 & 0 & 8 & 5 \\ 7 & 9 & 0 & 5 \\ 9 & 7 & 8 & 0 \end{pmatrix}$$

利用公式(8-7)得

(1) $f_0(v_1, \Phi) = d_{10} = 6, f_0(v_2, \Phi) = d_{20} = 7, f_0(v_3, \Phi) = d_{30} = 9.$

(2) $f_1(v_1, \{v_2\}) = d_{12} + f_0(v_2, \Phi) = 8 + 7 = 15,$

$\quad f_1(v_1, \{v_3\}) = d_{13} + f_0(v_3, \Phi) = 5 + 9 = 14,$

$\quad f_1(v_2, \{v_1\}) = d_{21} + f_0(v_1, \Phi) = 9 + 6 = 15,$

$\quad f_1(v_2, \{v_3\}) = d_{23} + f_0(v_3, \Phi) = 5 + 9 = 14,$

$\quad f_1(v_3, \{v_1\}) = d_{31} + f_0(v_1, \Phi) = 7 + 6 = 13,$

$\quad f_1(v_3, \{v_2\}) = d_{32} + f_0(v_2, \Phi) = 8 + 7 = 15.$

(3) $f_2(v_1, \{v_2, v_3\}) = \min\{d_{12} + f_1(v_2, \{v_3\}), d_{13} + f_1(v_3, \{v_2\})\} = 20,$

$\quad x_2(v_1) = v_3.$

$\quad f_2(v_2, \{v_1, v_3\}) = \min\{d_{21} + f_1(v_1, \{v_3\}), d_{23} + f_1(v_3, \{v_1\})\} = 18,$

$\quad x_2(v_2) = v_3.$

$$f_2(v_3,\{v_1,v_2\})=\min\{d_{31}+f_1(v_1,\{v_2\}),d_{32}+f_1(v_2,\{v_1\})\}=22,$$
$$x_2(v_3)=v_1.$$

（4） $f_3(v_0,\{v_1,v_2,v_3\})$
$$=\min\{d_{01}+f_2(v_1,\{v_2,v_3\}),d_{02}+f_2(v_2,\{v_1,v_3\}),d_{03}+f_2(v_3,\{v_1,v_2\})$$
$$\min\{8+20,5+18,5+22\}=23,x_3(v_0)=v_2.$$

因此最短路程是 23，路线是 $v_0 \to v_2 \to v_3 \to v_1 \to v_0$。

### 二、用动态规划求解非线性规划问题

非线性规划问题的求解（已在第七章中讨论过）是非常困难的．然而，对于有些非线性规划问题，如果转化为用动态规划来求解将是十分方便的．

**例 8-2** 用动态规划求解非线性规划：
$$\max z=x_1 x_2^2 x_3$$
$$\text{s. t.} \begin{cases} x_1+x_2+x_3=36 \\ x_1,x_2,x_3 \geqslant 0 \end{cases}$$

**解** 阶段：将问题的变量数作为阶段，即 $k=1,2,3$；

决策变量：决策变量 $x_k$；

状态变量：状态变量 $S_k$ 代表第 $k$ 阶段的约束右端项，即从 $x_k$ 到 $x_3$ 占有的份额；

状态转移律：$S_{k+1}=S_k-x_k$；

边界条件：$S_1=36,f_4(S_4)=1$；

允许决策集合：$0\leqslant x_k\leqslant S_k$．

当 $k=3$ 时，
$$f_3(S_3)=\max_{0\leqslant x_3\leqslant S_3}\{x_3\times f_4(S_4)\}=\max_{0\leqslant x_3\leqslant S_3}\{x_3\}=S_3|_{x_3^*=S_3}$$

当 $k=2$ 时，
$$f_2(S_2)=\max_{0\leqslant x_2\leqslant S_2}\{x_2^2\times f_3(S_3)\}=\max_{0\leqslant x_2\leqslant S_2}\{x_2^2(S_2-x_2)\}$$

设 $h=x_2^2(S_2-x_2)$，于是 $\dfrac{\mathrm{d}h}{\mathrm{d}x_2}=2x_2(S_2-x_2)-x_2^2.$

令 $\dfrac{\mathrm{d}h}{\mathrm{d}x_2}=2x_2(S_2-x_2)-x_2^2=0$，可得 $x_2=0$ 或 $\dfrac{2}{3}S_2$．

又因为 $\dfrac{\mathrm{d}^2h}{\mathrm{d}x_2^2}=2(S_2-x_2)-2x_2-2x_2=2S_2-6x_2$，所以

$$\left.\frac{\mathrm{d}^2h}{\mathrm{d}x_2^2}\right|_{x_2=0}=2S_2>0$$

$$\left.\frac{\mathrm{d}^2h}{\mathrm{d}x_2^2}\right|_{x_2=\frac{2}{3}s_2}=2S_2-4S_2=-2S_2<0$$

$x_2 = 0$ 是 $f_2(S_2)$ 的极小值点，$x_2 = \dfrac{2}{3}S_2$ 是 $f_2(S_2)$ 的极大值点.

于是

$$f_2(S_2) = \frac{4}{27}S_2^3 \Big|_{x_2^* = \frac{2}{3}S_2}$$

当 $k=1$ 时，

$$f_1(S_1) = \max_{0 \leqslant x_1 \leqslant S_1}\{x_1 \times f_2(S_2)\} = \max_{0 \leqslant x_1 \leqslant S_1}\left\{x_1 \times \frac{4}{27}(S_1 - x_1)^3\right\}$$

同上可得

$$f_1(S_1 = 36) = \frac{1}{64}S_1^4 = \frac{1}{64} \times 36^4 = 26\ 244 \Big|_{x_1^* = \frac{1}{4}S_1 = 9}$$

由 $S_2 = S_1 - x_1^* = 36 - 9 = 27$，有 $x_2^* = \dfrac{2}{3}S_2 = \dfrac{2}{3} \times 27 = 18$；

由 $S_3 = S_2 - x_2^* = 27 - 18 = 9$，有 $x_3^* = S_3 = 9$.

于是得到最优解 $\boldsymbol{x}^* = (9,18,9)^{\mathrm{T}}$，最优值 $z^* = 26\ 244$.

### 三、资源分配问题

所谓资源分配问题，就是将一定数量的一种或若干种资源（如原材料、机器设备、资金、劳动力等）恰当地分配给若干个使用者，以使资源得到最有效的利用. 设有 $m$ 种资源，总量分别为 $b_i(i=1,2,\cdots,m)$，用于生产 $n$ 种产品，若用 $x_{ij}$ 代表用于生产第 $j$ 种产品的第 $i$ 种资源的数量 $(j=1,\cdots,n)$，则生产第 $j$ 种产品的收益是其所获得的各种资源数量的函数，即 $g_j = f(x_{1j},x_{2j},\cdots,x_{mj})$. 由于总收益是 $n$ 种产品收益的和，因此该问题可用如下静态模型加以描述：

$$\max z = \sum_{j=1}^{n} g_j$$

$$\text{s.t.} \begin{cases} \sum_{j=1}^{n} x_{ij} = b_i & (i = 1,2,\cdots,m) \\ x_{ij} \geqslant 0 & (i = 1,2,\cdots,m;\ j = 1,2,\cdots,n) \end{cases}$$

若 $x_{ij}$ 是连续变量，当 $g_j = f(x_{1j},x_{2j},\cdots,x_{mj})$ 是线性函数时，该模型是线性规划模型；当 $g_j = f(x_{1j},x_{2j},\cdots,x_{mj})$ 是非线性函数时，该模型是非线性规划模型. 若 $x_{ij}$ 是离散变量或（和）$g_j = f(x_{1j},x_{2j},\cdots,x_{mj})$ 是离散函数时，此模型用线性规划或非线性规划来求解都将是非常麻烦的. 然而在此情况下，由于这类问题的特殊结构，可以将它看成为一个多阶段决策问题，并利用动态规划的递推关系来求解.

本书只考虑一维资源的分配问题，设状态变量 $S_k$ 表示分配于从第 $k$ 个阶段至过程最终（第 $N$ 个阶段）的资源数量，即第 $k$ 个阶段初资源的拥有量；决策变量 $x_k$ 表示第 $k$ 个阶段资源的分配量. 于是有状态转移律：

$$S_{k+1} = S_k - x_k \tag{8-8}$$

允许决策集合：

$$D_k(S_k) = \{x_k \mid 0 \leqslant x_k \leqslant S_k\}$$

最优指标函数（动态规划的逆序递推关系式）：

$$\begin{cases} f_k(S_k) = \max\limits_{0 \leqslant x_k \leqslant S_k} \{g_k(x_k) + f_{k+1}(S_{k+1})\} & (k = N, N-1, N-2, \cdots, 1) \\ f_{N+1}(S_{N+1}) = 0 \end{cases} \tag{8-9}$$

利用这一递推关系式，最后求得的 $f_1(S_1)$ 即为所求问题的最大总收益，下面来看一个具体的例子.

**例 8-3** 某公司拟将 500 万元的资本投入所属的甲、乙、丙三个工厂进行技术改造，各工厂获得投资后年利润将有相应的增长，增长额（单位：万元）如表 8-1 所示. 试确定 500 万元资本的分配方案，以使公司总的年利润增长额最大.

表 8-1

| 投资额 | 100 | 200 | 300 | 400 | 500 |
|---|---|---|---|---|---|
| 甲 | 30 | 70 | 90 | 120 | 130 |
| 乙 | 50 | 100 | 110 | 110 | 110 |
| 丙 | 40 | 60 | 110 | 120 | 120 |

**解** 将问题按工厂分为 3 个阶段 $k = 1, 2, 3$，设状态变量 $S_k(k = 1, 2, 3)$ 代表从第 $k$ 个工厂到第 3 个工厂的投资额，决策变量 $x_k$ 代表第 $k$ 个工厂的投资额. 于是有状态转移率 $S_{k+1} = S_k - x_k$，允许决策集合 $D_k(S_k) = \{x_k \mid 0 \leqslant x_k \leqslant S_k\}$ 和递推关系式：

$$\begin{cases} f_k(S_k) = \max\limits_{0 \leqslant x_k \leqslant S_k} \{g_k(x_k) + f_{k+1}(S_k - x_k)\} & (k = 3, 2, 1) \\ f_4(S_4) = 0 \end{cases}$$

当 $k = 3$ 时，

$$f_3(S_3) = \max\limits_{0 \leqslant x_3 \leqslant S_3} \{g_3(x_3) + 0\} = \max\limits_{0 \leqslant x_3 \leqslant S_3} \{g_3(x_3)\}$$

于是有表 8-2，表中 $x_3^*$ 表示第三个阶段的最优决策.

表 8-2                                                                                           百万元

| $S_3$ | 0 | 1 | 2 | 3 | 4 | 5 |
|---|---|---|---|---|---|---|
| $x_3^*$ | 0 | 1 | 2 | 3 | 4 | 5 |
| $f_3(S_3)$ | 0 | 0.4 | 0.6 | 1.1 | 1.2 | 1.2 |

当 $k = 2$ 时，

$$f_2(S_2) = \max\limits_{0 \leqslant x_2 \leqslant S_2} \{g_2(x_2) + f_3(S_2 - x_2)\}$$

于是有表 8-3.

表 8-3　　　　　　　　　　　　　　　　　　　　　　　　　　　　　　　　　　百万元

| $S_2$ ＼ $x_2$ | $g_2(x_2)+f_3(S_2-x_2)$ | | | | | | $f_2(S_2)$ | $x_2^*$ |
| --- | --- | --- | --- | --- | --- | --- | --- | --- |
| | 0 | 1 | 2 | 3 | 4 | 5 | | |
| 0 | 0＋0 | | | | | | 0 | 0 |
| 1 | 0＋0.4 | 0.5＋0 | | | | | 0.5 | 1 |
| 2 | 0＋0.6 | 0.5＋0.4 | 1.0＋0 | | | | 1.0 | 2 |
| 3 | 0＋1.1 | 0.5＋0.6 | 1.0＋0.4 | 1.1＋0 | | | 1.4 | 2 |
| 4 | 0＋1.2 | 0.5＋1.1 | 1.0＋0.6 | 1.1＋0.4 | 1.1＋0 | | 1.6 | 1 或 2 |
| 5 | 0＋1.2 | 0.5＋1.2 | 1.0＋1.1 | 1.1＋0.6 | 1.1＋0.4 | 1.1＋0 | 2.1 | 2 |

当 $k=1$ 时，

$$f_1(S_1)=\max_{0\leqslant x_1\leqslant S_1}\{g_1(x_1)+f_2(S_1-x_1)\}$$

于是有表 8-4.

表 8-4　　　　　　　　　　　　　　　　　　　　　　　　　　　　　　　　　　百万元

| $S_1$ ＼ $x_1$ | $g_1(x_1)+f_2(S_1-x_1)$ | | | | | | $f_1(S_1)$ | $x_1^*$ |
| --- | --- | --- | --- | --- | --- | --- | --- | --- |
| | 0 | 1 | 2 | 3 | 4 | 5 | | |
| 5 | 0＋2.1 | 0.3＋1.6 | 0.7＋1.4 | 0.9＋1.0 | 1.2＋0.5 | 1.3＋0 | 2.1 | 0 或 2 |

　　然后按计算表格的顺序反推，可知最优分配方案有两个：① 甲工厂投资 200万元，乙工厂投资 200 万元，丙工厂投资 100 万元；② 甲工厂没有投资，乙工厂投资 200 万元，丙工厂投资 300 万元.按最优分配方案分配投资(资源)，年利润将增长 210 万元.

　　这个例子是决策变量取离散值的一类分配问题，在实际问题中，相类似的问题还有销售店的布局(分配)问题、设备或人力资源的分配问题等.在资源分配问题中，还有一种决策变量为连续变量的资源分配问题，即机器负荷分配问题(见例8-4).

　　**例 8-4**　某种机器可在高低两种不同的负荷下进行生产,设机器在高负荷下生产的产量(件)函数为 $g_1=8x$,其中 $x$ 为投入高负荷生产的机器数量,年度完好率 $\alpha=0.7$(年底的完好设备数等于年初完好设备数的 70%);在低负荷下生产的产量(件)函数为 $g_2=5y$,其中 $y$ 为投入低负荷生产的机器数量,年度完好率 $\beta=0.9$.假定开始生产时完好的机器数量为 1 000 台,试问每年应如何安排机器在高、低负荷下的生产,才能使 5 年生产的产品总量最多?

　　**解**　设阶段 $k$ 表示年度($k=1,2,3,4,5$);状态变量 $S_k$ 为第 $k$ 年度初拥有的完好机器数量(同时也是第 $k-1$ 年度末时的完好机器数量);决策变量 $x_k$ 为第 $k$ 年度分配高负荷下生产的机器数量,于是 $S_k - x_k$ 为该年度分配在低负荷下生产的机器数量. 这里 $S_k$ 和 $x_k$ 均为连续变量,它们的非整数值可以这样理解:如 $S_k = 0.6$ 表示一台机器在第 $k$ 年度中正常工作时间只占全部时间的 $60\%$;$x_k = 0.3$ 表示一台机器在第 $k$ 年度中只有 $30\%$ 的工作时间在高负荷下运转. 状态转移方程为

$$S_{k+1} = \alpha x_k + \beta(S_k - x_k) = 0.7 x_k + 0.9(S_k - x_k) = 0.9 S_k - 0.2 x_k$$

允许决策集合:

$$D_k(S_k) = \{x_k \mid 0 \leqslant x_k \leqslant S_k\}$$

设阶段指标 $Q_k(S_k, x_k)$ 为第 $k$ 年度的产量,则

$$Q_k(S_k, x_k) = 8 x_k + 5(S_k - x_k) = 5 S_k + 3 x_k$$

过程指标是阶段指标的和,即

$$Q_{k\sim 5} = \sum_{j=k}^{5} Q_j$$

令最优值函数 $f_k(S_k)$ 表示从资源量 $S_k$ 出发,采取最优子策略所生产的产品总量,因而有逆推关系式:

$$f_k(S_k) = \max_{x_k \in D_k(S_k)} \{5 S_k + 3 x_k + f_{k+1}(0.9 S_k - 0.2 x_k)\}$$

边界条件 $f_6(S_6) = 0$.

当 $k = 5$ 时,

$$f_5(S_5) = \max_{0 \leqslant x_5 \leqslant S_5} \{5 S_5 + 3 x_5 + f_6(S_6)\} = \max_{0 \leqslant x_5 \leqslant S_5} \{5 S_5 + 3 x_5\}$$

因 $f_5(S_5)$ 是关于 $x_5$ 的单调递增函数,故取 $x_5^* = S_5$,相应有 $f_5(S_5) = 8 S_5$.

当 $k = 4$ 时,

$$
\begin{aligned}
f_4(S_4) &= \max_{0 \leqslant x_4 \leqslant S_4} \{5 S_4 + 3 x_4 + f_5(0.9 S_4 - 0.2 x_4)\} \\
&= \max_{0 \leqslant x_4 \leqslant S_4} \{5 S_4 + 3 x_4 + 8(0.9 S_4 - 0.2 x_4)\} \\
&= \max_{0 \leqslant x_4 \leqslant S_4} \{12.2 S_4 + 1.4 x_4\}
\end{aligned}
$$

因 $f_4(S_4)$ 是关于 $x_4$ 的单调递增函数,故取 $x_4^* = S_4$,相应有 $f_4(S_4) = 13.6 S_4$.

依此类推,可求得

当 $k = 3$ 时,$x_3^* = S_3$,$f_3(S_3) = 17.5 S_3$;

当 $k = 2$ 时,$x_2^* = 0$,$f_2(S_2) = 20.8 S_2$;

当 $k = 1$ 时,$x_1^* = 0$,$f_1(S_1 = 1000) = 23.7 S_1 = 23\,700$.

计算结果表明最优策略为:$x_1^* = 0$,$x_2^* = 0$,$x_3^* = S_3$,$x_4^* = S_4$,$x_5^* = S_5$. 即前两年将全部设备都投入低负荷生产,后 3 年将全部设备都投入高负荷生产,这样可以使 5 年的总产量最大,最大产量是 23 700 件.

有了上述最优策略,各阶段的状态也就随之确定了,即按阶段顺序计算出各年年初的完好设备数量:

$$S_1 = 1\,000$$
$$S_2 = 0.9S_1 - 0.2x_1 = 0.9 \times 1\,000 - 0.2 \times 0 = 900$$
$$S_3 = 0.9S_2 - 0.2x_2 = 0.9 \times 900 - 0.2 \times 0 = 810$$
$$S_4 = 0.9S_3 - 0.2x_3 = 0.9 \times 810 - 0.2 \times 810 = 567$$
$$S_5 = 0.9S_4 - 0.2x_4 = 0.9 \times 567 - 0.2 \times 567 = 397$$
$$S_6 = 0.9S_5 - 0.2x_5 = 0.9 \times 397 - 0.2 \times 397 = 278$$

上面所讨论的过程始端状态 $S_1$ 是固定的,而终端状态 $S_6$ 是自由的,实现的目标函数是 5 年的总产量最高. 如果在终端也附加上一定的约束条件,如何使产量最高呢?

**例 8-5**　例 8-4 中,如规定在第 5 年结束时,完好的机器数量不低于 350 台(例 8-4 中只有 278 台),问应如何安排生产,才能在满足这一终端要求的情况下使产量最高?

**解**　阶段 $k$ 表示年度($k=1,2,3,4,5$);状态变量 $S_k$ 为第 $k$ 年度初拥有的完好机器数量;决策变量 $x_k$ 为第 $k$ 年度分配高负荷下生产的机器数量;状态转移方程为

$$S_{k+1} = \alpha x_k + \beta(S_k - x_k) = 0.7x_k + 0.9(S_k - x_k) = 0.9S_k - 0.2x_k$$

终端约束:
$$S_6 \geqslant 350$$
$$0.9S_5 - 0.2x_5 \geqslant 350$$
$$x_5 \leqslant 4.5S_5 - 1\,750$$

允许决策集合: $D_k(S_k) = \{x_k | 0 \leqslant x_k \leqslant S_k\}$ "加" 第 $k$ 阶段的终端递推条件.

对于 $k=5$,考虑终端递推条件有
$$D_5(S_5) = \{x_5 | 0 \leqslant x_5 \leqslant 4.5S_5 - 1\,750 \leqslant S_5\}$$
$$389 \leqslant S_5 \leqslant 500$$

同理,其他各阶段的允许决策集合可在过程指标函数的递推中产生.

设阶段指标为
$$Q_k(S_k, x_k) = 8x_k + 5(S_k - x_k) = 5S_k + 3x_k$$

过程指标为
$$Q_{k\sim 5} = \sum_{j=k}^{5} Q_j$$

最优值函数为
$$f_k(S_k) = \max_{x_k \in D_k(S_k)} \{5S_k + 3x_k + f_{k+1}(0.9S_k - 0.2x_k)\}$$

边界条件 $f_6(S_6) = 0$.

当 $k=5$ 时,
$$f_5(S_5) = \max_{x_5 \in D_5(S_5)} \{5S_5 + 3x_5 + f_6(S_6)\} = \max_{x_5 \in D_5(S_5)} \{5S_5 + 3x_5\}$$

因 $f_5(S_5)$ 是关于 $x_5$ 的单调递增函数，故取 $x_5^* = 4.5S_5 - 1\ 750$，相应有：

$$0 \leqslant 4.5S_5 - 1\ 750 \leqslant S_5$$

即

$$389 \leqslant S_5 \leqslant 500$$

$$x_5^* = 4.5S_5 - 1\ 750, \quad f_5(S_5) = 18.5S_5 - 5\ 250$$

当 $k=4$ 时，

$$f_4(S_4) = \max_{x_4 \in D_4(S_4)} \{5S_4 + 3x_4 + f_5(0.9S_4 - 0.2x_4)\}$$

$$= \max_{x_4 \in D_4(S_4)} \{21.65S_4 - 0.7x_4 - 5\ 250\}$$

由 $S_5 = 0.9S_4 - 0.2x_4 \leqslant 500$ 可得 $x_4 \geqslant 4.5S_4 - 2\ 500$，又因 $f_4(S_4)$ 是关于 $x_4$ 的单调递减函数，故取 $x_4^* = 4.5S_4 - 2\ 500$，相应有

$$0 \leqslant 4.5S_4 - 2\ 500 \leqslant S_4$$

$$556 \leqslant S_4 \leqslant 714$$

$$x_4^* = 4.5S_4 - 2\ 500, \quad f_4(S_4) = 18.5S_4 - 3\ 500$$

当 $k=3$ 时，

$$f_3(S_3) = \max_{x_3 \in D_3(S_3)} \{5S_3 + 3x_3 + f_4(0.9S_3 - 0.2x_3)\}$$

$$= \max_{x_3 \in D_3(S_3)} \{21.65S_3 - 0.7x_3 - 3\ 500\}$$

由 $S_4 = 0.9S_3 - 0.2x_3 \leqslant 714$ 可得 $x_3 \geqslant 4.5S_3 - 3\ 570$，又因 $f_3(S_3)$ 是关于 $x_3$ 的单调递减函数，故取 $x_3^* = 4.5S_3 - 3\ 570$，相应有

$$0 \leqslant 4.5S_3 - 3\ 570 \leqslant S_3$$

$$793 \leqslant S_3 \leqslant 1\ 020$$

由于 $S_1 = 1\ 000$，所以 $S_3 \leqslant 1\ 020$ 是恒成立的，即 $S_3 \geqslant 793$.

$$x_3^* = 4.5S_3 - 3\ 570, \quad f_3(S_3) = 18.5S_3 - 1\ 001$$

当 $k=2$ 时，

$$f_2(S_2) = \max_{x_2 \in D_2(S_2)} \{5S_2 + 3x_2 + f_3(0.9S_2 - 0.2x_2)\}$$

$$= \max_{x_2 \in D_2(S_2)} \{21.65S_2 - 0.7x_2 - 1\ 001\}$$

因 $f_2(S_2)$ 是关于 $x_2$ 的单调递减函数，而 $S_3$ 的取值并不对 $x_2$ 有下界的约束，故取 $x_2^* = 0$，相应有

$$x_2^* = 0, \quad f_2(S_2) = 21.65S_2 - 1\ 001$$

当 $k=1$ 时，

$$f_1(S_1) = \max_{x_1 \in D_1(S_1)} \{5S_1 + 3x_1 + f_2(0.9S_1 - 0.2x_1)\}$$

$$= \max_{x_1 \in D_1(S_1)} \{24.485S_1 - 1.33x_1 - 1\ 001\}$$

因 $f_1(S_1)$ 是关于 $x_1$ 的单调递减函数，故取 $x_1^* = 0$，相应有

$$x_1^* = 0, \quad f_1(S_1 = 1\ 000) = 24.485S_1 - 1001 = 23\ 484$$

计算结果表明最优策略如下：

（1）第 1 年将全部设备都投入低负荷生产.

$$S_1 = 1\,000,\ x_1 = 0, S_2 = 0.9S_1 - 0.2x_1 = 0.9 \times 1\,000 - 0.2 \times 0 = 900$$

$$Q_1(S_1, x_1) = 5S_1 + 3x_1 = 5 \times 1\,000 + 3 \times 0 = 5\,000$$

（2）第 2 年将全部设备都投入低负荷生产.

$$S_2 = 900,\ x_2 = 0, S_3 = 0.9S_2 - 0.2x_2 = 0.9 \times 900 - 0.2 \times 0 = 810$$

$$Q_2(S_2, x_2) = 5S_2 + 3x_2 = 5 \times 900 + 3 \times 0 = 4\,500$$

（3）第 3 年将 $x_3^* = 4.5S_3 - 3\,570 = 4.5 \times 810 - 3\,570 = 75$ 台完好设备投入高负荷生产，将剩余的 $S_3 - x_3^* = 810 - 75 = 735$ 台完好设备投入低负荷生产.

$$Q_3(S_3, x_3) = 5S_3 + 3x_3 = 5 \times 810 + 3 \times 75 = 4\,275$$

$$S_4 = 0.9S_3 - 0.2x_3 = 0.9 \times 810 - 0.2 \times 75 = 714$$

（4）第 4 年将 $x_4^* = 4.5S_4 - 2\,500 = 4.5 \times 714 - 2\,500 = 713$ 台完好设备均投入高负荷生产，将剩余的 1 台完好设备投入低负荷生产.

$$Q_4(S_4, x_4) = 5S_4 + 3x_4 = 5 \times 714 + 3 \times 713 = 5\,709$$

$$S_5 = 0.9S_4 - 0.2x_4 = 0.9 \times 714 - 0.2 \times 713 = 500$$

（5）第 5 年将 $x_5^* = 4.5S_5 - 1\,750 = 4.5 \times 500 - 1\,750 = 500$，即将 $S_5 = 500$ 台完好设备均投入高负荷生产.

$$Q_5(S_5, x_5) = 5S_5 + 3x_5 = 5 \times 500 + 3 \times 500 = 4\,000$$

$$S_6 = 0.9S_5 - 0.2x_5 = 0.9 \times 500 - 0.2 \times 500 = 350$$

$$f_1(S_1 = 1\,000) = \sum_{j=1}^{5} Q_j(S_j, x_j) = 23\,484$$

## §3 确定性的不定期多阶段决策问题

有的多阶段决策过程给定一个状态集合 $X_T$，当状态 $x \in X_T$ 时，过程停止，这是阶段数不确定的多阶段决策过程，如果经过有限阶段，状态 $x$ 一定能进入 $X_T$，即阶段数是有限的，否则阶段数是无限的.这类问题通常利用最优化原理得到一个函数方程来求解.最短路线问题直观、具体地演示了这一过程的基本概念和基本步骤.因此，首先来分析一下最短路线问题.

### 一、最短路线问题

**例 8-6** 美国黑金石油公司最近在阿拉斯加的北斯洛波发现了大量的石油储量.为了大规模开发这一油田，首先必须建立相应的输运网络，使北斯洛波生产的原油能运至美国的 3 个装运港之一.在油田的集输站（结点 $C$）与装运港（结点 $P_1$，$P_2$，$P_3$）之间需要若干个中间站，中间站之间的联通情况如图 8-2 所示，图中线段上的数字代表两站之间的距离（单位：10 千米）. 试确定一最佳的输运线路，使原油的输送距离最短.

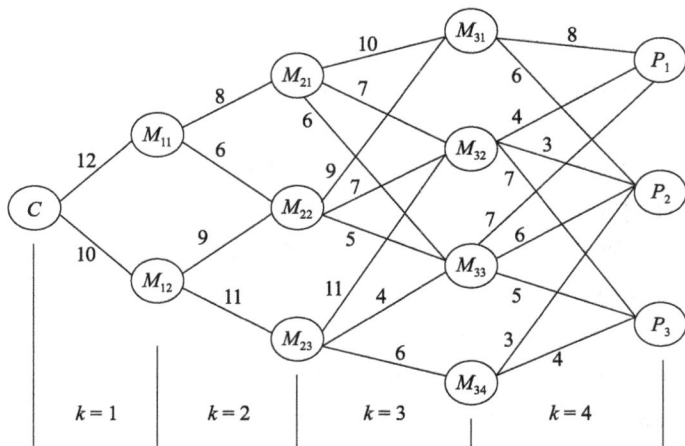

图 8-2

**解** 最短路线有一个重要性质，即如果由起点 $A$ 经过点 $B$ 和点 $C$ 到达终点 $D$ 是一条最短路线，则由点 $B$ 经点 $C$ 到达终点 $D$ 一定是点 $B$ 到点 $D$ 的最短路线（贝尔曼最优化原理）. 此性质用反证法很容易证明，因为如果不是这样，则从点 $B$ 到点 $D$ 有另一条距离更短的路线存在，不妨假设为 $B$—$P$—$D$；从而可知路线 $A$—$B$—$P$—$D$ 比原路线 $A$—$B$—$C$—$D$ 距离短，这与原路线 $A$—$B$—$C$—$D$ 是最短路线相矛盾，性质得证.

根据最短路线的这一性质，寻找最短路线的方法就是从最后阶段开始，由后向前逐步递推求出各点到终点的最短路线，最后求得由始点到终点的最短路线；即动态规划的方法是从终点逐段向始点方向寻找最短路线的一种方法. 按照动态规划的方法，将此过程划分为 4 个阶段，即阶段变量 $k=1,2,3,4$；取过程在各阶段所处的位置为状态变量 $S_k$，按逆序算法求解.

当 $k=4$ 时，由结点 $M_{31}$ 到达目的地有 2 条路线可以选择，即选择 $P_1$ 或 $P_2$，故

$$f_4(S_4 = M_{31}) = \min \begin{Bmatrix} 8 \\ 6 \end{Bmatrix} = 6（选择 P_2）$$

由结点 $M_{32}$ 到达目的地有 3 条路线可以选择，即选择 $P_1$，$P_2$ 或 $P_3$，故

$$f_4(S_4 = M_{32}) = \min \begin{Bmatrix} 4 \\ 3 \\ 7 \end{Bmatrix} = 3（选择 P_2）$$

由结点 $M_{33}$ 到达目的地也有 3 条路线可以选择，即选择 $P_1$，$P_2$ 或 $P_3$，故

$$f_4(S_4 = M_{33}) = \min \left\{ \begin{array}{c} 7 \\ 6 \\ 5 \end{array} \right\} = 5（选择 P_3）$$

由结点 $M_{34}$ 到达目的地有 2 条路线可以选择,即选择 $P_2$ 或 $P_3$,故

$$f_4(S_4 = M_{34}) = \min \left\{ \begin{array}{c} 3 \\ 4 \end{array} \right\} = 3（选择 P_2）$$

当 $k = 3$ 时,由结点 $M_{21}$ 到达下一阶段有 3 条路线可以选择,即选择 $M_{31}$,$M_{32}$ 或 $M_{33}$,故

$$f_3(S_3 = M_{21}) = \min \left\{ \begin{array}{c} 10+6 \\ 7+3 \\ 6+5 \end{array} \right\} = 10（选择 M_{32}）$$

由结点 $M_{22}$ 到达下一阶段也有 3 条路线可以选择,即选择 $M_{31}$,$M_{32}$ 或 $M_{33}$,故

$$f_3(S_3 = M_{22}) = \min \left\{ \begin{array}{c} 9+6 \\ 7+3 \\ 5+5 \end{array} \right\} = 10（选择 M_{32} 或 M_{33}）$$

由结点 $M_{23}$ 到达下一阶段也有 3 条路线可以选择,即选择 $M_{32}$,$M_{33}$ 或 $M_{34}$,故

$$f_3(S_3 = M_{23}) = \min \left\{ \begin{array}{c} 11+3 \\ 4+5 \\ 6+3 \end{array} \right\} = 9（选择 M_{33} 或 M_{34}）$$

当 $k = 2$ 时,由结点 $M_{11}$ 到达下一阶段有 2 条路线可以选择,即选择 $M_{21}$ 或 $M_{22}$,故

$$f_2(S_2 = M_{11}) = \min \left\{ \begin{array}{c} 8+10 \\ 6+10 \end{array} \right\} = 16（选择 M_{22}）$$

由结点 $M_{12}$ 到达下一阶段也有 2 条路线可以选择,即选择 $M_{22}$ 或 $M_{23}$,故

$$f_2(S_2 = M_{12}) = \min \left\{ \begin{array}{c} 9+10 \\ 11+9 \end{array} \right\} = 19（选择 M_{22}）$$

当 $k = 1$ 时,由结点 $C$ 到达下一阶段有 2 条路线可以选择,即选择 $M_{11}$ 或 $M_{12}$,故

$$f_1(S_1 = C) = \min \left\{ \begin{array}{c} 12+16 \\ 10+19 \end{array} \right\} = 28（选择 M_{11}）$$

通过顺序(计算的反顺序)追踪(黑体标示)可以得到 2 条最佳的输运线路:$C\text{—}M_{11}\text{—}M_{22}\text{—}M_{32}\text{—}P_2$;$C\text{—}M_{11}\text{—}M_{22}\text{—}M_{33}\text{—}P_3$. 最短的输送距离是 280 千米.

**二、资源分配问题**

只有一种资源有待于分配到若干个活动,其目标是如何最有效地在各个活动中分配这种资源.在建立任何效益分配问题的 DP(Dynamic Programming)模型时,阶段对应于活动,每个阶段的决策对应于分配到该活动的资源数量;任何状态的当前状态总是等于留待当前阶段和以后阶段分配的资源数量,即总资源量减去前面各阶段已分配的资源量.

**例 8-7** 一名大学生还有 7 天就要进入有四门考试科目的期末考试.他想尽可能有效地分配这 7 天复习时间,每门学科至少需要 1 天复习时间.他喜欢每天只复习一门课,所以他可能分配给每门功课的时间是 1,2,3 或 4 天,由于最近学习了运筹学,他希望用 DP 方法安排时间以使能从这四门课中得到最高的总学分,他估计每门课的时间分配可能产生的学分如表 8-5.用 DP 方法求解这个问题.

表 8-5

| 复习天数 \ 学分 \ 课程 | 1 | 2 | 3 | 4 |
|---|---|---|---|---|
| 1 | 4 | 3 | 5 | 2 |
| 2 | 4 | 5 | 6 | 4 |
| 3 | 5 | 6 | 8 | 7 |
| 4 | 8 | 7 | 8 | 8 |

**解** 这个问题要求做出 4 个相应关联的决策,即应分配多少天给每门考试科目.因此,即使这里没有固定的次序,这四门考试科目可以看成动态规划模型中的 4 个阶段.

阶段:$k=1,2,3,4$.

决策变量:$x_k(k=1,2,3,4)$是分配到阶段 $k$ 的天数.

状态变量:$S_k$ 是仍待分配的天数(即前面阶段未分配完的天数).

令 $P_i(x_i)$ 表示分配 $x_i$ 天给考试科目 $i$ 的效果量,我们的目标是挑选 $x_1,x_2,x_3,x_4$,使

$$\max\{P_1(x_1)+P_2(x_2)+P_3(x_3)+P_4(x_4)\}$$

$$\text{s.t.} \begin{cases} x_1+x_2+x_3+x_4=7 \\ x_1,x_2,x_3,x_4 \geqslant 1 \text{ 且为整数} \end{cases}$$

目标函数可改写成

$$f_k(S_k,x_k)=P_k(x_k)+\max\left\{\sum_{i=k+1}^{4} P_i(x_i)\right\}$$

$$f_k^*(S_k)=\max\{f_k(S_k,x_k)\},x_k=1,2,\cdots,S_k$$

$$\sum_{i=k}^{4} x_i = S_k, x_i \geqslant 1 \text{ 且为整数}$$

将递推关系写出即是

$$f_k^*(S_k) = \max_{x_k=1,2,\cdots,S_k} \{P_k(x_k) + f_{k+1}^*(S_k - x_k)\}, k = 1,2,3$$

$$f_5^*(S_5) = 0$$

当 $k=4$ 时,$f_4(S_4) = \max\{P_4(x_4)\}$,$1 < x_k < S_k$,$1 < S_k < 4$,于是有表 8-6.

表 8-6

| $S_4$ | $x_4$ | $P_4(x_4)$ | $f_4(S_4)$ | $x_4^*$ |
|---|---|---|---|---|
| 1 | 1 | 2 | 2 | 1 |
| 2 | 1 2 | 2 4 | 4 | 2 |
| 3 | 1 2 3 | 2 4 7 | 7 | 3 |
| 4 | 1 2 3 4 | 2 4 7 8 | 8 | 4 |

当 $k=3$ 时,$f_3(S_3) = \max\{P_3(x_3) + f_4(S_4)\}$,$1 < x_3 < S_3$,$2 < S_3 < 5$,于是有表 8-7.

表 8-7

| $S_3$ | $x_3$ | $P_3(x_3)$ | $f_4 + P_3$ | $f_3(S_3)$ | $x_3^*$ |
|---|---|---|---|---|---|
| 2 | 1 | 5 | 7 | 7 | 1 |
| 3 | 1 2 | 5 6 | 9 8 | 9 | 1 |
| 4 | 1 2 3 | 5 6 8 | 12 10 10 | 12 | 1 |
| 5 | 1 2 3 4 | 5 6 8 8 | 13 13 12 10 | 13 | 1 或 2 |

当 $k=2$ 时,$f_2(S_2) = \max\{P_2(x_2) + f_3(S_3)\}$,$1 < x_2 < S_2$,$3 < S_2 < 6$,于是有表 8-8.

表 8-8

| $S_2$ | $x_2$ | $P_2(x_2)$ | $f_3 + P_2$ | $f_2(S_2)$ | $x_2^*$ |
|---|---|---|---|---|---|
| 3 | 1 | 3 | 10 | 10 | 1 |
| 4 | 1 2 | 3 5 | 12 12 | 12 | 1 或 2 |
| 5 | 1 2 3 | 3 5 6 | 15 14 13 | 15 | 1 |
| 6 | 1 2 3 4 | 3 5 6 7 | 16 17 15 14 | 17 | 1 |

当 $k=1$ 时,$f_1(S_1) = \max\{P_1(x_1) + f_2(S_2)\}$,$1 < x_1 < S_1$,$S_1 = 7$,于是有表 8-9.

表 8-9

| $S_1$ | $x_1$ | $P_1(x_1)$ | $f_2+P_1$ | $f_1(S_1)$ | $x_1^*$ |
|---|---|---|---|---|---|
| 7 | 1 2 3 4 | 4 4 5 8 | 21 19 17 18 | 21 | 1 |

综上计算，可知该学生可得到的最高学分为 $f_1(S_1)=21$，再逆推回去得：$x_2^*=2,x_3^*=1,x_4^*=3$，故最合理的时间安排为：第一科目复习 1 天，第二科目复习 2 天，第三科目复习 1 天，第四科目复习 3 天.

## §4　随机性动态规划问题

在随机动态规划模型中，由于存在某种不确定性，因此目标的优化是依据期望值来进行的.下面通过几种典型的示例，介绍随机性动态规划的求解.

**例 8-8**　某公司承担一种新产品的试制任务，合同要求 3 个月内提供一台合格的样品，否则将支付 15 万元的赔偿费.据估计，投产一台进行试制时，成功的概率是 $\frac{1}{3}$；投产一批的固定费用为 0.5 万元，每台的试制费为 0.8 万元；试制周期为 1 个月.试确定最佳的试制计划，使总的期望费用最小.

**解**　阶段：将每个试制周期（1 个月）作为一个阶段，即 $k=1,2,3$；

决策变量：决策变量 $x_k$ 代表第 $k$ 阶段投产试制的台数；

状态变量：状态变量 $S_k$ 代表第 $k$ 阶段初是否已获得合格样品，尚无合格样品时 $S_k=1$，已获得合格样品时 $S_k=0$；

允许决策集合：$D_k(S_k)=\begin{cases}1,2,3,\cdots;S_k=1\\0;S_k=0\end{cases}$

状态转移律：$P(S_{k+1}=1)=\left(\frac{2}{3}\right)^{x_k},P(S_{k+1}=0)=1-\left(\frac{2}{3}\right)^{x_k}$；

边界条件：$S_1=1,f_4(S_4=1)=15,f_4(S_4=0)=0$；

阶段指标函数：

$$C_k(x_k)=\begin{cases}0.5+0.8x_k;x_k>0\\0;x_k=0\end{cases}$$

最优指标函数：

$$f_k(S_k=0)=0$$

$$f_k(S_k=1)=\min_{x_k\in D_k(S_k)}\left\{C_k(x_k)+\left(\frac{2}{3}\right)^{x_k}f_{k+1}(S_{k+1}=1)+\left[1-\left(\frac{2}{3}\right)^{x_k}\right]f_{k+1}(S_{k+1}=0)\right\}$$

$$=\min_{x_k\in D_k(S_k)}\left\{C_k(x_k)+\left(\frac{2}{3}\right)^{x_2}f_{k+1}(S_{k+1}=1)\right\}$$

当 $k=3$ 时，

$$f_3(S_3=0)=0$$

$$f_3(S_3=1)=\min_{x_3\in D_3(S_3)}\left\{C_3(x_3)+\left(\frac{2}{3}\right)^{x_3}f_4(S_4=1)\right\}$$

于是有表 8-10.

表 8-10

| $S_3$＼$x_3$ | 0 | 1 | 2 | 3 | 4 | 5 | 6 | $x_3^*$ | $f_3(S_3)$ |
|---|---|---|---|---|---|---|---|---|---|
| 0 | | | | | | | | 0 | 0 |
| 1 | 15 | 11.3 | 8.77 | 7.34 | 6.66 | 6.48 | 6.62 | 5 | 6.48 |

当 $k=2$ 时，

$$f_2(S_2=0)=0$$

$$f_2(S_2=1)=\min_{x_2\in D_2(S_2)}\left\{C_2(x_2)+\left(\frac{2}{3}\right)^{x_2}f_3(S_3=1)\right\}$$

于是有表 8-11.

表 8-11

| $S_2$＼$x_2$ | 0 | 1 | 2 | 3 | 4 | 5 | 6 | $x_2^*$ | $f_2(S_2)$ |
|---|---|---|---|---|---|---|---|---|---|
| 0 | | | | | | | | 0 | 0 |
| 1 | 6.48 | 5.62 | 4.98 | 4.82 | 4.98 | | | 3 | 4.82 |

当 $k=1$ 时，

$$f_1(S_1=1)=\min_{x_1\in D_1(S_1)}\left\{C_1(x_1)+\left(\frac{2}{3}\right)^{x_1}f_2(S_2=1)\right\}$$

于是有表 8-12.

表 8-12

| $S_1$＼$x_1$ | 0 | 1 | 2 | 3 | 4 | 5 | 6 | $x_1^*$ | $f_1(S_1)$ |
|---|---|---|---|---|---|---|---|---|---|
| 1 | 4.82 | 4.58 | 4.24 | 5.76 | | | | 2 | 4.24 |

综上,该公司的最佳试制计划为:第一个月初投产试制 2 台;如果在第二个月初无合格样品出现,再投产试制 3 台;如果在第三个月初仍然无合格样品出现,再投产试制 5 台.按此最佳试制方案,最小期望总费用是 4.24 万元.

例 8-9　某公司生产上需要在近 4 周内采购一批原材料,估计在未来 4 周内价格会有一定的波动,假设价格波动具有 4 种状态:50,60,70 和 80 元,其概率分别为 0.2,0.3,0.4 和 0.1.试确定该公司的原材料最佳采购计划,以使期望采购价格最低.

**解** 阶段:将每一周作为一个阶段,即 $k=1,2,3,4$;

决策变量:决策变量 $x_k$ 代表第 $k$ 周是否决定采购,$x_k=1$ 代表第 $k$ 周决定采购,$x_k=0$ 代表第 $k$ 周决定等待;

状态变量:状态变量 $S_k$ 代表第 $k$ 周原材料的市场价格;

中间变量:$y_k$ 代表第 $k$ 周决定等待,而在以后采取最佳子策略时的采购价格期望值;

最优指标函数:是否采购决定于目前市场价格与等待价格期望值的相对大小,如果前者大于后者,应决定等待;如果前者小于后者,则应决定采购.于是

$$f_k(S_k)=\min\{S_k,y_k\}$$

边界条件:对于第 4 周,因为没有继续等待的余地,所以

$$f_4(S_4)=S_4$$

即 $f_4(S_4=50)=50, f_4(S_4=60)=60, f_4(S_4=70)=70, f_4(S_4=80)=80$

$$y_k=E\{f_{k+1}(S_{k+1})\}=0.2f_{k+1}(50)+0.3f_{k+1}(60)+0.4f_{k+1}(70)+0.1f_{k+1}(80)$$

$$x_k=\begin{cases}1,f_k(S_k)=S_k\\0,f_k(S_k)=y_k\end{cases}$$

当 $k=4$ 时,只有采购一种选择:

$$f_4(S_4=50)=50, f_4(S_4=60)=60, f_4(S_4=70)=70, f_4(S_4=80)=80$$

当 $k=3$ 时,

$$y_3=0.2\times50+0.3\times60+0.4\times70+0.1\times80=64$$

于是

$$f_3(S_3)=\min\{S_3,y_3\}=\min\{S_3,64\}=\begin{cases}50,S_3=50\\60,S_3=60\\64,S_3=70\\64,S_3=80\end{cases}$$

即第三周的最佳决策为

$$x_3=\begin{cases}1,S_3=50,60\\0,S_3=70,80\end{cases}$$

当 $k=2$ 时,

$$y_2=0.2\times50+0.3\times60+0.4\times64+0.1\times64=60$$

于是

$$f_2(S_2)=\min\{S_2,y_2\}=\min\{S_2,60\}=\begin{cases}50,S_2=50\\60,S_2=60\\60,S_2=70\\60,S_2=80\end{cases}$$

即第二周的最佳决策为

$$x_2 = \begin{cases} 1, S_2 = 50, 60 \\ 0, S_2 = 70, 80 \end{cases}$$

当 $k = 1$ 时,

$$y_1 = 0.2 \times 50 + 0.3 \times 60 + 0.4 \times 60 + 0.1 \times 60 = 58$$

于是

$$f_1(S_1) = \min\{S_1, y_1\} = \min\{S_1, 58\} = \begin{cases} 50, S_2 = 50 \\ 58, S_2 = 60 \\ 58, S_2 = 70 \\ 58, S_2 = 80 \end{cases}$$

即第一周的最佳决策为

$$x_1 = \begin{cases} 1, S_1 = 50 \\ 0, S_1 = 60, 70, 80 \end{cases}$$

由以上计算可知,最佳的采购策略为:第一周只有价格是 50 元时才采购,否则就等待;第二、第三周只要价格不超过 60 元就要采购,否则继续等待;如果已经等待到了第四周,那么无论什么价格都只有采购,别无选择.

# 习题八

一、设某工厂自国外进口一部精密仪器,由机器制造厂至出口港有 3 个港口可供选择,而进口港又有 3 个可供选择,进口后可经由 2 个城市到达目的地,期间的运输成本如图 8-3 所标数字所示,试求运费最低路线.

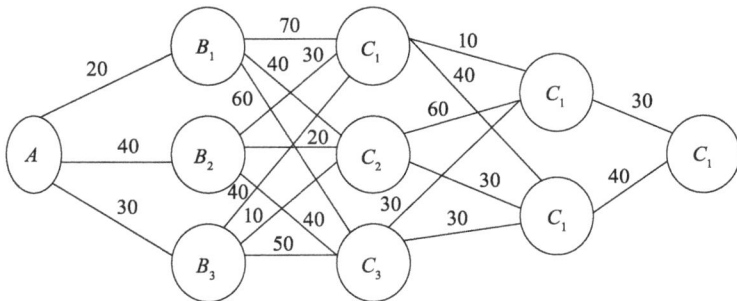

**图 8-3**

二、设某人有 400 万元金额,计划在 4 年内全部用于投资.已知在一年内若投资 $x$ 万元就能获利 $\sqrt{x}$ 万元的效用.每年没有用掉的金额,连同利息(年利息 10%)可再用于下一年的投资.而每年已打算用于投资的金额不计利息.试制订金额的使用计划,使 4 年内获得的总效用最大?

三、用动态规划求解下述规划问题

(1) $\max z = \prod_{i=1}^{5} m_i$

s. t. $\begin{cases} \sum_{i=1}^{5} m_i = 10 \\ m_i \geqslant 0 \ (i=1,2,3,4,5) \end{cases}$

(2) $\max z = 2x_1 - x_1^2 + x_2$

s. t. $\begin{cases} 2x_1^2 + 3x_2^2 \leqslant 6 \\ x_1, x_2 \geqslant 0 \end{cases}$

四、某公司经销 3 种产品 $A,B,C$,由于运输能力的限制,该公司每月只能把 6 吨的产品运回公司进行销售.产品 $A,B,C$ 的单件重量分别为 20,30 和 40 公斤;进货的批量分别为 50,40 和 20 件;单位产品利润分别为 80,130 和 150 元.试确定该公司每月 3 种产品 $A,B,C$ 的最佳进货量,以使总利润最大.

五、设某物流配送网络图由 9 个配送点组成,点 $A_0$ 为配送中心,$A_9$ 为终点,试求自 $A_9$ 到图中任何配送点的最短距离.图 8-4 中相邻两点的连线上标有两点间的距离.

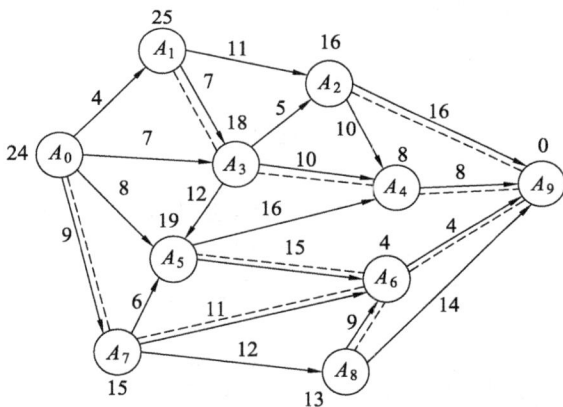

图 8-4

# 参考文献

［1］Bruce W Patty. Handbook of Operations Research Applications at Railroads. Springer，2015.

［2］Hiller S Frederick，Gerald J Lieberman. Introduction to Operations Research. 9th ed. McGraw Hill，2010.

［3］Hamdy A Taha. Operations research：an introduction. 9th ed. Macmillan Publishing Company，2010.

［4］Barry E Render，Ralph M Stair，Micheal E Hanna. Quantitative Analysis for Management. 12th ed. Prentice Hall，2014.

［5］Robert J Vanderbei. Linear Programming：Foundations and Extensions. 4th ed. Kluwer Academic Publishers，2014.

［6］Richard E Bellman. Dynamic Programming. Revised edition. Princeton University Press ，2010.

［7］Russell C Walker. Introduction to Mathematical Programming. 4th ed. Pearson Learning Solutions，2012.

［8］David G Luenberger. Linear and Nonlinear Programming. 4th ed. Springer，2015.

［9］Dimitri P Bertsekas. Nonlinear Programming. 2nd ed. Athena Scientific，1999.

［10］徐光辉. 运筹学基础手册. 科学出版社，1999.

［11］《运筹学》教材编写组. 运筹学. 第 4 版. 清华大学出版社，2012.

［12］胡运权. 运筹学教程. 第 4 版. 清华大学出版社，2012.

［13］刁在筠. 运筹学. 第 3 版. 高等教育出版社，2007.

［14］解可新，韩立兴，林友联. 最优化方法. 天津大学出版社，1997.

［15］潘平奇. 线性规划计算. 科学出版社，2012.

［16］孙小玲，李瑞. 整数规划. 科学出版社，2010.

［17］林成森. 数值计算方法. 第 2 版.科学出版社，2005.

［18］袁亚湘. 非线性优化计算方法. 科学出版社，2008.